**Be Brave
To Think
The
World Is Yours**

张默闻流浪记系列之一

Be Brave
To Think
The
World Is Yours

敢想
世界就是
你的

张默闻　　著

本书内容是作者的肺腑之言和经验之谈，分为五个部分，详尽分析了作者诸多年轻时生活和创业的经历，深刻剖析了作者在每一个关键时刻、每一个人生的岔路口，是如何把握的。本书以精炼的分析作为基础，辅以翔实的实践案例，提炼出张默闻成功的精要所在！本书是献给年轻人的经典励志课，是一本激励千万读者、收获点赞无数的心灵治愈能量书，让浮躁、迷茫的人坚定内心、看清方向，为将来的自己赢得一片天地。

图书在版编目（CIP）数据

敢想，世界就是你的 / 张默闻著. — 北京：机械工业出版社，2018.6

ISBN 978-7-111-60098-5

Ⅰ. ①敢… Ⅱ. ①张… Ⅲ. ①人生哲学 – 通俗读物 Ⅳ. ①B821-49

中国版本图书馆CIP数据核字（2018）第103239号

机械工业出版社（北京市百万庄大街22号　邮政编码100037）

策划编辑：马　佳　　　责任编辑：马　佳
责任印制：张　博　　　责任校对：赵　蕊

三河市宏达印刷有限公司印刷

2019年1月第1版·第1次印刷

140mm×203mm·15.125印张·3插页·575千字

标准书号：ISBN 978-7-111-60098-5

定价：68.00元

凡购本书，如有缺页、倒页、脱页，由本社发行部调换

电话服务	网络服务
服务咨询热线：（010）88361066	机工官网：www.cmpbook.com
读者购书热线：（010）68326294	机工官博：weibo.com/cmp1952
（010）88379203	金书网：www.golden-book.com
封面无防伪标均为盗版	教育服务网：www.cmpedu.com

当我被贫穷打倒的时候,我站了起来
当我被爱情打倒的时候,我又站了起来
当我被耻笑打倒的时候,我还是站了起来
因为除了这一生,我没有其他的时间
所以不管遇到什么挫折,我都告诉自己:站起来
要在生的时候不被轻视,死的时候不被遗忘
做一个让自己喜欢的自己!

特别怀念：
明朝饮宴侯张泌

根据族谱以及《安徽省志/人物志》的记载，也对照爷爷墓碑上的碑文，确认张默闻的祖上为明朝三朝元老张泌，距今600多年。现开放此文，以示纪念。

张泌，字淑清，安徽临泉杨桥集人。为明太祖朱元璋、明惠宗（即建文帝）朱允炆、明成祖朱棣三朝元老。初为元末贡生（科举时代，挑选府、州、县生员中成绩或资格优异者，升入京师的国子监读书，称为贡生。意谓以人才贡献给皇帝），随起义军给朱元璋做饭。

朱元璋当皇帝后，封张泌为饮宴侯，后授兵科给事中，因其勤于职事，升都给事中，再升为光禄寺卿（掌管宫宴膳食、祭祀、国家大典、接待外宾的官员）。张泌任职20余年，亲理御膳，必使丰盛清洁。对下宽厚，处事公道，朝廷上下，众皆佩服。明成祖时，更加受宠。永乐中，因尝宴中毒而死，明成祖赐以厚葬。张泌墓在杨桥南果子园村南郊。

张泌家旧址在杨桥，面临泉河，时大门上悬挂有"光禄第"金字大匾，旁注"洪武二十四年立"，此匾民国初年尚在；客厅有木刻精匣一个，内有御赐画像及皇上亲书黄绸圣旨一道。张泌死后，吏部每奏请授任光禄官，明成祖都问："可得如张泌否？"意为：能得到像张泌那样的人吗？可见明成祖对张泌的怀念之深。

——摘自《安徽省志/人物志》

特别引用：
约翰·罗伯茨的《我祝你不幸并痛苦》

——转自美国现任首席大法官约翰·罗伯茨在儿子毕业典礼上的致辞。很庆幸约翰·罗伯茨先生说的这些我全都经历过，我经历了不幸和痛苦，但是我也战胜了不幸和痛苦。可以说这是我最喜欢的名人致辞。谢谢约翰·罗伯茨大法官。

约翰·罗伯茨在2005年9月由小布什总统提名，参议院批准通过，就任美国联邦最高法院的第17任首席大法官，是美国两个世纪以来最年轻的首席大法官。《华盛顿邮报》评论说：罗伯茨首席大法官2017年度最好的作品，不是某个案子的判决书，而是在儿子毕业典礼上的致辞。

致辞正文（节选）：

通常，毕业典礼的演讲嘉宾都会祝你们好运并送上祝福。但我不会这样做，让我来告诉你为什么。

在未来的很多年中，我希望你被不公正地对待过，唯有如此，你才能真正懂得公正的价值。

我希望你遭受背叛，唯有如此，你才能领悟到忠诚之重要。抱歉地说，我会祝福你时常感到孤独，唯有如此，你才不会把良朋益友视为人生中的理所当然。我祝福你人生旅途中时常运气不佳，唯有如此，你才会意识到概率和机遇在人生中扮演的角色，进而理解你的成功并不完全是命中注定，而别人的失败也不是天经地义。

当你失败的时候，时不时地，我希望你的对手会因为你的失败而幸灾乐祸，唯有如此，才能让你意识到有风度的竞争精神之重要。我祝福你会被忽视，唯有如此，你才会意识到倾听他人的重要性。我祝福你遭受切肤之痛，唯有如此，才能让你感同身受，从而对别人富有同情心和同理心。无论我怎么想，这些都将在生命中必然发生。而你能否从中获益，取决于你是否能从不幸中领悟到想要传递给你的信息。

推荐序一：
感天动地的为人，不休不眠的工作

此刻，我正从广州飞往纽约。安静的机舱内，我打开电脑，也打开了十八年来的记忆。为默闻的《敢想，世界就是你的》写序，对我并不是件难事。然而，我却一直等到此刻，选择在这个无人打扰的时间里，静静地打开这段记忆，在奔腾不息的回忆中，书写这份篇幅有限的序。此刻，飞机应该是在三万英尺的高度上，身在云端，情在键盘，美好的回忆仿佛都一下子站在了眼前。

十八年前，在我北京雍和宫戏楼胡同的小办公楼里，充满了创业的气息。我们的促销员川流不息，业务员在排着队开票出货。在北京市场，我们的产品正在和红牛打擂台，打得难解难分。默闻就是在这个时候出现的。今天赫赫有名的张默闻，十八年前还是个无名小卒，并没有多少经验，更没有今天他随手即是的成功案例，甚至刚来大皇城的那份惶恐和青涩都挂在脸上，一览无余。然而，没用多久，我就感到了那份初来乍到的不安背后深藏的求知欲和探索的热忱，还有要改变些什么的那一份执着。他正是我需要的！正是我们的创业文化所需要的——探索、拼搏和创新。和默闻的缘分就从这里开始了。

想起默闻，我禁不住会问：默闻为什么叫默闻！默闻从来都不是默默无闻的。他写文字，句句都要语不惊人死不休；他搞创意，个个都要惊天动地；他出策划，篇篇都恨不得改天换地。他的工作作风是不休不眠的，他的为人是感天动地的。这些才是默闻，才是真正的张默闻。

AOBO（美国东方生物科技）于2002年在美国上市，默闻被任命为AOBO整合营销传播中心总经理，最后晋升为全球副总裁。他开始负责从中央到地方的媒体宣传和营销策划工作。用每年数亿元的宣传规模，在全世界、全中国传播我们的品牌力量、产品力量和文化力量。默闻是总经理，率领手下的精兵强将，征战南北，白天谈判、开会，夜间改稿、写创意。马不停蹄的默闻，几次在途中被送往医院，大家叫他拼命三郎。他说，不这么干赶不上公司发展的脚步。

在巨大高耸的办公楼里，默闻的办公室像是一座灯塔，灯光常是彻夜不眠的。就这样，AOBO以及金鸡品牌一举赢得了国家级的多项荣誉，成为家喻户晓的知名品牌，成为一股震撼业界的强大力量。我们随后大规模收购了国内若干医药企业，成为美国华尔街持续成长得最好的上市公司，受到市场追捧。默闻也年年被公司评为先进人物，十大领军人物，其中最难忘的是他被授予上市公司最高荣誉"罗文式员工奖"，奖励他临危受命、不辱使命、独当一面、出师必胜的敬业精神和专业能力。

默闻在2005年带领着九州通医药董事长刘树林、四川科伦董事长刘雅蜀等一行十人参加我们在美国纽约股票交易所的上市敲钟仪式。那是一次十分难忘的震撼之旅，大家不约而同地被华尔街的专业与财富震撼了。这对所有参与者的未来发展与人生决策也起到了不可估量的作用。刘树林董事长及其家族决定创业板上市，并创下当年市值突破200亿元的奇迹。几年后，默闻创办了鼎鼎大名的张默闻策划集团。

前几天，我找到当年我们一行在美国的照片，一张一张地看下来，才发现十几人的队伍里，最活跃的是默闻，这张是他的手在挥舞，那张是他大张着嘴巴在高谈阔论，再就是笑得合不拢嘴。看着照片，又仿佛看到了第一次在北京雍和宫办公室里见到的张默闻：好奇、探索、创新的默闻！那是一种与生俱来且永不枯竭的力量！这应该是创业者和策划人身上最宝贵的力量！

默闻的才华让我佩服。一段平常小事在他的笔下总会熠熠闪光。一段平庸的创意在他的手中就会变魔术似地成为翻江倒海的力量。看看他这些年的品牌和创意作品，从一瓶水到一盒药，无不体现着他的这种才华。现在默闻的才华尽显无疑，他已成长为大企业、大品牌和新兴产品必须拥有的策划营销大师。经历了数年艰苦创业的历练，今天的默闻除了才华，还多了一份企业家的智慧和通达！这和十八年前的那个默闻相比，已是不可同日而语，令我无比自豪。默闻说我是他的伯乐，是他的发现者。这一点我也欣然接受。

我知道，默闻总能带给人富有力量和冲击感的策划及文字，不仅来自于他的才华，更源自于他心底里一直埋着的那颗不安分的种子，要轰轰烈烈地活这一生！他这一点在AOBO任整合营销传播中心总经理时已有所体现，而在他创立自己公司后更是体现得淋漓尽致。所以他赢得了客户，赢得了市场！他的好消息一个接一个地传来。而对于我，认识默闻十八年了，他做出什么样惊天动地的伟业我都不吃惊，因为这些都早已埋在了他的骨子里。

默闻令人感动的还有我们的私交。我们姐弟相称，他一直把我当成亲姐一样呼来唤去。记得他刚到我公司，就享受着我这里专家级别的待遇。因为刚到北京，他还没个落脚的地方，我就让办公室的同事四处寻找，好不容易找到个条件合适，离公司近的二环住所，我亲自安排人去选窗帘、选床品，一通忙活，终于安顿下来，默闻欢欢喜喜地住进去了。就在我松了口气的那个晚上，默闻的电话在半夜响起。我那时怀孕，挺着大肚子乏顿早睡了，我老妈接的电话。她老人家坚持没叫醒我，直到第二天早饭时分，老妈说："你公司有个张默闻，说半夜和邻居吵架了，要请你过去一趟。我告诉他，孕妇半夜出行有风险……"从此，我老妈永远把张默闻和这个半夜打电话的人连在一起了。

那时，我是默闻的救火队员。默闻有我这个姐姐还可以尽情倾诉，他给我讲之前的痛苦经历，讲他的老娘，讲他的兄弟姐妹们，讲他的恋爱……默闻是个有血有肉的性情中人，他爱恨分明，喜怒哀乐都在脸上，人很纯净清澈！他常念叨老娘告诉他的话："做人要本本分分，不贪不占。"有时我觉得默闻朴素得像泥土。但意想不到的是，他拍起马屁来竟也是一流的，"姐姐，你的主持水平太厉害了，你要去中央电视台，当初就没杨澜什么事。"

我也没把默闻当外人，自家老弟，有活儿当然要他干，更何况有些活儿，我压根找不到能比他干得更精彩的！所以，我儿子王丰源的第一本书《不负少年强》就交给默闻全程策划，管他现在大名鼎鼎多忙呢，这活儿非舅舅莫属！默闻再度发扬拼命三郎的精神，每一步都超速前行，从起名字到排版他都亲自把关，甚至亲自操刀……这也是默闻做活的标志，只允许精品走出他的办公室。这期间，默闻无论是在机场还是在会场，都会坚决挤出时间电话督促每个进度，关注每个细节。这份全情投入令我感动不已。我曾站在纽约曼哈顿街头，在夜晚的寒风中对着微信，眼眶湿润地留下语音，感叹这份"亲情"和"成就他人的力量"。

《敢想，世界就是你的》是一本集故事、集观点、集爱于一身的自传性著作，是一本非常有商业价值的励志图书。表面看是写默闻自己，其实他在写这个社会、这个世界，在写我们每一个人。时间总是太快，篇幅总是太短。默闻这十八年来的点点滴滴，我完全无法充分表达！但就像我这频繁的跨洋之旅，我和默闻在思想上、在情感上的交流总是时空无法阻隔的！看着默闻不断攀升的成绩，数着他不断超越的脚步，我想对默闻说："明天会更好！"想着第一次见到默闻的情景，我想告诉默闻我最喜爱的来自乔布斯的那句话："Stay hungry, Stay foolish（求知若饥，虚心若愚）"。

李艳春

哈佛大学校长战略顾问
美国东方生物技术有限公司（AOBO）董事、首席运营官
2018年3月15日于纽约

推荐序二：
张默闻是个晶莹的人

默闻希望我为他的新书写个序。我一直想写点关于默闻的文字，这次终于可以将想法变成现实。

走南闯北，经历各种圈子，交往三教九流，与非常多的人相识，但真正存留下来可以称作朋友的其实并不多。默闻是一个可以做朋友的人，可以做好朋友的人。朋友之交最看重的两个字是才和情。有的人有才无情，有的人情分足够但才能不强。这些人只可以交往。只有兼具才和情，所谓志同道合和情投意合，才会让你看重，甚至珍惜。张默闻是才情兼备的人，我喜欢。

毫无疑问，默闻是个有些争议的人，有人质疑他"北有叶茂中，南有张默闻"的包装口号；而他戴着帽子的形象也让一些人认为他是叶茂中的山寨版，默闻一直很勇敢地戴着，现在越来越多的人认为叶茂中就是张默闻，张默闻就是叶茂中，感觉他们就像亲兄弟一样越来越像了。

还有人不喜欢他的语言风格，因为他从来都是说别人的好话，而且经常让人感觉热情过度。总说别人好是一种难得的修为，真正做到却是不容易，默闻把自己放得很低，把别人放得很高，这很不容易做到。

默闻是一个晶莹的人。

每次相逢，他都称呼我为"刚爷"，那是从骨头里发出的声音，我不会看错。同他交往多年，对他的真性情和抑制不住的创作欲有越来越多的感受，当然，也对他的不足有比其他人更深的了解。从这个角度看行业中的一些非议，我想说的是，张默闻是一个晶莹的人。

默闻是一个书写传奇的人。

从一个20世纪80年代追求爱情和文艺而饱受打击的安徽农村最普通、最底层、最文艺的小青年，到一个20世纪90年代初混迹在大上海扛大包、拉黄鱼车、搬运沙发、饱受欺凌的路边不起眼的安徽小民工，然后在上海新闸路的一个小面馆刷盘子、端饭，偶遇叶茂中后开始走上广告之路，这已经是一个传奇。这个传奇很多人都有机会遭遇，但是很少人可以把握，张默闻的今天和昨天就是一部天然的传奇戏剧，一个天，一个地，终于合二为一。

默闻是一个从苦难里爬起来的人。

默闻的苦是那种你无法描述却可以体会的苦。1993年在上海的时候，他站在外滩对着繁华无比的上海陆家嘴发誓："上海，你记着，我一定会从苦难里爬出来，从今天起，我就要开始奔跑，如果我不能成功，要么自杀，要么出家！"这样的誓言让人听着是很辛酸的。

最后，当他以美国上市公司全球副总裁身份杀进广告圈的时候，我知道，他实现了他的理想。

默闻是一个坚韧的人。

我相信，这一切，一定经历了无法言说的屈辱、苦痛、艰辛和付出。只有理解了这一切，才能接受他的个性甚至弱点，才能欣赏他的才华和创造力，才能明白他的坚韧和超人的勤奋，才能敬重他所创造的奇迹。而默闻毫不掩饰，已经把所有这一切充分地展示给我们，没有粉饰、没有杜撰、没有夸大，他把自己剥得很干净，站在这个并不是很友好的世界里，所以张默闻是一个坚韧的人。

默闻是一个善良而真诚的人。

默闻是一个曾经有些怯懦但最终选择坚强和自信的人，是一个为了爱、为了事业、为了实现自己的价值敢于担当付出的人。默闻是一个需要你在岁月里和他相处才能懂他的人，他的世界是个童话，所以他才天真地让人喜欢、让人想去拥抱他。他是有争议的人，我喜欢有争议的人，这本身就说明他与众不同。

我和永达传媒董事长周志强在北京聚会的时候，我说，张默闻这小子，是个有内涵的家伙，中国策划界，张默闻时代已经到来！我相信，他是有资格站在顶峰的。2017年9月3日，我和默闻在北京郊区一个朋友家吃饭，我再次看见了默闻的成长。由于他赶火车回杭州需要提前走，走的时候给我发了一段微信文字来表达对我的感谢，我能感受到他的内心，我给他回了四个字：坚强，自信。他是非常值得人疼的。

我所写的这篇序，不想把过多的文字用于对他策划案例的分析和对张默闻营销策划创意的讨论，因为案例自己会说话。文如其人，策划如其人，企业如其人。默闻是一个可以相信的人，因为这是一个晶莹的人。敢于把自己放得很低，不在乎别人的闲言碎语，是因为他相信自己的空间很大。《敢想，世界就是你的》很不错，里面有很多真材实料，在这里你能看到张默闻的全世界。

有人说张默闻已经成功了。其实这只是他成功的开始。他始终在拼搏，一直在努力，他的舞台的幕布才刚刚拉开，张默闻的空间很大。

北京大学新闻与传播学院副院长
北京大学现代广告研究所所长、教授、博士生导师
2018年1月5日写于北京大学

推荐序三：
流浪千劫终有偿

现在，夜里三点，我开始动笔来写这篇序。因为，我想在这个众人沉睡的时间里找到一种精神上的流浪感，一种无定的漂泊感，一种放浪放纵的无拘束感，一种流浪千劫后的轮回感。这是流浪的原生态，也是默闻将自己的经历写成本书的原因吧。

很多天，没有动笔，就是希望找到一种契合，一种和张默闻流浪记的文字背后所呈现的精神内涵的契合。

这几天，翻着这本书，默闻的岁月就如水般流淌起来，他的故事也又一次穿成线，缤纷呈现。

这些年，默闻的著作等身，在写完很多关于品牌、策划、营销的理念和案例后，他写了这本"流浪记"，我想以他今天的成熟和成功，他一定不是在自恋、自艾、自怜，他是在通过这样的描述表达着他的生命态度，而这种态度才是他的精神家园，才是他流浪后没有迷失的原因，而我也认为这才是他呈现给读者的最宝贵的财富。

他写了五部分，分别从不同维度来表达他对生命、爱情、事业、朋友的态度——善良、踉跄、绝望、不甘、告别、感激、栽培、决定、实用、谨慎。

绝望是他的鞭策，不甘是他的倔强，这造就了他的性格。

提起流浪和流浪的人，就会让人想起一生苦难的三毛，被现实无限碾压的于连，屡败屡战的堂吉诃德，经历八十一难的孙悟空，还有印度的拉兹，美国的杰克·伦敦，甚至苏俄的保尔·柯察金……他们大多是凄惨和悲怆的，也是坚韧和倔强的。

强者必须不甘于命运的挑战，不甘于举步维艰，这是上天对每一个成功者的考验，也是每一个成功者的成功基因：天将降大任于斯人，必先苦其心志，劳其筋骨，饿其体肤。所幸，默闻经历并经受了这种考验，虽然行走中予予孤独、踉跄绝望，但是他依然能够收拾好自己的眼泪，收拾好自己被现实无限践踏的心情，收拾好自己的委屈甚至屈辱，坚强地迎接了命运的暴风雨。所以，绝望成了他的鞭策，不甘造就了他的性格，他告别了让他备受挫折的爱情和让他充满贫穷记忆的故乡，走向了上海，走出了中国，走向了世界。

那个背影从一个孩子变成了少年，变成了青年，变成了中年……

善良是他的底色，感激是他的反哺，这是他做人的原则。

一个没有背景、没有高学历、没有财富的三无人员凭借一腔热血、满腹才华、放浪放纵、无拘的文笔，举着一个"北有叶茂中，南有张默闻"的条幅横空出世，引起了广告界极大的争议。刀枪剑戟，飞沙走石，纷至沓来。这是一个充满了跳跃感的创意和充满刺激的动作。这个动作既是一个广告幌子，也是一把剑，引起了人们的关注和赞扬，也引起了非议和嫉妒。其中，默闻自己也受伤不浅。

其实，我知道，默闻的心和很多人一样是敏感和脆弱的。很多次，我看到他在受伤后的黯然神情，在受伤后的失魂落魄，在被赞誉后的喜形于色。其实，在他的帽子背后隐藏的是一颗孩子的心，一种希望被社会认可的欲望。可以说，默闻不是十全十美的人，他也有他的性格弱点。但是让我欣慰的是他受伤后依然没有放弃善良，他受惠后始终保持着感恩之心，他对弱者充满同情，对给过他帮助的人充满感激，并不遗余力地回报。

告别是他的选择，决定是他的毅然，这是他的处世态度。

那一年，他告别了美国上市公司AOBO全球副总裁金光闪闪的位置，决定创业。到了年底，发完工资，账上所剩无几。我对他是非常担心的，就劝他是否考虑再去打工。但是，他的态度很坚决：告别了就不回头，决定了就不放弃！

默闻和我一样是双鱼座的，既有敏感的一面，也有坚韧的一面，而他坚韧的一面在他事业中超乎寻常地发挥出来了——他勤奋，勤奋到每年都可以在百忙中出版1~2本书甚至十本书。他坚强，坚强到可以同时面对不同的客户每天工作18个小时。他毅然坚守实效策划多年，点点滴滴从案例中印证效果。他的办公室里有很多狼和鹰的雕塑，他欣赏狼的稳准狠，他欣赏鹰的高远快。今天，默闻在杭州有了自己的办公楼，我很高兴。

实用是他的谋略,谨慎是他的原则,这奠定了他的行业地位。

经历了社会底层的洗礼,经历了商界底层的磨砺,默闻更敏捷,更直接,更一针见血,更所向披靡。他的实战策略对于企业更加有效和实用。我亲眼见到他的客户对他的策略高度认可,对他的策划速度由衷佩服,对他的实在价值赞叹有加!

可以说尊严来自实力。"梅花香自苦寒来",这是永远的真理。默闻的成功不是偶然的,他将他从底层获得的经验和智慧做了有机的整合,在大策略制定后的严谨和审慎的调研以及字斟句酌的态度更成为他完成策划的基础。

多年来,他披荆斩棘,横刀立马,用他的案例树立了实用的标杆,用他的效果证明了实效的价值。默闻成功了,作为他称呼为姐姐的人,我很自豪!

流浪千劫终有偿,活到最后不迷茫。其实,比起很多天生残疾又流浪的人,张默闻的苦难并不算太苦,好在我们又赶上一个伟大的时代,这个时代赋予了我们太多实现梦想的可能性,也是张默闻成功的时代背景。从这种意义上说,老天对默闻是厚爱的,因为张默闻的苦难反而成了他的财富,流浪在他的经历里成了一个很浪漫的底色,成了他的风格和背景。

那天他给我的题目是:"一个男人就要流过血,受过伤,活到最后不迷茫",我特别同意,但是,我分明从这个标题里看到了从苦难中汲取力量和战胜苦难的自豪感,看到了一种苦尽甘来的闲适感,看到了他那充满智慧的憨笑。

哈哈,默闻,我想对你说,时间还会流淌,流浪还会继续,因为,对于你,流浪是一场充满冒险和挑战的经历和游戏,对于你这样不甘平庸、充满自我挑战的人来讲,充满了变化的刺激和放浪江湖般的自由感是一种惬意的享受!只是,等你累了,或者偶尔想歇歇的时候,我为你沏好茶,树下,再听你讲述流浪的故事。我和很多读者一样更渴望读到你的这本书的第二部、第三部,只要你流浪,我们就想读,因为一定精彩。最重要的是,默闻敢想。

龙虹

广告人文化集团总裁
创意星球董事长
中国广告协会副会长
2018年3月22日

推荐序四：
我们兄弟除了感情还是感情

我是张默闻的哥哥叫张默计，在教育战线上干了四十年，当了一辈子老师和中学校长，现在退休了，耕种田园、乐享晚年。我不是第一次出现在弟弟的书里，但是我的序却是第一次出现在他的书里。默闻出了三十本书，每一本我都认真地读，有的还没有全部读完，感觉不错。

这本书是他的第一本自传性读物。书稿完成后，他第一时间用微信发给我，让我看看提点意见。他说，只有经过我的检查他才敢出版，因为他不敢在历史这个问题上杜撰，我觉得他现在很懂事。以往他出书都没有让我先看，这次怎么让我先读？从小到大他一向诡计多端，说不定又有什么花花肠子，我耐心地等待着他的要求。果然，让我猜中，他提出一个让我惶恐的要求，要我给他的新书写序。

虽然从事教育工作几十年，但是也没有写过几篇文章，更何况为他的书写序。这个家伙果然没安好心，我当时就拒绝了。他便拿出从小的霸道和淘气说:"大哥,这序言你必须写,写也得写,不写也得写,一个星期后给我大作。"说完电话挂了。我自认倒霉,谁让我摊上这个蛮横不讲理的弟弟呢!

这下难题来了,怎么写?写什么?我看了别人给他写的序,才感到自己是真正的学浅才疏,无从下手。正像作曲家王立平为电视剧《红楼梦》写主题曲一样,一年都没敢下手写,生怕出现曹雪芹词、王立平曲不匹配的结果,贻笑大方。

默闻经过二十多年的努力,他成功了,而且是非常成功。在我们的家里,原来是以我为荣,现在是我以他为荣,我为有这样的弟弟而感到自豪和骄傲。人们对他的成功众说纷纭,赞扬之声不绝于耳。我就不赞美了,但是我知道,他很拼。

这本书上描写的关于老家、关于父母、关于兄弟姐妹、关于早恋、关于外出谋生的内容大部分我都是见证者。有的是他第一次公布,我也是第一次看到,觉得他承受的痛苦不是常人可以承受的,但是他都承受了。对于他书里专业的学术观点,我们由于年龄的关系和生活环境的不同,会有些不同看法,但是我可以肯定的是,他描述的往事都是真的,真是笑中带着泪、泪中带着爱。这本书是我弟弟前半生的生活纪录片。

我高兴的是,他把他想的东西写出来,留于后人。常言说得好:"文章千古秀,仕途一时荣。"我很佩服他的勇气。面对痛苦不是谁都能做到,他肯定做了深入的思考才能做到。我相信他写得一定很辛苦,一定没少哭。在这里我很想谈谈我们的兄弟感情。人们常说兄弟情深深似海,父母恩高高如山,这话一点不假,我们兄弟之间,除了感情还是感情。

我比他大很多岁,他是我看着长大的,从小学到初中都是在我们的学校上的。到了初三，把他送到条件较好的安徽省临泉县杨桥镇中学学习，结果发生了震惊全校的断崖式早恋。用时下时髦的话说，我弟弟不是校草，却去和校花认真地谈了一场恋爱，最后的结局可想而知。虽然事件的本身很难说谁对谁错，但是这个事件对他的打击却是毁灭性的。我们都认为他的青春毁了，他的未来毁了，没想到他站了起来。

在他浪迹天涯的岁月里，我们从来没有中断过联系，更多的是我给他鼓励。他初到上海的时候人生地不熟，而且上海又是冒险家的乐园，我给他写了第一首诗：上海滩上多凶险，一不留神就翻船；若想此地站稳脚，机智多谋又勇敢。后来他到了南京，我就给他写了第二首诗：紫金山上尽风流，扬子江畔写春秋；虎踞龙盘何所惧，祝你更上一层楼。2000年，他去了北京。从他邮寄给我的资料中显示他获得中国十大策划家称号、中国广告年度人物以及无数创意大奖。我就给他写了第三首诗：藏龙卧虎之地走，天子脚下显身手；壮志凌云盖天地，十大杰出冠神州。

2004年，他与无锡宜兴才女余小姐的结婚典礼，我去了。我就现场给他写了第四首诗：太湖岸边一明珠，皖北平原一村夫；鲜花插到牛粪上，恩恩爱爱到白头。余小姐貌美而知书达理，我真的希望这个受尽苦难的弟弟能够苦尽甘来，不再成为我们张家的一杯苦酒。

他从北京去哈尔滨是他事业飞黄腾达的时期，就职于美国上市公司AOBO，位高权重，有口皆碑，是他获奖次数和密度最高的时期。我给他写了第五首诗：三江平原天地宽，太阳岛上舞翩跹；黑土地里勤耕耘，收获志在美利坚。2009年，他在杭州创立公司，一个退休的老师确实拿不出太多银两，我只能从口头上支持他。几年来，张默闻策划集团从小到大，从弱到强，做得真不错，是他到目前最好的时期。2016年，我有幸去了一次杭州，弟妹陪我去看了一次钱塘江大潮，触景生情，我又为他写了第六首诗：钱塘江上大潮吼，铁血男儿立潮头；倒海翻江卷巨浪，中流击水竞飞舟。

  我们兄弟虽然在性格、兴趣、爱好上有很多差异，但有一点我们是一致的，那就是都希望对方比自己过得好。我现在过得不如他，但我还是希望他过得更好。他很孝顺，想必父母对他今天的成就也满心欢喜。借此再送上第七首诗：海阔波涛凭鱼跃，天高风暴任鸟飞；生活潇洒龙甩尾，事业发达虎生威；后辈奋进鹏展翅，夫妻恩爱甜如蜜；若问此生有何感，我弟不白活一回。

  我想，弟弟让我作序，一是他念及同胞之情，让我欢喜；二是他知道我一生黑白分明从不说假话，由我鉴定他说的真伪他才安心。我懂他的良苦用心，这也是他对自己所经历历史的尊重，他真的长大了。最后我想和弟弟说的是："一定要好好做人，好好做事，好好写书；要热爱祖国，热爱工作，热爱家人，进而帮助更多的人，特别要把我们的祖上张泌的精神发扬光大，我会更满意的。"

  就写到这里吧，是为序。

张助计

安徽省界首市舒庄中学教师、校长

2018年1月11日写于安徽界首市舒庄镇后闫湾

推荐序五：
我的团长张默闻

为了行文方便，还是直接称呼张默闻老师为张老师吧，顺口。

接到张老师的邀请，让我为他的新书作序。我没写过书，更是生平第一次作序，心中万分忐忑，尤其是为这位极具传奇性的策划大师的自传性新书作序，更是一项残酷的挑战。最关键的是身在美国的张老师，连国庆、中秋放假都不放过我，非常客气地发来他的作序的邀请单，恭敬不如从命，那就好好写一写吧，算是为本书的出版助兴。

与张老师一起并肩作战干策划已经六年多了，与其说他是我的战友，不如说是他是我的团长。穿越时间隧道，画面定格在我刚刚认识张老师的那一幕，一切仿佛就在昨天。第一次听到张默闻这个名字还是在2009年，那时我还在一家饮料企业工作，公司正在请人推荐全国优秀的策划公司，我拿到了七八家公司的名单和电话。

第一次和张老师通电话，他称工作很忙，就没有参与进来。半年后，我们再次在全国找排名靠前的著名策划公司，推荐的老师又给了五六家策划公司名单，还是有张默闻的名字，我打电话过去，他说他远在新疆，没有时间参与我们的策划项目。我当时心里就犯嘀咕，"北有叶茂中，南有张默闻"，口气好大，看来是徒有虚名，肯定是没什么真本事，才不敢应战。

一晃就一年过去了，公司第三次在全国找策划公司，那已经是2010年11月了。业界的朋友又给了一份名单，名单上还是有张默闻的名字。我都吃了两次闭门羹了，内心实在不愿意再给他打电话发邀请了，但还是硬着头皮、厚着脸皮，再次拨通了他的电话。本以为又是以各种理由搪塞我，没想到这一次他说："我都拒绝你们两次了，我自己都不好意思不参与了，我来！"那次总算是请来了传说中的张默闻。他介绍了自己的公司后，领回去了一个比较艰难的策划任务：为一种可以保护眼睛的黄色酸奶饮料做策划。

公司给了他十天时间，在快要提案的前两天，公司又追加了一个任务给他，果汁品类也提提想法。没想到，十天后他如约而至，一系列的定位思考，让在座的领导和同事都拍案叫绝，非常兴奋。从那时起，我们都跟着公司的领导叫他张老师，转眼七年时间，就这么叫顺口了。不过这还只是第一关，接下来还要通过大老板这一关才算成功。2010年12月31日，几家公司都在杭州总部的会议室里汇报方案。张老师是排在下午最后一家汇报，但是他中午就去候着了。大老板对张老师的方案和思路连连点头，还不时露出了难得的微笑。百亿企业的策划合作就这样定了！

其实至此，我对张老师还是知之甚少，于是在网上搜索张老师的信息,看了一些报道才知道他是个苦出身。我又仔细看了张老师送的三本书,更加了解了他做过的详细案例、他的朋友、他的性格、他的故事,发现此人深谙企业发展之道,不但能言善辩、情商极高,且策划功底深厚、文字功夫了得。最难能可贵的是他敢于说真话、说实话。"企业文化就是企业家文化"等一系列的观点,让我这个身在企业工作的策划人有非常强烈的共鸣。

有求必应的张默闻

合作没多久,公司需要写一篇文章,对文章的要求还是挺高的。我就想找张老师帮忙,他能搞定。其实同时签约的还有其他两家公司,其中有一家是国际4A公司,但是对他们的文案水平我还不太有信心。我早上八点多就给张老师打了个电话,告诉他我的需求。当时,他正在哈尔滨出差,他说好的,他来写写看。挂了电话,大概一个小时吧,QQ那头,他就把写好的文章传过来了。真是神一般的速度。我一看文章正是我们想要的感觉,一击即中。其实,我们的合作只是酸奶饮料单品的合作,合约内容中并没有撰写企业文章的约定,但是张老师却非常爽快地答应了我们的请求。

没过几天就快过年了,当时海派清口周立波比较火,我们部门在策划一个节目用《一周立波秀》的形式来颂扬公司老总所做的点点滴滴。稿子谁来写呢?这个重任我们又想到了张老师。张老师通过对老总报道的收集研究,提炼出了老总最明显的几个"最",顿时把人物的性格特征刻画得惟妙惟肖,作为张默闻为公司年会的献礼。在我们合作过的一系列天南地北的策划公司中,最有求必应的、能堪当重任的当属张默闻了。

策划天才的张默闻

我相信干策划需要知识的积累、生活的体验、细致的洞察、敏锐的思考、严密的逻辑，但我更相信干策划是需要天赋的。作为战友，在这六年的时间里，张默闻策划集团通过著名的"三大战役"，奠定了张默闻全案策划领导者的地位，改变了中国策划界的格局，也赢得了"百亿企业操盘手"的美誉。

1）通威之战，让我第一次领略到了什么是真正的全案。

通威远在四川成都，是中国鱼饲料的老大，年销售额300亿~400亿元。

2012年，通威通过《中国广告》杂志找到张默闻策划集团做鱼类食品的策划案。张老师见了刘汉元主席之后，一个策略方向思考的方案，就让刘汉元主席对张默闻策划集团立刻刮目相看，当场决定签约合作。这也是一家挺狠的企业，通过几家全国著名的策划公司比选后，第一阶段就同时找了三家公司做策划方案，不过到了第二阶段，就剩张默闻策划一家了。在这次的会谈与合作的全程参与中，我第一次见识到了张老师的全案策划能力，体验到了他的策划速度、精准性与完整性。特别是在面对经验丰富、名声在外的强劲对手时，张默闻策划集团的策划案能让全体通威的高管评审都拍手叫好、信心满满地鼓掌，这种超级荣誉感是特别强烈的。

通威对张老师的依赖性特别强，好几次索性想把张默闻策划集团收购了，刘汉元主席单独找张老师谈，单独找我谈，都被婉拒了，因为张默闻策划集团志不在此，我们希望能为更多的企业服务，帮助更多的企业通过整合营销传播策划解决企业发展中的难题。

2）恒大之战，让我第一次感受到了国际4A公司并不是不可战胜的。

恒大冰泉现在是中国人人都知道的品牌了。

恒大冰泉第一次找张默闻策划集团是在2014年1月，当时快要过年了，当我们听到恒大冰泉春节十天就要花掉十亿元的广告费时，只能用"疯狂"这个词来表达对这种行为的评价。快消品可不是靠只砸十天广告就能砸出一个新世界的。这个单子，我们没接。

当时，恒大冰泉是一家广州的策划公司在为其服务，对产品的动销无能为力。过完年，恒大冰泉的人又打电话来找张默闻策划集团，说全国的策划公司、广告公司已经找了好几遍了，国内国际的已经找了快100家了，这次一定要让张默闻策划集团去。张老师就写了个策划思路给恒大冰泉，没过几天，他们就让张默闻策划集团去北京，因为恒大集团董事局主席许家印在北京开两会，要去和许主席直接汇报。当时有包括奥美在内的四家公司先和恒大冰泉的董事长汇报一轮，再和许主席汇报，这次，张默闻策划集团是第一家。现场许主席对张老师的评价非常高，说专家就是专家、思路清晰、概念精准。等四家全部汇报完提案以后，许主席亲自选定张默闻策划集团是唯一的恒大冰泉整合营销全案战略合作伙伴。就这样，张默闻策划集团完胜著名的国际4A公司。

接下来在北京的九天九夜，是我这一生中最难忘的一段经历。每天和恒大集团的领导一起现场办公到凌晨三点，庆丰包子吃了一轮又一轮。"我们搬运的不是地表水"的概念就是在这样的情境下诞生的，帮助恒大冰泉的终端动销了，卖到当年的7月份，恒大冰泉就开始断货了，销量大于产能，货跟不上了……在断货的情况下，恒大冰泉第一年就卖了十亿元。第二年恒大冰泉又卖了四十亿元，其中2015年7月的单月销量突破七亿元，在中国高端矿泉水的营销历史中创造了奇迹!

3）天能之战，让我第一次感受到了没有一个对手可以强大到不能被挑战。

天能电池是全国最大的电动车电池的制造商，年营业收入600亿~700亿元。

我们在做恒大案的时候，电池企业的战役就已经如火如荼，纷纷来电找张默闻策划集团，但当时恒大的冰泉、粮油、奶粉都由张默闻策划集团在服务，无暇顾及其他。2015年10月的西安广告节，飞机刚刚落地，我就接到公司前台的信息，说天能集团要找我们做策划。我即刻回电话给天能，他们得知我在西安，就等我出差回去再联系。没想到在西安广告节的广告主奖的颁奖现场，天能集团的市场总监石兴军先生通过媒体的朋友找到张老师。当时现场人非常多，也比较嘈杂，张老师听完天能石兴军总监的一番介绍之后，用二十分钟就点出了天能的问题和痛处。张老师给天能留下了非常深刻的印象。广告节之后，我们去了天能一趟，张老师的一番策略思路又把天能的董事局主席及全体高管给征服了。

与天能合作半年后，张天任主席告诉我们："当时天能在全国找了不下十家策划公司，听方案听了三天三夜，反正我就只记住张默闻了。"

其实，施可丰复合肥的合作、曼卡龙珠宝的合作、黄老五花生酥的合作、樱雪厨卫电器的合作、极白安吉白茶的合作、九仙尊霍山石斛的合作、久诺外墙的合作、晾霸智能晾衣机的合作、皇玛梦丽莎沙发的合作……无不是企业访遍了全国各大策划公司、广告公司之后的选择，无不是企业对张默闻的品牌营销策略一见钟情的结果。因为在这个神奇的策略后面，站着一个策划天才——张默闻。

追求完美的张默闻

每次做整合营销策划全案，张老师总是把客户在品牌营销传播的每个环节的细节都考虑到，比如市场部门职能的完善、企业人才培训机制的建立……这些其实都不是品牌策划公司要涉猎的范畴，但是张老师觉得只有这样，才是企业发展的可持续战略，才能帮助客户获得真正成长。

每次做整合营销策划全案，张老师总是把客户三年、五年乃至十年的战略都考虑到了。施可丰复合肥的老板说，我们就按照张老师的策略走。黄老五花生酥的老板说，张老师已经帮我们把未来的战略都规划好了，我们就按照这个方向走。

公司的每一篇文案作品，如果不够到位，他就自己动笔。唯有客户满意，才是张老师最大的快乐！公司的每一份设计作品，如果不够满意，他会坐在设计师旁边和设计师一起去描绘创意蓝图，直到满意为止！公司的每一份创意作品，如果不够稳准狠，他就会不断地推倒重来，直到找到突破口，策略准了创意狠了，他才能放过自己！当然，每次客户对张默闻策划的好评，他也都会转发给我们看，与我们一起分享这份快乐和成就感！

所以，为了对客户负责，为了对作品负责，作为团长的张默闻，会带着团队一起拼,直到拼尽全力!所以,团长很累,但他累并快乐着!而这一切,都是和他点点滴滴的人生经历分不开的。你可以复制他的成功,却不能复制他的苦难。所以,作为一名张老师的战友、同时也作为一名张老师的读者,我确信,张老师写的书一定好看,而这本书更值得您一读,因为万千奥秘尽在其中。

这是张老师第一本自传性的奋斗史,是张默闻流浪记的第一部,他把书名定为《敢想,世界就是你的》,我很感动,因为他把自己的奋斗史作为一部流浪史,作为一部敢想的故事书,这不仅反映了他的豁达和幽默,更体现了他的乐观主义精神,他把自己的家史、情史、创意史,全部搬上本书,所以这本书含金量极高,书里的每一个故事、每一个字都包含着他对生活的感悟,值得看,更值得买。

作为他的战友,看着他在出差的飞机上写、在火车上也写,我感动于他的勤奋,更敬佩他的德才。他说,纪念自己的流浪,是为了感谢那些在流浪路上帮助过他的那些贵人。他最喜欢的一句话是他为一个茶叶品牌创意的广告语:谢天谢地谢谢您。我想这才是他的初心。

我相信,读懂了这本书,你就读懂了张默闻。

张默闻老师的战友、团员
2018年1月8日于杭州

推荐序六：
读着读着笑了，读着读着哭了

  张默闻老师邀请我为他的这本自传性新书写序，理由很老套，说我是最懂他的人之一。每逢他用这个理由要求我，我都不会拒绝，因为我的确是比较了解他的人之一，这个理由我认。
  其实读完张默闻老师发给我的这本接近四十万字的电子稿，我就已经哭得稀里哗啦，也笑成了一团麻花。这篇序，张默闻老师从来没催我，他说，你愿意写成什么样子就什么样子，愿意什么时候写好就什么时候写好，不急，真的不急。他的宽容开始让我挺感动，后来我发现这是个小计谋，因为他表面不催我，却和我说，别人的序都到了，而且写得还不错，然后把别人写的序一篇篇地发给我看，美其名曰请我指导，这哪是什么指导啊，简直就是催稿。
  我迟迟不敢动笔写这篇序，是担心旁人会说一个坚强的"严刑拷打"都不怕的北方姑娘,为什么看本书就泪流满面。但是,这本书确实是一本让人看着难过、看着开心、看着成长的书。我是第一次看这样的书,里面什么都有。

对于一帆风顺的我来说,我体会不到书里那些电视剧一样的故事的酸甜苦辣。那些活生生的故事,每一篇都让人感觉有一种细细的疼,觉得那些陌生的年代都被他搬运到自己面前,那么真实,那么好玩。

张默闻老师很有勇气,把自己像剥洋葱一样一层一层剥开,所以我们看到了他的童年、他的少年、他的青年和他的中年。他,一点也不在意自己作为一个策划大师,作为"北有叶茂中,南有张默闻"的代表人物,作为中国奥格威和中国特劳特的创意风云人物的面子,就像一个天真的孩子在讲述着自己的旅游故事,娓娓道来,不疾不徐,就像在讲述别人的故事一样。

十年的友谊,我发现,张默闻老师最大的一个特点就是,只要别人对他好一点点,他就掏心掏肺掏钱包地对别人好。有时候我就劝张老师,看淡一点朋友的情谊,看淡一点客户的情谊,看淡一点员工的情谊,对自己少一点伤害,也让自己不要经历那些打着情谊名义对你造成的刀剑误伤。人都说,受伤容易治愈难,他偏偏不信,而且一条道走到黑。我亲眼见证过他帮助很多人却被很多人背叛的事实,每次谈及这些,张默闻老师就没心没肺地说,那都是我欠他们的。

穆虹老师曾经写过一句评价张默闻老师的话:"默闻与任何人共事都是掏心掏肺掏钱包,心掏出来都是滚烫的、热情的、天真的,时刻你能都感受到他的热情和真心。"是的,十几年来,张默闻受了很多委屈,我们都想为他打抱不平,但是他都心甘情愿地一笑而过。

现在我是官不大，事特多，终于找了一个安静的下午，只有我一个人，可以肆无忌惮地用文字记录真实的读后感。我发现2017年的11月，还没有感受到北方秋天的静谧，就迎来了冬天的彻骨寒风。我知道我的文笔不够饱满，根本记录不了张默闻老师代表的一种符号、一种现象、一种精神、一种话题，但是我相信我的文字一定能记录一个真实的张默闻老师，一个不一样的张默闻老师，因为我知道他的秘密。

第一个秘密：兄弟张默闻

读张默闻老师的书，是一件很痛快和痛苦的事。痛快的地方读着过瘾，你会哈哈大笑；痛苦的地方会被不断感动，你会哽咽地哭。弄得我这个读者疯疯癫癫的。书中有太多故事是第一次公布，让人瞠目结舌，让人潸然泪下。书里一篇《特别致敬：我的办公室里悬挂着五张价值连城的画像》的文章里的主人公我认识四个，他和他们的故事我基本都见证了，我确认都是真的。这篇文章记录了张默闻老师奋斗以来遇到的五个贵人的故事，读来令人唏嘘不已。我终于明白，张默闻老师为什么能成功，因为他心里有面墙，这面墙上挂着他"谢天谢地谢谢您"的报恩文化，这是他的信仰，更是他在商业道路上的灯塔。

今天我想泄一个密。很幸运，在张默闻老师的办公室我见证了两次规格非常高的业界大咖磕头仪式。

第一次是施可丰真化肥的创始人、山东翔龙集团董事长解永军先生去拜访张默闻老师，希望解决在公司发展过程中的瓶颈问题。当时张默闻老师公司的业务超级繁忙，就婉拒了解永军董事长。解永军董事长是一位情商、智商、酒商、爱商兼备的人，他不会空手而归。当他看到张默闻老师高达一米的母亲的画像挂在墙上时，就退后三步，整冠掸衣，规规矩矩地向那位慈祥的母亲磕了三个头。这高贵的礼仪一下子就征服了张默闻老师，他们不仅成了生死之交的兄弟，还成就了施可丰真化肥的二次腾飞。"我们只做真化肥"的概念已经成为施可丰品牌的金牌广告语和他们兄弟感情见证的宣誓词。

第二次是山东广播电视台齐鲁频道副总监王勇先生，在一天的培训结束之后，他去张默闻老师的办公室参观，看到张默闻老师母亲的画像，百感交集，跪地磕头，两个男人就那样拥抱在一起，失声痛哭。作为一个女生，我很奇怪，张默闻老师到底点燃了男人之间怎样的干柴烈火，可以让两个台上威严无比、台下气势汹汹的男人在一堆女人面前号啕大哭。我的好奇心一天天加重，我很想知道这个结果。

我一直亲切地称呼王勇副总监为勇哥，这下好了，勇哥加闻哥，从此你南我北，笑傲江湖。张默闻老师经常被勇哥这个山东大汉一点点解除武装，义务帮助齐鲁电视台出谋划策，这不，三十秒之内贡献了一个年度频道广告语：品牌地面战，齐鲁第一站。2017年，该广告语在中国国际广告节上魅力亮相。

终于没忍住，我问了解永军董事长，也问了王勇副总监，为什么你们会和张默闻老师成为兄弟？为什么要跪在他母亲面前磕头。没想到，他们的答案惊人地相似：默闻是个可以做兄弟的人。第一孝顺，把自己去世的母亲的画像挂在办公室的人他是第一个，这叫有德。第二义气，做兄弟有做兄弟的样子，他这个人阴谋诡计多，但是绝对肝胆相照，身体不行酒照喝，时间不够命里挤，和他成为兄弟，你才知道兄弟该有的样子。既然是兄弟，他的老娘就是我们的老娘，磕头，这是应该的。这叫有义。

第二个秘密：文人张默闻

张默闻老师的文字是有灵性的，每一个字都像一个古怪的小孩上蹿下跳。我以人格担保，这本书和他前面的30多本书一样都是他亲笔所写，因为他写一段就会发给我看，理由很简单，看看是否符合出版社的出版要求。截至现在，张默闻老师已经成功出版了30多本书，出版每一本书都像孕育一个孩子一样亲力亲为。书里有绕指柔的文案，也有不饶人的观点，有场景、有画面、有感染力的文章成百上千，金句不断，泪点不断，卖点不断。最让我感动的是，在这个微信满天飞、键盘啪啪啪的现代社会，张默闻老师依然和企业家书信往来，这一点很出乎我的意料。

我偶然读到张默闻老师写给穆虹老师的一封信，真情灼灼，感动你我。信中写道："穆虹大姐，久久未见，甚为想念。数年得您相助，默闻才得以文章开花，美名渐起。每逢想起，便温暖不已。你我虽无血缘之系，但此生姐弟缘分万难逃脱，亦不想逃脱，想来甚幸。默闻从小家贫，少年艰苦，青年苦艰，每步皆灌满泪水，每时皆如履薄冰。滔滔人生有大姐远关近爱，默闻已经可以兵来将挡，水来土掩。《广告人》杂志异军突起，冠领行业，一定需要各路谋士。恳请大姐不见外，不客套，何时需兄弟，兄弟必舍命取义，以报大姐恩情……"

一手干净漂亮的行草书法，一封情真意切的浓浓家书，每次重读都百感交集，也悲喜交集，这封从未公开的信第一次被我部分公开，张默闻老师不要怪我，这就是你要我写读后感的代价。就让这段文字在历史的长河中见证张默闻老师的细腻情感和才华吧,见证一个出身卑微却活得很潇洒的新一代策划人吧。

张默闻老师外表粗犷,内心炙热,是个极讲道理的人。不靠近他,很少有人喜欢他;靠近他,很少有人不喜欢他。他活出了自己的道理,也营销了自己的道理。

第三个秘密:免费张默闻

张默闻老师是个外表粗犷、内心细腻的人,一顶帽子遮住双眼,一片胡子彰显个性,在业界没少惹人争议,但是他的骨子里却是太善良、太性情的一个大男生。

在《广告人》发展的过程中,张默闻老师和穆虹老师成为广告界出了名的中国好姐弟,为彼此考虑,张默闻老师隐藏了很多锐气和光芒,也隐忍了很多委屈和压力。我有时候在想,一个吃喝都不用再靠谁救济,一个作品和著作等身的人,却还愿意低到尘埃,为别人让路,为自己积德,我觉得他是一个大气而霸气、大气而豪气的人。

2005年至2017年,张默闻老师对《广告人》的发展提出了很多建设性意见,无论是学院奖还是杂志栏目,穆老师写的序中记录过。2015年,穆虹老师和韩静老师想恢复以前的中国当代杰出广告人评选,在讨论主题的时候,我致电张默闻老师求个答案,他脱口而出"中国智",快得我都晕了。后来因为各种原因,此次评选被搁置了。为了不浪费这样一个概念,我特意在《广告人》商机版上刊登出来,免得他敏感,怪我没用他的概念,浪费他的概念,以后再也不出力了。

2017年9月,广告人商盟峰会成功举办。在金定海老师和穆虹老师的商议下，在为广告人正名，"智中国"还是"中国智"的概念中，最终还是"中国智"脱颖而出。但是这背后没有人知道和提起张默闻老师的贡献，只有我知道。今天写出来算是对张默闻老师的敬重和感谢。

2017年，广告人商盟峰会成功举办，如何定义广告人商盟是个纠结的问题。广告人商盟这个平台在媒体、广告主、广告代理商、高校整个产业生态资源确实很好，如何更精准地诠释？张默闻老师再次定义了广告人商盟——中国广告主需求资源联合基地，这个定义现在正在通过全媒体、全中国进行传播。我非常感谢他，从此亲切地称他为《广告人》免费创意大师。他说，接受。

十几年来，张默闻老师默默付出很多，无论是对待《广告人》，还是对待客户，要么义务帮忙，要么超出服务，他总是义无反顾，从不计较。他和我说，决定付出就要心甘情愿，只有心甘情愿才是最昂贵的、最幸福的和最温暖的。我和《广告人》被他整整暖了十几年。

读着读着又笑了，读着读着又哭了

读完流浪记，胜读十年书。张默闻老师的这本书就要出版了。其实读完之后我最想说三句话：

第一句话是，这本书是张默闻老师吃着止痛片写的。这个止痛片不是处方药也不是非处方药，是他抵御痛苦往事的止痛药，我见证了他写作过程的痛苦，他说，写完了，这一页就翻过去了。虽然很多内容因为种种原因没有被收录。

第二句话是，这本书是张默闻老师给大家的一部励志书。他告诉我们他是如何从一位搬运工走到著名策划人的奋斗史。感谢这本书满足了我们的好奇心，使我们知道了真正的奋斗不是偶尔加班，而是在人生的各个阶段都要加班的事实。我相信这本书一定会成为畅销书，因为它真实，它有它的态度。

第三句话是，他选的几个写序的人很有意思。这是我这么多年第一次遇到这样的推荐序阵容。他选择了他的伯乐李艳春（LILY）女士、他的偶像陈刚老师、他的姐姐穆虹老师、他的哥哥张默计先生、他的战友赵青老师和我。我很好奇，后来就问了他，他说，他选择LILY女士是因为LILY是他在美国上市公司的全程见证人；选择陈刚老师是因为他非常了解张默闻和叶茂中，是张默闻创意成长的见证人；选择穆虹老师是因为穆老师是十几年来最稳定地看着他一步步成长的见证人；选择哥哥张默计先生是因为长兄如父，他不敢擅自揭开家族历史，需要哥哥的批准；选择了他的战友赵青老师和我是因为赵青老师和我都非常了解张默闻老师的为人。他说，他不需要赞美，他需要的是真实的力量，需要的是真实的历史。

读着读着又笑了，读着读着又哭了，希望你们别和我一样，坚强点！读完它，很有意思。

谢谢张默闻老师，谢谢我有勇气写完这篇推荐序。

广告人文化集团副总经理

2018年1月18日于天津

自序：
敢想，世界就是你的

本书的自序还没有开始写，我就被一个叫马斯克的家伙给彻底征服了。我必须多花点笔墨谢谢这个人类史诗的创造者。因为他身上的一个标签和我一直贴在身上的标签高度吻合。因为马斯克的SpaceX（美国太空探索技术公司）成功发射了人类现役运力最强的重型火箭——重型猎鹰。重型猎鹰的载荷为63.8吨，包括一辆红色特斯拉跑车，相当于中国2016年发射的"长征5号"的2.5倍。中国要达到相同的载荷需要到2030年。更重要的是，SpaceX还成功回收了一级火箭，是目前全球掌握该技术的唯一实体。一个人战胜了所有国家，这样的壮举，振奋了整个世界。媒体说，马斯克的成就首先源于敢想。

在马斯克之前，只有国家才能发射火箭是常识，人们不认为私人企业可以在该领域获得成功。但马斯克不接受这样的常识，他笃信物理学原理，在他看来，没有哪一条物理学上的依据说私人企业不能造火箭——火箭不就是一个把特定零件依照特定原理组成的机器嘛，只要找到这些零件，搞懂相关原理，再组织一个工程师团队，私人企业一样可以造火箭。带着这样的信念，马斯克于2001年开启了自己的航天事业。这是敢想的力量，所以，世界是他的，他是世界的。

他先是把家搬到"航天之都"休斯敦，因为那里聚集着休斯公司、美国航空航天局（NASA）、波音公司等行业巨头，之后他自学了《火箭推进原理》《天体动力学基础》《燃气涡轮和火箭推进的空气动力学》等专业著作，列出了火箭建造、装配和发射的详细成本，其间，他进入了一个叫"火星学会"的组织，了解该领域的进展、方向及问题，并很快成为一名专家，之后懂行的他受到一大批业内精英及供应商的关注。

此时，马斯克不但有了知识和人脉储备，还获得了一笔资金——他是"美国支付宝"PayPal的创始人之一，2002年eBay收购PayPal，他从中套现1.8亿美元。同年6月，他拿出1亿美元创立美国太空探索技术公司，简称SpaceX。马斯克最初的梦想是移民火星，但他后来发现不解决星际运输问题，移民火星无从谈起。而要解决星际运输，必须大幅降低火箭发射成本，并且实现火箭的重复使用。两个目标中，如果说第一个还有望实现的话，第二个简直不可思议。在人们的印象中，火箭发射完都是要爆炸的，直到今天，除SpaceX之外的火箭也还是这样。但马斯克认为，只有实现火箭的重复使用，星际运输的成本才能降下来，移民火星才有可能。更重要的是，他没有发现哪一条物理学基本原理证明火箭不能重复使用。

带着这样的信念，马斯克开始了长达十几年的试验，终于在2015年12月成功实现该技术，彼时SpaceX"猎鹰9号"火箭在发送完卫星后，第一级火箭成功着陆，2016年4月，SpaceX又让另一枚火箭在海上安全着落，"重型猎鹰"又成功实现了这一技术。马斯克称，火箭回收技术有望把单次发射成本从6000万美元降低至600万美元，让人类离移民火星的梦想越来越近。当然，马斯克最敢想的还是移民火星，在那里建立一个8万人的城市，为了宣传这一梦想，他做了一个宣传片，并称最早十年内将第一批移民送上火星。敢想只是为马斯克提供了一个愿景，敢干则让他把愿景落地。

从这个意义上讲，马斯克是乔布斯之后最伟大的企业家，其伟大之处甚至超越乔布斯。如果说乔布斯的故事是一段传奇，马斯克的故事就是一段史诗。如果把我和马斯克相比，几乎是一件不自量力的事情。但是，有一个词我们不谋而合，那就是：敢想，世界就是你的。

我还记得第一次学会真正思考的情景。那时候站在故乡河流的坝体上，我就很敢想。我想，如果我是这个村子的村主任，我要把这个村子变成一个世外桃源，把所有的房子变成非常可爱、非常有艺术气息的房子，甚至要在这里建造一所世界上最漂亮的学校，最后把它们变成一个小城市，我就是这个城市的市长。我可以按照我的想法设计这个城市，让这里的居民不再承受野蛮和落后之苦。母亲说我白日做梦。但是她又说，你能胡思乱想，说明你傻不了啦。

记得上初中初恋的时候，站在教室的长廊上，我第一次知道了什么样的女生是"校花"，知道了为什么那么多的男生都喜欢"校花"。原来"校花"真的很好看。但是很多同学都是口头主义者,我却是一个"现场主义者"(指现场解决问题、现场办公、快速反应)。大部分人都是不敢动口也不敢动手,只敢动心,而我觉得美的东西就要去把它拿回来,我竟然带着癞蛤蟆想吃天鹅肉的勇气对"校花"采取了借书行动,最后诞生了轰动全校、全镇甚至全县的严重的早恋事件,导致我在18岁之前就结束了自己的求学之路。那时候,我敢想、敢说、敢做,虽然结局惨败,但是那种敢想带来的勇气却成为我未来敢想的重要标记。后来的后来,我依然娶了一个毕业于北京一所大学的"校花",一个江南宜兴的女子,最终把敢想变成了理想,把"校花"变成了"家花"。

记得在上海第一次流浪的时候,我是大上海街道弄堂里最卑微的谋生者,干着最没有含金量的工作。但是,我不服气,我不愿意认输。我经常深夜一个人跑到南京路的黄浦江边远眺正在一点点长高的浦东。我说,上海,我很喜欢你。未来我一定要在像上海这样的大城市里有自己的一席之地。我要学会喝红酒,我要学会吃西餐,我要吃遍全上海最好吃的面,我要活出我期待的样子,我要告诉母亲,我会给她最大的希望。后来的后来,我最终定居杭州,实现了我自己的全部"上海宣言",我有张默闻策划集团,我有自己的办公楼,我有红酒,我吃西餐,我真的把全上海的有名的面吃了一遍,也把杭州最有名的面吃了一遍。那时候,我以为自己疯了,一个吃了上顿没有下顿的家伙,梦做得连自己都不相信。那时候,敢想,就成了我唯一的奢侈品,今天看来价值连城。

记得第一次面试的时候,我拿不出学历,初中的、高中的统统没有。那种自卑感就像要上刑场一样。我说，我什么都没有，就一个人，但是我有脑袋，我有想法，只要给我三尺桌子，我就给你们所有期待的东西。万幸的是，我遇见的都是敢于相信我的老板，就给了我一次机会。我就像一片就要枯干的庄稼突然被春雨灌溉到浑身湿透，长得非常旺盛。那时候，我想，我要成为中国最伟大的广告人之一、最伟大的策划人之一。只要上帝不过早地邀请我，我就能从壁垒森严的竞争里爬出来。那时候，我敢想。后来的后来，我做到了，我成了中国广告杰出人物，成了中国中央电视台连续6年的广告策略顾问，成了中国广告协会颁布的中国广告十大风云人物。谢谢"敢想"这个词，把我拯救了出来。

记得2007年第一次去美国的时候，我连ABC都不会说，26个英文字母都连不起来，身边没有翻译就是个睁眼瞎，到现在也没进步。那时候美国的商业繁荣和独特的商业理念深深吸引了我，在自由女神面前，我做了一个大胆的决定，以后我要成为美国的常客。就这样，我敢想着，努力着，终于在2013年作为美国特殊人才获得了美国的认可。后来的后来，美国百年名校密苏里大学和张默闻中美联合商学院集团展开合作，开启了两个国家、两个学院的全面合作，在中国广告界和营销界投下了重磅炸弹，成为重要行业新闻。这再一次证明，敢想就是创造奇迹的摇篮。

记得写第一本书的时候，总觉得自己是没有资格写书的。后来觉得一个人要著书立传，立德立言，出书才是最大的责任。在陈晓庆老师的鼓励和推动下，我疯狂地写书，十年时间竟然出了三十本书，在广告界和营销界成为品牌畅销书传奇。而且每本书都是四五百页之厚,堆起来都快比我高了,就要实现著作等身的目标了。有人说,现在张默闻这厮的书已经和叶茂中先生的书齐名了。对于这样的评价我觉得我高攀了。从开始写第一本书,到现在的30本书,我始终坚持原创高于一切的原则,所以口碑还不错,虽然有骂声,但那也是鼓励。后来的后来,我决定写方法论,在中国营销界我要实现全球营销著作四大发明的梦想——特劳特的《定位》、菲利普·科特勒的《营销管理》、叶茂中的《冲突》、张默闻的《营销三十六计》,为中国营销界的方法论贡献力量,也活得有价值一些。

记得第一次创业的时候,腰里没有银子,只有累死累活节省下来的几万块钱的工资。在岳母家的院子里坐了一夜,抽了很多烟,想了很多活着的方法和定位,那时候,真是厚颜无耻地敢想,所以有了"北有叶茂中,南有张默闻"的口号,有了中国排名第二的想法,那时候想得自己都害怕,害怕自己出门就被暴揍。好在世界宽容,好在自己争气,创业还算成功,养活了一帮子人,致敬了一帮子伟大的企业,活得很有含金量。张默闻策划集团现在已经是营销策划行业里中国排名第二的策划公司,算是对我敢想的赏赐。后来的后来,张默闻服务了世界500强中国恒大集团、中国500强娃哈哈集团、中国500强天能集团、中国500强通威集团等,温暖了我创业时敢想的心。

《敢想,世界就是你的》就要出版了,这是第一部,但不会是最后一部,因为我会一直流浪下去。今天是2018年2月12日,我在美国的芝加哥机场被风雪困住,我真实地再次体验了一把流浪的感觉,然后在

Renaissance Hotel（万丽酒店）写这本书的序，也真是极度应景。由此可见，流浪才是生活的主要任务。敢想敢流浪，才是生命本来的模样。

敢想，世界就是你的。你连想都不敢想，这世界怎么能是你的世界呢？抚摸文字，柔软与硬度都够，还算满意，但愿读者心安，但愿写者无辜。

是为序，共激荡。

2018年2月12日写于美国芝加哥

目 录

特别怀念：明朝饮宴侯张泌
特别引用：约翰·罗伯茨的《我祝你不幸并痛苦》

推荐序一：感天动地的为人，不休不眠的工作
推荐序二：张默闻是个晶莹的人
推荐序三：流浪千劫终有偿
推荐序四：我们兄弟除了感情还是感情
推荐序五：我的团长张默闻
推荐序六：读着读着笑了，读着读着哭了

自序：敢想，世界就是你的

第一部分　敢想，亲情也会发光 ································· 001

我爱咆哮的父亲和爱哭的母亲 ································· 002
天上人间，到哪里找这么好的兄弟姐妹？ ··················· 006

嫂子的院子和院子里的嫂子 019
不负青年强，只为大年三十晚上雪地里送我远行的娘 024
老屋的墙上有行流泪的字 044
母亲的墓碑上开满了思念的花朵 050
高举鲜花致敬远去的贵族背影 057

第二部分　敢想，痛苦也会发光 061

从"我不是潘金莲"到"我不是西门庆" 062
站起来吧，那些被爱情伤过、被贫穷折磨过的人们 070
沉痛悼念我黑白颠倒的青春岁月 079
是谁让我脆弱，是谁让我害怕，是谁让我没有安全感？ 085
我的远行始发站，我的阜阳火车站 098
挥挥手送别那些在早恋里死去的九大金句 111
一个流浪者的82句醉话 123
我的上海干妈崔丽萍女士的海派生活 133
发生在上海新闸路1111号的故事 140
蹉跎岁月里删除不掉的九十九个第一次 148
再抱梧桐：写给南京的告别信 176
我在雷区：2000年的北京手札 182
我佛慈悲：打败我身体的原来是"性" 187
祖上有德和心中有恩才是我变好的原因 193

第三部分　敢想，恩情也会发光 197

特别致敬：我的办公室里悬挂着五张价值连城的画像 198
特别致敬陈刚：中国广告界导师的才与道，酒与歌 206
特别致敬偶像叶茂中：王和王的天下 214
特别致敬命运摆渡人：我的老板刘沭军和我的伯乐李艳春 228
特别致敬赠我玫瑰的穆虹：叫声姐姐还好吗？.................. 241
特别致敬伟大客户宗庆后：我的第一位领袖级客户 259

第四部分　敢想，思想也会发光 269

创业前夜，我做了一个决定和十一个定位 270
独家发布：一个人要活就要活成一个超级品牌 283
夜深人静的时候，我和弟子们说的三十句话 288
为什么朗朗乾坤，我要当中国策划界老二？.................. 292
张嘴就卖货：张默闻的现象级广告语赏析 299
张默闻营销36计 312
文案花开十条计，我用文字俘虏你 343
张默闻连续六年蝉联中央电视台广告策略顾问的思考 348
魔镜魔镜在这里：我的六十条经受得住风吹雨打的高管经验 354
多么痛的领悟：逼迫员工感恩是一件毫无意义的事 368

第五部分　敢想，领悟也会发光 373

有人问我46句话我究竟要怎样回答? 374
1997年我已经开始使用世界上最神秘的吸引力法则 380
每天读一遍《寒窑赋》，就像每天吃一棵忘忧草 385
文字锤炼法：跟着毛主席写挽联 388
特别纪念：哥哥的课堂 393
导师是用来超越的 408
如果把钱这个东西看透，世界就简单多了 417

后记：
感谢所有为本书作序的人 421

第一部分
敢想,亲情也会发光

我爱咆哮的父亲和爱哭的母亲

引言：我认为吵闹一辈子还没分开的夫妻才算夫妻。

我的父亲是个和台湾演员马景涛一样的"咆哮哥"。我似乎继承了他的这个特点，遇见不顺心的事情就开始发火，然后再老老实实地坐下来处理事情，属于"欺软怕硬"的那种人，少有骨气。母亲则是个坚强的女人，很看不起父亲的咆哮，说父亲的咆哮是脆弱、没有底气、没有道理的表现。

但是她知道怎样应付父亲，让父亲住嘴。母亲特别爱哭，受了委屈就一直哭，哭到天昏地暗，哭到日月无光，哭到我父亲苦苦向她求饶才停下来，然后又心甘情愿地给父亲做饭去了。母亲骨头里还是争强好胜的文艺派女性。母亲的哭声和父亲的咆哮声贯穿了我整个童年、少年和青年。

父亲是个小生意人，颇为精明，为人肝胆相照，不是那种一边和你握手一边捅你刀子的人，口碑不错，在当地的个人品牌还是建立得挺好的。我没有听过父亲有桃色新闻，但是我有点不相信他没有，也许是母亲和兄弟姐妹都没有告诉我而已。因为，父亲是二十世纪七十年代的个体户，在集镇上做生意，怎么说也是小暴发户，那个叫杨桥的百年小镇那么多的漂亮女人就没有一个招惹他？最重要的是我母亲也不在他身边。我问过母亲，母亲说，他不敢。

父亲的咆哮一半是基因传承，一半就是脾气坏。父亲和我说，我爷爷的爷爷是一个很有名的官员，丫鬟佣人一大堆，小老婆也是一大堆，我们只是一个分支，还有很多支遍布在中国各地。后来，祖上的家产和土地都被没收了，全家被赶到一个叫后湾的河边安家落户。因为成分不好，父亲和他的兄弟姐妹都没有读书。他的意见大了，他说，我要是有机会读书，你们这帮"狗崽子"也不会吃这么多苦，怎么我也是"省部级官员"。为此我们兄弟姐妹没有不笑话他的，他说，你们眼界太低啦。

母亲爱哭，是她的本事。我认为是一种能力。她可以从早上一直哭到晚上。哪怕没有一个人劝她她还能哭，很专业。后来我问我的母亲为什么年轻的时候那么喜欢哭？母亲就回答了我5个字：你娘过得苦。母亲的母亲，我的外婆，我没见过。外婆在母亲3岁的时候就离开了这个世界。在6岁的时候，母亲又失去了她的父亲。她和她的哥哥是被婶娘养大的。

母亲17岁嫁给我的父亲做父亲的第三任老婆。黄花大闺女一枚，嫁给一个有次婚姻的父亲，她始终觉得委屈，所以，父亲咆哮的时候她觉得天都塌了，本来想起义，但是看着脚下7个小猪一样的儿女就偃旗息鼓了。哭，成了她的武器。这是她制服父亲的唯一有效的招数。

我喜欢母亲比喜欢父亲多些。毕竟是母亲一把屎一把尿地把我拉扯大的。父亲做个小生意东南西北地跑，他很少管我。父亲经常骄傲地和我讲他是明朝三朝元老张泌后人的故事，没有记错的话他至少讲了一百遍。他说他是名门之后，我母亲应该知足，还天天哭，仿佛他对她家暴一样。

后来，我去了城市谋生，年迈的父母就相依为命地在后湾那个吃不饱也饿不死的地方安详度过他们的晚年。历经岁月的他们老了，父亲咆哮不动了，母亲也哭不出很大的声音和旋律了，两个人无条件地宣布了休战。

母亲似乎更贤惠了，父亲在母亲面前也乖得和孩子一样。每年我回家看他们，他们把最美不过夕阳红演绎得还不错。父亲往锅底添柴，母亲在锅里炒菜，在那个时候我突然相信爱情了，相信这个世界是可以天荒地老的。

我问母亲对父亲怎么评价，母亲说：这个老东西一辈子没少惹我生气，下辈子再也不想遇见他。我问父亲对母亲怎么评价，父亲说：她嫁给我吃了一辈子的苦，我欠她的。记得有次母亲说："我死的时候不要把我和你父亲埋在一起。"她听够了他的咆哮。我答应她说，交给我了。母亲说："你要骗我，我就回来找你算账。"母亲2008年去世，父亲比母亲去世得早。母亲活了77岁。

父亲也和我说过，他不会给我们添一点麻烦。2003年他突发心梗骤然离世，我是在哈尔滨得到他去世的消息的。父亲这个神人果然没有让我们子女有一点麻烦。他说到做到了，而且走的时候满面红光，没有一丝痛苦。有人说，好人好报，这是福气。母亲不哭了，父亲不叫了，世界安静了。

后来的后来,我很怀念他们的咆哮声和哭泣声,因为那是一种生活,一种默契,一种甜蜜的较量。每年回家看见他们的墓碑静静地站立在郁郁葱葱的庄稼地里,我都会轻轻跪下:爹,娘,儿子想你们了。然后用手抚摸他们的名字:父亲张文献大人和母亲孙兰英大人,告诉他们,我很好,你们也要好好的。

天上人间，到哪里找这么好的兄弟姐妹？

引言：真正的兄弟姐妹都是相互亏欠等待下辈子再还。

一

我们兄弟姐妹7个都是货真价实一个妈生的。我的母亲非常平凡也非常伟大，伟大之处在于她不但把我们生出来，还靠自己的力量把我们都养育成人，养到完全抱不动为止才交给社会。现在我们兄弟姐妹7人6个还在人世，只有大姐离开了我们。这是母亲生前最伤痛、最不愿意回忆的事。

那时候，我们兄弟姐妹的名字还是按照家谱来的：大姐桂英，哥哥默计，二姐桂兰，三姐桂芝，四姐雪莲，五姐桂敏。我因为小时候太过嘴碎、太过圆滑，就被母亲强行命名为张默闻，就是要我默默无闻。她要我低调，要我沉默，要我收敛，可是我辜负了她。我没有低调，没有沉默，也没有收敛。

四姐长得不漂亮，起个名字叫雪莲，我想可能是母亲觉得四姐从小的听力不好,所以给她起个很好听的名字吧。四姐的听力不好是药物使用不当造成的,母亲对此特别难过。她说,四姐是个很聪明的女儿,可惜了。一直以来我都很心疼四姐,她是姐妹几个中最能"惹是生非"的人,属于兄弟姐妹的"小公敌"。人人害怕她,但是人人都会帮助她。

我发现,张家这一代女孩的名字都是桂系列,男孩都是默系列。往下就乱七八糟不按照家谱来了,后辈的名字千奇百怪,缺少整体品牌规划,没有任何记忆度。我无法记得住同门第三代的名字,他们对家族的辉煌过去更是一无所知,完全成了对家族历史一片漆黑的家族文盲。

记得我还小的时候,大姐远嫁安徽颍上黄坝乡,二姐远嫁安徽凤台桂集乡,三姐嫁在父母身边两公里的地方,她最狠,现在竟然携夫带子跑到新疆博望那个远得在地图上都找不着的地方淘金并安家落户了。

本来父亲母亲以为身边留个女儿可以照料他们的晚年生活,没想到她跑得最远,活不见人。因为路途遥远,就连母亲去世她都没回来。我批评过她,她不服。于是,我们的来往似乎出现了休克。

四姐则嫁在离家三公里的临泉县车湖村,五姐嫁在离家六公里的临泉杨桥镇,后来也随二姐而去。哥哥默计最厚道,就像一棵大树牢牢地钉在老家,一直居住在父亲母亲隔壁,是相对照顾父亲母亲最长时间的人。

因为生活,我颠沛流离,辗转于北京、上海、南京、哈尔滨,是各个大城市里的走客,孤独地守候着命运的绣球,最后被命运的巨浪拍在杭州,甘心定居。现在我们兄弟姐妹各自天涯,如果没有极其严厉的惩罚或者奖励措施并吹响家族亲情集结号,恐怕是很难再聚到一起了。

哥哥原来是有这个想法，但是随着他逐渐老去，号召力减弱，大家都是拖家带口，这事他似乎也冷淡了很多，没有坚持的动力了。哥哥和我说真想回到小时候，兄弟姐妹都在一起，就算晚上打得天昏地暗，白天还是亲密无间。现在我们虽然熬过了贫穷却熬不过离散，世界这么大，难得去看看，就这么孤独地想念着、孤独地期待着那个根本不知道日期的重逢。

二

母亲喜欢和平，父亲则喜欢战争。兄弟姐妹7个也是性格迥异，随爹的、随妈的都有。所以，擦枪走火、小吵小闹从小就持续不断。不是姐姐欺负弟弟，就是弟弟欺负姐姐，母亲感叹：7个孩子都这么难管，何况中国十几亿老百姓。

由于我是家里的小萝卜头，排行老七，有幸全程观看了7个兄弟姐妹之间的战争电影和相爱相杀的可爱喜剧。在老家的18年，我目睹了太多家庭的多兄弟、多姐妹的反目案例。实验证明：兄弟姐妹多了是把双刃剑，父母要么栽在偏爱某个孩子上引起公愤，要么栽在老去的时候财产分配上引发众怒，留给孩子的是一场几十年都无法弥合的家族战争。

母亲生我的时候年龄偏大，我和嫂子的孩子几乎年龄差不多。按照祖传的规矩，我应该是最受宠的，但是在教子有方的母亲手里，我似乎没有享受过什么特权，在挨揍这方面我是果实累累，有很强的体验感，屁股的肌肉特别发达。

我们7个兄弟姐妹有两个帮派。第一个帮派是文化帮，是以我和哥哥为代表的。第二个帮派是家族伦理帮，是以二姐为代表的姐姐们。我和哥哥之所以被姐姐们命名为文化帮，就是我们兄弟在一起总是谈论国家大事、教育大事、品牌大事，几个姐姐听不懂，就笑话我们是虚伪的文化人，来调侃和讽刺我们，但是也嫉妒我们。

姐姐们被命名为家族伦理帮，是姐姐们沿袭中华传统美德和道德标准去评判我们很多生活的细节和内容，其中不少是封建迷信的内容。她们团结一致，斗志昂扬，集体意识很强，非常有战斗力，如果我和哥哥做错什么事，会被她们批判得连裤子都穿不上。因为历史的原因，姐姐们大都不识字，父亲母亲对这件事是第一责任人。

哥哥和我是家里仅存的知识分子，在抵御姐姐们的伦理炮弹时毫无反抗之力。特别是二姐，一万次骄傲地说，如果她也能上学读书，今天一定比我们混得好。她霸道地告诫我不要欺负她没文化，而且扔给我一句话："我是你姐，想什么时候打你就打你，你还不能还手。"

有时候看着二姐张牙舞爪的样子，一阵心疼，原本她是可以读书的，说不定还是个霸道总裁。那时候父母认为家庭困难只能牺牲女儿来保全儿子读书，他们的狭隘毫无疑问害了几个花季女儿的前程。对于这件事，姐姐们一直都是抱怨父母的，年龄越大越感觉到青春和命运对她们的残忍。

这是我对父亲母亲批评最多的地方。父亲母亲似乎很有默契地从未做过解释，就像嘴巴失去了功能。后来母亲在去世前夕告诉我，在20世纪六七十年代，我们全家能活着已经是万幸了。

母亲说，全部的孩子都读书，对于当时我们的家庭来说只是个愿望。母亲哭述着自己对女儿们"犯罪"的过程，混浊的眼泪打湿了她一生的岁月。我紧紧地抱住母亲，我对母亲说：娘，我们不怪您。

三

哥哥和我的故事本身就是一部有趣的小说。哥哥比我早来到这个世界,几乎早了20年,如果没有我的出现,他就是家里的独生儿子,定会被宠爱到不忍直视。但是偏偏我来了,和哥哥争宠。年龄似乎没有成为我们之间的代沟,相反,我们好得和一起扛过枪的战友一样,每次相见都勾肩搭背,每次谈笑都肆无忌惮,每次喝酒必定大醉,一起谈论国家大事找不到主题,一起谈论国际大事抓不到要领,我们从不在乎有没有观众,因为兄弟就是一场戏。

嫂子看着我们这样放纵,说我们就像两个孩子,透明得让人妒忌,两个大男人没有一点正经的模样,无法给孩子们做个好榜样。我们相视一笑,这女人评价很到位!每次回老家,哥哥总是在一个叫舒庄的小镇上等我下车接我回家,用一辆长得寒酸的、年代久远的、声音嘶哑的、无法遮风避雨的老式摩托车带我回家,这已经成为我返乡一景。

每次我都谢绝很多富豪好友的专车接送,我很享受哥哥这种最原始的爱护,对于一个六十岁、一个四十岁的男人来说,这是另类的浪漫。坐在摩托车的后面,抓住他后背的衣服,我看见他过早花白的头发,使我想起离开我们的父亲。

自从父亲母亲先后离开我们后,我回老家的次数越来越少。哥哥和我打电话的时间却越来越频繁,越来越长。他会给我讲述老家谁还活着,谁已死去,他会讲述他的孩子们的每一个进步和每一个挫折,然后问我的意见。每次他都习惯性地问我喜欢吃什么土特产并给我寄来,他越来越像已经走远的父亲和母亲。

四

大姐疼我的岁月我几乎没有任何印象。因为在我很小的时候她就远嫁了。大姐离开这个世界的最后一件事竟然是央求我把他的男人暴打一顿。我不知道那个叫大姐夫的人如何伤害过她，但是我知道心高气傲的大姐的这个请求一定是无数委屈合成的。

大姐夫长得很"袖珍"，没想到身体的残疾和心灵的残疾他全都占了。在母亲的强烈反对和外甥们的央求下，我没有完成大姐这个愿望，因为那个男人已经苍老不堪，躲在客厅一直抽烟，烟雾中的他充满绝望。当时我预言他的时间不会太多。果然在大姐去世一年后，他自尽在大姐的坟头，我不知道他是负荆请罪还是抵抗不了生活中黑压压的孤单。

大姐是疼我的。我十八岁勇闯天涯去上海就是她给我开辟的道路。在上海我不愿意和从老家出来的人一起工作，我觉得那不是我的路，不是我想要的生活。我都是一个人独来独往，我不想卷进浩瀚民工行列失去我对未来的判断，虽然我干着全上海最卑微的工作。

当时外界都盛传我咸鱼翻身，其实只是个谣言。在那个谣言满天飞的时代，大姐曾求助我，可惜我有心无力，自身难保，没有实际回报到大姐，至今都觉得愧疚，想和大姐说声抱歉，可惜只留苍茫大地再无回答。我想大姐会原谅我的，原谅我的自身难保，原谅我的颠沛流离。

大姐性如烈火，长相清秀，个性坚强，可惜英年早逝。母亲说，7个孩子，大姐最有做生意的天赋，可惜被埋没得最彻底。她的婚姻是父亲包办的，对于她不幸福这件事我们全家的观点几乎一致：大姐的命运是父亲导致的。但是，我不这样认为，我认为这是命。

五

二姐和我的"恩怨情仇"最多,到今天还是战火纷飞"相亲相杀"。二姐是兄弟姐妹7个中最有地位和大佬气息的。她爱打抱不平,又不断受伤害,今天发誓不帮助任何兄弟姐妹做任何事,明天别人一个电话说几句好话加上一通廉价的鳄鱼眼泪她就又屁颠颠地去拯救别人了。所以,她最累。所以,我说我的二姐是大佬。

二姐的婚姻算是幸福的。老公比她大一直是她的心病。但是二姐夫长得细皮嫩肉,浓眉大眼,身材高大,文艺青年一枚,所以三个孩子长得都很漂亮,漂亮得超乎想象。二姐的儿子们的个子都是1米8以上,女儿也1米7以上。看到这些作品,二姐喜不自禁,感叹嫁得还可以。相比起来,大姐就很不满意,儿女们的个子都小小的,看来基因是没有办法偷换的。

二姐夫有句口头禅:如果不是家里成分不好,我发誓绝对不娶你为妻。二姐也有句口头禅:我也发誓,如果不是父母包办,打死我也不会嫁给你这个大事做不来、小事不去做的家伙。好玩的是,现在两个人胡子眉毛被霜染还在大摆青春龙门阵,斗嘴斗拳,令人啼笑皆非。

二姐性如烈火,一点就着,但是讲道理。作为家族伦理帮的帮主,她的使命感特别强,哪个兄弟姐妹被人欺负,她都要拿起菜刀去主持正义。所以兄弟姐妹都比较怕她,就我还敢和她过两招,其他的人都不是对手。

二姐对我是非常疼爱的。根据二姐描述:我出生后的十五天不会哭,瘦得可以塞进父亲的大棉鞋,一双无辜的小手像倒垂的柳条。母亲高龄产我,一点奶水也没有。此情此景,负责接生的婆婆说:"扔掉算了，根据我的经验这孩子活不了。"

姐姐们都很喜欢我，特别是二姐。她把筷子的一头放在我嘴里，用汤勺顺着筷子为我灌面汤，把我从死亡线上活活拉回来。每次二姐一讲这个故事，我就触电般地软下来，二姐是我的救命恩人，她有批评我的绝对权力。

后来，我的青年时期发生了很多轰动的故事，滋生了很多创意性的磨难，大都得到二姐的出手相助。二姐是姐妹中为我哭得最多的人，感情最深，一天不吵架着急，一天不通电话更着急。二姐的身体肥胖，各种指标都高得吓人，饮食习惯顽固不化，她一直答应我改变，但似乎没有真正的行动。鞭长莫及，由她去吧。我爱二姐，她是真的对我好。

六

三姐继承了父亲的血统，膀大腰圆，要比二姐圆滑很多。三姐一直在父母身边生活，直到改革春风吹到老家，她才和先生与儿子们全家奔赴新疆，在一个叫博望的地方建功立业。现在已经扎根于此，繁衍子孙，老家的房子也逐渐萧条。原本父亲想把她留在身边，图个热闹。现在倒好，走得最远，父母的计划全部落空。三姐现在跟我说话都带着一股浓浓的羊肉串的味道，我有点不适应。

记忆里三姐带我看过一次电影，那时候我六七岁，三姐看到日本人屠杀中国人的时候愤怒不已，竟然一口咬住我的耳朵不松口，几乎把我的耳朵咬下来，疼得我哇哇大哭。从此我再也不敢和三姐一起看电影了，那一口咬出了她的民族气节，也咬出了我对抗日电影的憎恨。看来三姐是个好战士，应该上抗日前线。虽然三姐和二姐比较起来狡猾些，但人还是很好的,对我比较关心,毕竟血浓于水。

七

四姐是个心灵手巧的人,但是听力不好,常常产生很多误会。四姐是我们兄弟姐妹中的弱势个体,却是照顾父母最多、最认真、最完整的人。她的家和我们的老宅一河之隔,早来晚去,风雨无阻,每次她的出现都是老娘心里的一束阳光。

四姐和母亲之间达成了一种默契:一周来三趟,幸福大半年。在兄弟姐妹七人中,四姐是我最疼的人,我们两个人感情最好。每逢过年过节我去给四姐拜年,四姐都会启动梁山聚义的招待模式,大口吃肉,大杯喝酒,大碗吃面,一切以大为荣。外人觉得四姐招待不够精细,其实那是对我的爱。她以为我走南闯北、风餐露宿、食不果腹,所以让我吃好是她的第一原则。这一点和母亲很像,遗传得很好。

四姐最容易闹情绪,兄弟姐妹几乎都被她的情绪打败。我的心情也常常被她的情绪折磨得支离破碎。沟通的天然屏障大概是四姐最大的痛苦,她无法完全听见别人的语言,只能靠别人的表情来判断自己受欢迎的程度,所以,她经常伤心并无理取闹。我们都熟悉了她的套路,好言安慰,赔礼道歉,来换取她的谅解。她原谅我们是很快的,因为她的本心很善良。四姐是个内心聪慧的女子,安静的时候很可爱,针线活也做得很漂亮,两个女儿都已出嫁,一个无限忠诚的丈夫和她风雨同舟,现在居住在江苏宜兴这个文化城市,干些粗重的活计,踏实,安稳。

八

五姐和我是同龄人，我和她比和其他姐姐更有话题也更亲密。五姐的性格表面温柔，脾气上来之后也是很难驯服的。五姐的婚姻比较坎坷，五姐夫因病去世，留下了两个孩子和一处没有任何商业价值的老房子，孤零零地矗立在田野的旁边。五姐奋发图强，再婚后100%完成了先生生前所托——子能娶妻，女能安嫁。

五姐和我的亲密是那种不显山不露水的亲情。没有大恩，亦无小恨，一切都随着岁月的铺设而变得温柔起来。五姐的凉拌牛肉甚是好吃，擀的手擀面也是姐妹中的一绝，兄弟姐妹中其实最会做菜的是五姐，端锅操勺相当专业，贤惠是她的标签。

20年的岁月洗涤后，我依然记得她为我烧的拜年的菜，好吃，不舍忘记。看着她的儿女都按照期待办完了喜事，五姐的使命胜利完成。我真为五姐高兴，她战胜了凄苦的命运，她赢得了自己的生活，她写好了自己的命运小说并成功出版。

九

这就是我们兄弟姐妹的生活现状，这就是我和兄弟姐妹们的故事。想必在明朝官至侯爷的祖上也没有想到他后代的生活会如此多灾多难，如此不堪一击吧。沉静地生活在社会最底层，微笑着前行。其实，岁月变迁，王朝更替，生老病死，谁的结果、谁的后代不是一样呢。

从一个婴儿到一个少年，从一个少年到一个青年，从一个青年到一个中年大叔，我充其量就是一个表演者，给父母表演获得赞美，给老师表演获得肯定，给爱情表演获得婚姻，给上司表演获得薪水，给朋友表演获得好评，给学生表演获得敬仰。

我的兄弟姐妹虽然不是这个社会最精英的人群，但是他们也是表演者，用表演来获得生活对他们的嘉奖和肯定。这个世界不管你表现的是孤傲，是顺从，是温柔，是强势，都是一种表演，只要你演出一个本色的你就好。

哥哥和姐姐们都是原始的表演者，他们认真演好自己的一句话、一滴泪、一段路、一生情，几十年就这样卑微谨慎地活着，他们表演得还不错，我喜欢他们的表演。

我很庆幸遇见我的兄弟姐妹，他们都是我生命的肋骨和血液，支撑我前进，洗涤我的心灵。和他们做亲人真好。我常想，下一辈子我们不一定相见，到哪里找那么好的兄弟姐妹呢？我争取好好做人，感动上天，希望下辈子还能做兄弟姐妹。到时候大家一定都很惊喜：原来你们也都在这里。愿我们一起平安，愿我们兄弟姐妹一如童年！

十

最后修改一段在网络上传播很广、很有群众基础的段子，结束对那个时代的回忆，希望兄弟姐妹们伤感不再，性感永存：

生在暴雨夜，眼看不能活。没命吃母乳，牛奶没见过。席子床上铺，兄弟同被窝。卫生不太好，虱子特别多。那时没有电，油灯能凑合。盘腿坐炕上，家人围一桌。青菜萝卜汤，少盐少肉香。玉米楂子粥，就着酱豆喝。过年杀个猪，吃少卖得多。谁家买鞭炮，几元就算多。

一张新炕席，能铺十年多。冬天穿单鞋，冻得直哆嗦。家里来客人，小孩不上桌。大人干农活，小孩放猪鹅。麦秆当柴火，家家一大垛。长到五六岁，就是不长个。直接上小学，初学"阿喔鹅"。背个旧布包，没有铅笔盒。

走路上学校，从未迟到过。渴了喝凉水，饮料没听过。饿了回家吃，都是面窝窝。胖瘦无人讲，穷富没人说。男女同板凳，课桌画界河。心里有好感，不敢送秋波。见到俊女生，手脚直哆嗦。没说半句话，脸就红到脖。学习哥哥管，爸妈不多说。

老师不补课，作业也不多。一共几节课，语数美体歌。寒暑假期到，玩得不着调。同村小伙伴，爬树又下河。夏天河洗澡，冬天滑冰河。能知父母苦，自觉干农活。锄地又施肥，秋天忙收割。内外一身衣，烈日皮晒破。果树能结果，味好又止渴。

中暑和感冒，不用针和药。伙伴在一起，情同亲姐哥。女孩跳皮筋，男孩打扑克。玩具自己造，刀枪也会做。下河摸鱼虾，上树掏鸟窝。同伴吵了架，相互能撮合。和好握握手，有怨跺跺脚。外面犯了错，不能对娘说。谁若不守信，再见打脑壳。

田园摸西瓜，偶尔偷水果。电视没见过，天天听广播。学习不太好，故事却能说。晚上藏猫猫，白天游戏多。虽然满身土，玩得却快活。最爱看电影,远村亦奔波。画圈占地方,晚了背面坐。炒把黄豆粒,胜似吃干果。看过地道战,台词背很多。所有战争片,八路没败过。一度参军热,军装流行多。打倒小日本,八路是帅哥。当年戴军帽,如今犹记得。

写着写着,又哭了,正不知道如何是好的时候,结束了。真好。

嫂子的院子和院子里的嫂子

引言：每一个嫂子都是两个家族战争与和平的缔造者。

我有一大堆同宗同族的兄弟，所以也有一大堆花枝招展的嫂子，好看的，不好看的，好几个。按照礼数，只要是合法地陪我哥哥的女人，我都应该要叫嫂子。我的父亲这一辈有兄弟三个。大伯没有子女，和我们家生活在一起；我的父亲排行老二，一共生养了五个女儿和两个儿子，我排行老七；叔叔家三个儿子和三个女儿，现在都活跃在城市里。算下来我有三个哥哥，一个弟弟，其中一个是同胞哥哥，两个是堂哥，一个是堂弟。所以我老婆是他们的嫂子，他们老婆也是我的嫂子。

我们老家的每个嫂子都有一个院子。每个院子都有一个很高的围墙，每个围墙都有一个门楼，每个门楼都有两扇门，每扇门上都贴着新年的对联。每个院子里都有一个可以压出水的水井，每个水井都有个生铁铸造的压井头。每一个压井头都能使用三十年，生命力很强。虽然现在可以用抽水泵抽水，嫂子们轻松了很多，但是我依然怀念那时候不断上上下下抽送的压水动作。最近哥哥打电话向我报喜,说老家终于用了自来水,那高兴劲儿就像他自己又要进一次洞房似的。

张默计,是我的同胞哥哥,一位做了一辈子中学校长的知识分子。人长得还行,品德好得一塌糊涂。小眼睛,薄嘴唇,身材瘦,黑皮肤,发型永远偏分头。六十多岁了,瘦了一辈子竟然开始发福,最近还靠跑步减肥成功。

我的哥哥在教育战线上混迹多年,常在河边走就是没湿鞋。在这个重度反腐的时代,他以两袖清风得到善终,光荣退休。学生天南地北,孩子定居沿海,他成功开启"太上皇"的生活模式,冬天在珠海晒太阳,夏天在安徽阜阳老家享清福。

大哥的数理化特别好,我的文字功力也特别好。我对大哥很崇拜,他有两个伟大胜利我至今无法超越。第一是老婆特别漂亮,第二是他靠自己的能力在父母没有帮助的情况下为嫂子造了一座院子。

嫂子是个漂亮的女人。这一点没有人不承认,在他们那个年代绝对是一朵花。粗而发亮的两条大辫子,整容级的魅力双眼皮,皮肤好得就像三个月的小白兔,就这样鲜果一枚的姑娘被我哥哥用极少的"银子"就娶回了家门。

母亲说,你哥哥当时有句名言是:看着老婆不吃饭都不饿。哥哥这个酸是我没有想到的,比山西的老陈醋还酸。我可以肯定这是当年最佳的爱情广告语,可惜没有流行起来,可见传播工具何等重要。

母亲说,生大哥的时候做了一个梦:梦见哥哥骑在白马上就是不肯下来,叫嚣着这户人家很穷,没兴趣来报到,最后被人一棍子打了下来,然后母亲就生了。母亲说,上天也许是为了弥补咱家贫寒对他的亏欠，就为他准备了一个漂亮的老婆作为补偿。母亲说，这都是命，你抗不了。

嫂子和大哥在一起，可以说是郎才女貌，也可以说是一朵鲜花插在牛粪上。但是他们俩却没有在世俗的眼光里活出差错，而是一直恩爱到现在，彼此都没有任何桃色新闻传出。50年来兄弟姐妹之间如果有战争他肯定护着老婆，天灾人祸来临他也是护着老婆，是个不折不扣的宠妻狂魔。在我哥的思想里排序应该是这样的：老婆第一，事业第二，孩子第三，父母第四，兄弟第五。如果大哥看到我这样写肯定会打我屁股的。

我们的娘特别能理解，为了他们幸福，选择了退避三舍，不言不语。但是父亲似乎做得不好，总爱和嫂子争个高低上下，所以晚年没少吃亏。说实话，我很羡慕嫂子和大哥的才子美女的爱情。他们的爱情经历几十年的风雨盘剥，依然牢不可破。他们的婚姻是成功的，是我们家族偶像级的婚姻组合。

大哥一生都奔跑在学校和家的路上，整个社会对他的评价是好人，好人，还是好人。不管是他的隐性情敌，还是他的酒肉朋友；不管是他的多年邻居，还是他的海量学生，这个评价100%全票通过。嫂子一辈子都奔跑在家和田野的路上。岁月和劳作把这个嫩笋一样的姑娘打磨成了一个"小地主婆"，上得了厨房，下得了田地，做得了宴席，缝得了衣服，是个相对全能型的人才。只是现在肥胖了些，那些富贵病也千方百计地找到了她，这和她喜欢吃白米白面白糖白盐有点关系。

嫂子一辈子都在经营和打扫她们家的院子，打扫自己的男人为自己建造的院子。

我经历了嫂子从美少女到老太婆的变化全过程。那过程是漫长的，是心酸的，是幸福的，是伟大的。嫂子是皖北农村女人的代表。她在履行着一个妻子的义务，一个母亲的义务，一个女儿的义务，一个劳动力的义务，一个外婆或者奶奶的义务，但是她却过着毫无安全感的晚年。

嫂子的漂亮不仅表现在脸蛋上，更是表现在她对后代的忍气吞声上。嫂子再强大，在孩子面前也是一个玻璃杯，经不起摔打。嫂子的孩子们不管是淘气还是不争气，她都照单全收，而且还得面带笑容，噙着眼泪继续生活，直到把孩子们都养成放飞。

嫂子的漂亮不仅表现在脸蛋上，更是表现在她对男权的"不屑"和独立上。嫂子很独立。大哥一个人整天沉浸在他的数学公式里不能自拔，沉浸在他的校长的位置上叫不醒，但是嫂子一个人撑起一个家，养猪，养鸡，养牛，养男人，养孩子，养庄稼，厉害得很。

嫂子的漂亮不仅表现在脸蛋上，更是表现在她对自己的简朴的苛求上。嫂子的简朴是贯穿一生的。她几乎没有几件时装，但是越朴素的衣服越衬托出她的端庄，难怪母亲说，要想俏，一身孝，要想素，穿粗布。朴素是嫂子的最大卖点。

嫂子的漂亮不仅表现在脸蛋上，更是表现在她对娘家的无原则的爱护上。嫂子爱护娘家人也是出了名的。这是皖北农村女人的集体性格。对我们家的兄弟姐妹有礼有节，和我们兄弟姐妹们斗智斗勇40年，也难为了这位漂亮的嫂子。

嫂子的漂亮不仅表现在脸蛋上，更是表现在她对男人闯事业的豁达上。在老家的女人们，只要男人去外面奋斗，要么再远的路她们都会跟着，要么她们就待在老家侍奉双亲，照顾孩子，挥汗劳作。

嫂子的漂亮不仅表现在脸蛋上，更是表现在她对自家院子的迷恋上。嫂子整理的院子很干净，就像她这个人。所有的嫂子都迷恋自家的院子，因为院子是她们的全部。每次回到老家都看见小洋楼越来越高，院子也越来越戒备森严。院子，也变成了事实上的别墅。

虽然古人说院子的墙再高也是防君子不防小人，但越来越壮观的院子还是见证了二十一世纪皖北村落的温暖衰败和一个女人的深夜孤寂。我的嫂子就活在她的院子里，清晨打扫，晚上上门，早睡早起，日月轮转，她也在和时间做斗争，她知道，她正在老去，所以她温柔了很多。

嫂子们的院子越来越气派，院子里的嫂子们却正在老去，她们享受到了自己男人的爱情，也享受到了儿女成长的亲情，她们和公公、婆婆、妯娌之间斗智斗勇，也在岁月平移的过程里接受着男人北漂、南漂的冷清。她们很成熟，不吵不闹，独自成长，撑起这个家族的传世责任。

很久没有见嫂子了，很久没有看见嫂子的院子了。大哥也在孩子生活的城市开始不安分地开启第二次创业。我想嫂子不久也将离开她视为生命的院子投靠自己的孩子，这是天下父母的宿命。很久没有回去看看父亲留给我的院子了，那里没有了母亲，没有了父亲，没有了伯父，没有了姐姐们，只有一个空洞的院子矗立在那里，只有那些记载着我的少年和青年的文物似的旧家具和初恋残留的印象。

我突然想哭，本来这个院子里也应该有一个嫂子的，可是她成了别人的嫂子。嫂子和她的院子越来越苍老，大哥还想继续修建和扩大，我劝他放弃吧，毕竟岁数不饶人。他说："你错了，这是我们的根，我和你嫂子都会终老在这里。虽然这里终将归于平静。"

嫂子和她的院子，嫂子们和她们的院子，在我的记忆里开始渐渐模糊了。

不负青年强，只为大年三十晚上雪地里送我远行的娘

引言：每次走在大雪纷飞的夜晚我都能想起送我的母亲。

父亲爱财，是天生的。因为他特别喜欢做生意，我习惯性地首先把他看成一个生意人，然后才是父亲。父亲的身上充满了人们不喜欢的铜臭味，但是他是有商业梦想的。我现在也是一身的铜臭味。

母亲爱家，也是天生的。她从小没有完整的家，三岁丧母，六岁丧父，父母都去世得早。所以她和我父亲在一起虽然经历了许多难以描述的艰苦岁月，但是依然选择不离不弃。一是她很看重家的完整，二是为了自己生养的七个孩子不至于流落街头。虽然她经常表达对父亲的强烈不满，但是她还是坚持下来了。所以，我更崇拜母亲些。

从1991年出去打工，连续三年我都是在贫困线下挣扎的安徽小民工，被上海人亲切地贬义地称为"小安徽"。在上海那个大得跑不到头的城市，在上海那个骄傲得找不着枕头的城市里勉强过着"衣能蔽体，食能果腹"的生活。在上海，我就是一个搬运工。不知道哪个混蛋谣

传,说我在外面混得不错,很是风光。

谣传说我在上海的某个快餐公司当了经理,其实就是个店长。弄得每次回老家都像光宗耀祖一般地受到热烈欢迎,那些为我提供过细微帮助的人也开始让我为他们在上海安排差事甚至准备和我借一大笔钱用于贩卖粮食。我被这排山倒海的恭维和没头没脑的谣言弄得丢盔弃甲,想逃。

其实我就是个穷光蛋。有时候,我也无可奈何地配合演出,我感觉到了自己的虚伪,那时候我喜欢那样的自己。所谓在十里洋场上海做经理,做一个快餐店的店长,那是一个非常普通的角色。一群打工妹涂着廉价的粉,说着天南地北的方言,晚上不爽早晨离职,连个辞职手续都没有,管教起来非常痛苦,我和他们差不多,只是狐假虎威罢了。

母亲对我在上海的表现好与坏、穷与富似乎不感兴趣。我那爱财的老爹可就眉开眼笑了。正因为如此,我和父亲之间因为钱也从和平走向了战争。父亲对金钱的渴望远远超过我的想象,他老人家为了做生意获得本钱甚至连高利贷都敢用。听说自己的儿子有出息,立即和我谈判、示好。他向我要钱,很直接,很嚣张。他说的理由很辉煌:我要振兴张家的家业,为你们这些孩子留座金山。

按道理,有钱资助父亲成就生意是天经地义的事,但是我无法答应父亲,因为我根本没有多余的积蓄。口袋里没有几毛钱,在外面装模作样挣个面子,在父亲面前我必须裸奔,我告诉他,我能在外面把自己养活,没有变成一个拦路抢劫的小流氓就已经谢天谢地了。

但是,父亲却认为我不孝,他对我咆哮道:我养你这么大,和你要点钱是天经地义的,你一生下来就能闯上海吗?忘恩负义的东西……看着父亲绝望的暴怒的表情，我突然很心疼他，因为我知道，没有人帮助是一件何等痛苦的事。就像我跑遍全村借不到十元钱一样，内心埋的全是地雷，把自己的自尊心炸得遍体鳞伤。我把我的实情告诉了母亲。母亲安慰我，并要我不要和父亲计较。

母亲说："你先照顾好自己，这是最重要的。我和你的父亲都没有给你的成长提供任何可以炫耀的资助，已经很羞愧了，我们不会再给你奋斗路上增添任何麻烦。你父亲，想好、想大、想强，总是运气太差，他的性格决定他不会成功，虽然他特别爱做生意。他喜欢搞大生意，可是，大生意需要大本钱、大机会，他，没有。我懂他，心比天高，但是有什么用呢……"

每次母亲都是这样善解人意。她瘦小的身躯里充满了伟大、独立、自信的力量。父亲娶了她，有福气。母亲没有文化，但是很有哲学思维，她的话，很多是我根据她的意思叙述的。这个坚强的女人一直是我的最后一根"救命稻草"。

每次受伤的时候我都会寻找回家的路，母亲总是最大限度地安慰我，陪我度过那一段我怎么抬腿也迈不过去坎的艰苦岁月。我爱我的母亲，她不仅生了我，更重要的是她养了我，她给了我基本的教养。1992年的大年三十使我真正地读懂了母亲两个字的含义，也读懂了父亲寒冷版的父爱。

一、大年三十我敲开家门看见母亲甜蜜地站在院子里等我

我喜欢过年，喜欢老家那种瞎折腾地不知疲倦地过年。后来慢慢长

大，开始害怕过年，害怕过年后那种急剧下滑的快乐突然消失得无影无踪的悲伤感。这可能是双鱼座比较明显的特点（我是双鱼座）。每年过年，母亲总是和嫂子与姐姐们一起炸馓子、蒸馒头、包饺子。父亲则从街上扛回几十斤猪肉，母亲负责加工成待客的各种菜肴，满足一帮子流里流气、没大没小、常年不来往、一年见一次的外甥们拜年时的口福。

嫂子是个业余的厨子，但是菜做得很好，在村上还是有点小名气的。每年过年她家都门庭若市，我们家则门庭冷落。一边是欢声笑语，一边是寂寞无语，形成了强烈的反差。虽然是一墙之隔，但是两个世界：一个是红楼梦大观园大宴宾客的情景，一个是白毛女父女孤苦相对的情景。这是后来我不愿意回去过年的主要原因之一。不是我不愿意看到别人好，是我不愿意看到自己烂。

母亲总是在快过年的时候几经周折打电话给我，问我是否回去过年。我总是说，回去。其实，我每次都不想回去，一个彻底被早恋打败的家伙，一个被女朋友一张休书休掉的人，一个在当地成为别人三代共同笑料的人，回家过年和被批斗、被笑话、被审问有什么本质的区别吗？

我本心没有一次想回家过年，如果不是想念白发苍苍的父亲母亲。所以后来，我尽量不回家过年，我在躲，我怕恐怖片一样的初恋每次都把我塞到回忆的烈火里炙烤，我怕疼。我知道这个决定对母亲很不公平，亏欠母亲很多。但是母亲很开明，她说："我知道你触景生情，不回来，不难过，娘，能理解。如果是我，我也不想回来。"我知道，母亲是不想让我内疚而已。

1992年的春节，我是回老家过年的，是带着对家一年的思念敲响了家门的。

大抵每年都是大年廿九从上海站坐绿皮火车，一路激动、一路犯困、一路拥挤，向安徽阜阳站出发。上海站当时是上海最大的火车站，阜阳站则是安徽最大流量的火车站。在这条线上我来来往往三年整。

我没坐过一次卧铺，没在餐车吃过一顿饭，大部分时间都是在硬座上僵尸般地坐着一动不动，听对面那些男男女女毫无顾忌地讲述谁家老婆出轨，文化高点的就谈连主演都说不清楚的电影，驴唇不对马嘴的情节让人昏昏欲睡。各种味道的零食气味充分混合，那味道到现在都挥之不去，现在看见绿皮火车我都会做噩梦，都会反胃，我会梦见自己的落魄和不堪。我也是他们其中的一分子，我无法把自己排除在外。

每年过年，老板们几乎都是最后一天放假。一天时间，要去抢票，要去理发，要去买点特产，要去弄两件A货服装为自己的虚伪买单。最可怕的是要收拾一年来累积的盆盆罐罐，因为我不知道，明年的我蜗居的地点在北纬多少度，在上海哪条街。

1992年的春节，老家很冷，冷得没有一丝人情味。那时候老家没有空调，所以在极度寒冷的时候就是不停地跺脚和烤火，或者待在被子里看电视。

记得大年三十那天，老家的天空竟然飘起了雨。这雨里还夹杂着细小的冰雹，加上毫无情趣的东风几乎将老家这个弹丸之地冰封起来。就是在这样的寒冷里，我敲开了家门，意外的是母亲也巧合地站在门口。

母亲，依然穿着平时穿的棉衣，一股强烈的寒风几乎将她吹倒。在我记忆里，似乎每次过年母亲都没有添置过新衣裳，比起邻居花枝招展的阿姨、大妈和被有钱人寿星一样供着的爷爷奶奶们的新衣新帽，母亲显得特别寒酸，每逢想到这个场景我都觉得父亲是个罪人，没有一点情调。他，配不上母亲。那时候，我这么认为。

父亲讨好地对我说，你娘算着你今天回来，一直在院子里晃荡。她说，她算好了时间，就应该这个时间到。你看，这不，你回来啦。我回来母亲自然是最高兴的。她不会说那些让儿子高兴的、矫情的甚至是肉麻的话来表达对儿子的想念和欣喜。

她，不言不语的，会先进灶屋给我做她拿手的手擀面叶，薄薄的，半透明的，然后切成四方块，放在沸腾的水里，加上新鲜的鸡蛋，吃起来很劲道，让我暖暖身子。这是母亲的绝活，也是我最喜欢母亲的压箱底的手艺之一。

每次都是这样的画风：母亲坐在我对面看着我吃面叶，看我吃完就继续给我盛，一碗两碗到三碗，直到我拍着肚皮向母亲求饶，母亲才满意地去厨房洗碗刷锅。我能感觉到，我回来过年，母亲是非常欢喜的，而且是那种从骨头里散发出来的欢喜。

二、大年三十我和父亲谈他的生意经，我劝他解散店面，他吼了我

我回家过年，父亲也是高兴的。他用自己的独特方式欢迎了我的凯旋。他用肥胖的身躯，骑着自行车从五六里路外一个叫代桥的小集市，割了四十斤猪肉驮了回来，自豪地扔给母亲说，儿子回来了，给他好好补补。我知道，这块肉，不仅是给我补，还要照顾那一大堆分布在周围

的拜年的亲戚。

老家就是这样,过年了,你到我家吃,我到你家吃,也顺便把东家长、西家短的喜事、坏事、丑事评价个天翻地覆,基本上都是醉醺醺地赌咒发誓自己绝对是好人,把自己的功德教科书一般地说一遍。不喝酒的人从来不把这话当真,喝醉的人全部都当了真。在麻雀都能喝三两的老家——安徽界首,这是千百年的生活方式。我不喜欢,所以我逃。

父亲贴心的表现一下子拉近了我们父子的距离,觉得这个春节温暖极了。因为平时父亲都是忙于他的生意,多年来,他是团圆的永远缺席者,他,都在他开的店面里招揽过年的生意。父亲这次和我谈得很深入,主要目的就一个,让我把挣来的钱借给他做生意。他像一个"赌徒"一样想从我身上抠下最后一个铜板。

我和父亲说,我在上海根本没有站稳脚跟,不是外界传得那么邪乎,我不是大上海的经理,更不是什么金大班。我把挣到的钱都用于读书和购买书籍,我是标准的月光族……父亲似乎被我说动,但是他很快推翻了对我的信任。我看着父亲怀疑的表情,我的心仿佛被一支箭射中,疼,噗噗地往外冒鲜血。

现在回忆起来,我觉得我做了一个错误的决定,劝父亲放弃他的生意。

父亲喜欢做生意。他的生意是从摆地摊开始的,是从卖一把甜瓜的种子到卖几十种蔬菜的种子,是从卖一种小农具到卖几十种新型农具,是从卖地方香烟和地方粮食酒到批发地方香烟和地方名优粮食酒,是从卖黄花菜和茴香到卖体积庞大装粮食的缸开始的、发展的、壮大的。

他，玩大了，被乡亲们称为突然崛起的"富豪"。只有母亲和我们知道，他，欠了一屁股的债。父亲喜欢听好话，掌声不停，他最喜。我劝父亲停下他的生意有三个理由。一是我不接班。我不喜欢做他做的生意，那是一种没有激情的生意。二是我不要他做超出自己能力的事，靠银行贷款和熟人之间借钱做生意，风险很大，迟早会崩盘，况且父亲不识字，这个世界好人很多，但是坏人也不少，我害怕耿直的父亲遭人暗算。多年以后证明我的话是对的，那些当年赊欠我父亲商店东西的人在我父亲突然离世后，第一时间全部否定了欠钱的事实。那些笑里藏刀的嘴脸经常会不经意地浮现我的脑海，他们的表情里没有羞愧，无情无义。三是我们兄弟姐妹有一个共识：我们一致认为我们没有成为富二代的基因，我们都希望靠自己的双手掌握一片天空。我们希望父亲收手，我们不喜欢看父亲每逢节日就被债主封门。所以，到今天我买房子都坚决不贷款，就是那时候留下的阴影。

父亲并没有接受我的建议。他大口喘气，瞳孔放大，大年三十对我展开了男高音般的吼叫，他说："你们都是叛徒，都是我的敌人。你们都不支持我。我扩大生意，将来生意做大了还不都是你们的，我能带到棺材里吗？你们这帮忘恩负义的人。我是不会关掉生意的，我自己的事情我自己处理，我就一个人，与你们无关。你现在翅膀硬了，从今天开始，你是你，我是我，井水不犯河水……"

我的坏脾气也是一点就着，父子之间再度因为观点不同开战，关键在大年三十。母亲是我们家的法定调解员，她有一个招数，专治父亲，就是哭。父亲在母亲的哭声里非常容易缴械。在母亲的哭声里，我看见父亲的表情是暴怒的，是扭曲的，也是痛苦的。

虽然母亲暂时把他制服，但是这种制服是无法根治的。后来我想，也许父亲是对的，他的妻子、女儿、儿子都没有人站出来帮助他，他应该是孤独。看着他怒火攻心的样子，我竟有些心疼他。我说："爸，你要想做就做，没有人拦得住你，我们都是你的亲人，没有人想把你往火坑里推。只是考虑你年事已高，这份事业又不是我们喜欢的，怕你不能长久。女儿们都被你老人家做主嫁到外县，哥哥一心教学，我在上海谋生，我们没有那么大的野心，我们不是吸血鬼，你们的孩子都是自信坚强的奋斗者。我们只需要你安享晚年，我不管你是富爸爸还是穷爸爸，你的晚年安康对我们很重要……"

父亲被我的话堵住了嘴，他怔怔地看着我，不死心地向远处走去。

三、大年三十我和父亲因为今年我挣多少钱进行了激烈的争吵

父亲平静了几个小时。我也借坡下驴，保持休战状态，和母亲有说有笑，为这个孤苦的家庭添些欢乐。近黄昏，父亲再度故伎重演，依然和我谈钱的事情，他温柔地说，却藏着刀锋。我想，在父亲的眼里，我身上一定藏着百万支票却不愿意支持他的理想。

在父亲的心目中，我一定是个守财奴，是丝毫不念父子之情的"薄情儿郎"。那一刻，他露出了商人的谈判式的表情让我不寒而栗。我觉得我们父子之间正在被金钱这堵墙隔开，而此刻这堵墙还在不断地增高。

我突然发现我一分钟也不想待在家里，我很害怕父亲的需要。父亲的做法很粗鲁，目的性也特别强。他反复地和我重申他要扩大生意，他

要坐镇上批发零售店的第一把交椅。我和母亲最清楚他的财务状况,大部分资产都属于银行贷款和私人借贷,如果清理完所有的债务,他的生意、他的梦就剩一个字:零。

有时候,我真希望他一无所有,这样他可以好好陪我的母亲,让母亲不用担惊受怕,让他自己没有烂账缠身。可是,父亲不这样想,他说自己是一匹战马,不是拉磨用的驴。我们再度僵持,就像两个阵营的战士,谁也不愿意撤离。

我看着白发满头的父亲,我知道我面临的最尴尬的场景已经到来。我永远不能,也无法和父亲决斗,我们之间没有输赢,只有彼此对自己想法的坚持,我们站成了两个阵营。我觉得我要和父亲摊牌。父亲也似乎准备和我摊牌。我为父亲点了一支烟,他似乎看到了我的屈服。他高兴起来。

有时候,他就像一个孩子,直接得让人心疼。不管历经多少岁月,我始终相信父亲的善良和商业头脑是我们村的第一品牌。虽然后来他全线失败,丝毫不影响他是我偶像的现实。我默默地走到里屋把我从上海背回来的行囊拿了出来。

这个行囊是个没有品牌的人造革皮箱,浑身上下印着看不懂的英文,标准的地摊货。皮箱显然是几年没有清洗过,就像一个脏兮兮的孩子被抓到广场上游街一样充满了懦弱和自卑。因为在上海经常搬家,这个皮箱是我的最忠实的伙伴之一。

父亲的眼里出现了光芒。我把皮箱的拉链拉开,然后一件件地把里面的东西全部摆到地面上:掉漆的微型电饭锅、几件换洗的内衣内裤、几本盗版的小说、一部上海红灯牌的收音机,还有一张红(初恋)的照片。照片是黑白的,夹在一本小说里,滑落了出来。最后我把钱包轻轻地放在父亲的手里,我要父亲明白,我真的是穷光蛋,我需要父亲的信任。

父亲沉默了。但是他在温柔了一分钟后突然大声地对我指责起来:"别人出去挣钱,一年能挣三间房,你呢,你出去就挣一个电饭锅吗?你能不能争口气,让我脸上有光?你的恋爱已经让你成为全村的笑话、全镇的笑话、全县的笑话、全省的笑话,你如果再这样窝囊地混来混去,混去混来,你就会成为别人一辈子的笑话。我以为我生了一个天才,原来我生了一个笨蛋。从小你口若悬河,志向远大,那个要干一番大事的儿子哪去了……"

父亲这把刀下得太重了,一刀就插在我的心口上。

一直不想回家,不想看见这往事味道浓烈的院子,不想听见别人团圆的歌声和幸福的笑声,所以,我每年戴着面具回来,戴着面具离开。今天面具被父亲几把就撕得粉碎。我就像一个被脱光的囚犯站在雪地里,被斩首却无力反抗……

母亲看见了我的巨大痛苦。她对父亲一顿"臭骂",来缓解我随时的情绪喷发。母亲知道,我没有能力管理好自己的情绪。所以这就是我的学名会从张麦红改成张默闻的原因。但是,我没有。我已经被父亲的话完全击倒。

父亲利用了我的痛苦,任凭我鲜血淋淋,任凭我无法呼吸,就像一个中弹的战士。我看着父亲,看着他一副斗牛士一样的表情,我笑了。我从牙缝里挤出几个字,每个字都有一百斤:"我的亲爹,我消失,可以吗?"

母亲知道我的决心,她看着我赌气似地将皮箱收拾好,她,没有采取任何行动。她自言自语地说:"这个家,好不了啦。"我拉着皮箱,夺门而出。门被咣当一声重重关上。门里母亲和父亲开始了争吵,母亲是护着我的。

本来还有几个小时就可以看春节联欢晚会了,这是我每年的最爱。虽然我老婆说,只有北方人喜欢看春节晚会,但是我就喜欢,今年完了,快到眼前的春节晚会看不了了。嫂子的院子里习惯性传来的欢声笑语仿佛是对我的讽刺,我的泪水一下子喷了出来。

四、大年三十我离开家的时候天上突然下起了漫天的鹅毛大雪

整个大中国,整个安徽省,整个阜阳地区,整个界首市,整个舒庄镇,整个后湾村,整个院子都被春节的喜气所包围。偶尔有些鞭炮开始零星响起,那是当地人准备吃饭的庆祝。原来喜欢的鞭炮声现在就像刺耳的警报,让我炸裂。

突然,天空变得阴森森的,鹅毛大雪铺天盖地,世界突然变成了童话。我倍感绝望,这是老天要灭我的节奏吗?我感到害怕:我害怕被活人抢劫,害怕从黑夜里窜出来的鬼,害怕寒冷会把我冻成冰凌。但我还是往前走去,也许,天空的寒冷还没有内心的寒冷更让我害怕。

每年哥哥家都是暖洋洋的。乖巧清纯的女儿,油光满面的儿子,乡绅和地头蛇,同事和同学,总是把家打扮得喜气洋洋。这是我一直妒忌的。父亲演了这一出戏,让我连妒忌都没了机会,这事只有亲爹才能干得出来。本来想和哥哥一起按照每年的惯例,大年初一,一起

喝两瓶老家临泉县56度的文王特曲,打算奔着喝醉去的。现在这个约定也泡汤了。

雪,下得特别大。雪花似乎比往年大出一号来。雪花落在我廉价的棉衣上,开始化成水,后来开成花。原来熟悉的、短暂的、充满回忆的路此刻充满了恐惧、充满了伤感、充满了遥遥无期。雪越来越大,我的身上开始挂满了雪花,越来越像电影里的雪山飞狐。

我找了一个避风的围墙,靠着它,取点暖。那个时候没有苹果、没有三星、没有小米手机,别人不能找到我,我也不能找到别人,腰里只有一个二手的BP机(寻呼机),打开看看有几条新年祝福的信息,都是些没血没肉的不疼不痒的新春贺词。

大地已经开始变白。天终于暗了下来。我想,大约两个小时能到镇上,然后找个旅馆,明天一早坐最早的汽车去阜阳火车站,然后用最快的速度逃离,回到那个陌生而性感的上海。

我突然感觉自己像电影里的白毛女她爹杨白劳先生。我觉得自己要死在漫天飞舞的雪里了。这就是任性的代价。田野里早已没有绿色,只有枯草和被雪覆盖的麦苗,我觉得我连麦苗的命运和幸福感都没有,和麦苗相比,我似乎没有了生命的迹象。

五、大年三十我在大雪纷飞的夜晚跪在了母亲面前

我必须走。我这样鼓励自己。老家那时候已经有了电灯,可以看见稠密的村落里透出微弱的光芒。我觉得,整个世界都是温暖的。我警惕地和这个漆黑的夜晚搏斗着,对抗着。大概从小听母亲讲的鬼故事太

多，我觉得身边都是鬼，甚至有的已去世的亲人也都出现在我的面前。

我有了想回家的念头。但是我立即打消了这个念头，男人，不可以走回头路的，我这样警告自己。突然，我发现远处有一束手电筒的光。这束光跟跟跄跄，充满了沧桑感。我想，这大抵是回家过年的游子或者是走亲访友的夜归人。

我加快了脚步，那束光也加快了脚步；我放慢了脚步，那束光也放慢了脚步。我的恐惧感顿生。传说中的"鬼火"来啦。就这样忽远忽近的，我们保持着恰当的距离。时间越来越靠近晚上八点，那个爱把人弄哭的倪萍大姐、那个说话有点抖的赵忠祥大哥应该快出现在春晚的舞台，为全球的华人拜年了。我郁闷地加快了脚步，皮箱的轮子发出了疼痛的叫喊，它，也已经披上了雪白的风衣。

那光一直和我保持着温柔的距离。安全起见，我突然跳进一个类似于战壕一样的深沟，我要看看那束光是不是继续跟着我。果然，那束光没有防备，继续向前走来。这应该是离家两公里的地方，一个叫曹庄的村子。终于，这束光来到我身边。借助手电筒的光芒，我看见了一对老人。

他们就像两棵已经老去的枣树。但是他们一边走一边进行的对话却像闪电一样击打着我。是的，这是我的父亲和母亲。他们在这荒野、在这大雪弥漫的夜晚还在不断地争吵着，所以，斗争的夫妻永远斗争，虽然他们不再年轻。

母亲显然余怒未消：一定要把默闻找回去，大过年的，找不回来，这个年你自己一个人过吧。父亲虽然还是嘴上很硬，但是已经服软：我不是来了吗？你还有完没完。突然一股厚重的内疚感直冲鼻尖，眼泪瞬间决堤。打着手电筒的是父亲，他花白的头发上覆盖了一层任性的雪花。

母亲本来已经弯曲的身体更像一张站着的弓，在风雪里，在黑夜里，几乎成了一个雪人。来拦截我，一定不是父亲的主意。因为父亲很要面子。我知道这是母亲的主意，因为所有的母亲为了孩子都会挺身而出。她"押着"父亲来和我谈判，希望我回到大年三十的餐桌上。

就在一瞬间，我冲出深沟，扑通一声就跪在了母亲面前，号啕大哭起来。惊喜的母亲来不及做出反应，在短暂的慌乱后，发出了一声几乎凄凉无比却惊喜万分的哭声，与远处偶尔响起的鞭炮声混为一体。我们母子以这样的方式，以这样的表达，为1992年的新年做了最好的祝福。

父亲由于经历过中风，加上激动，几乎说不出话来。他嘴唇抖动着，手比画着，我明白他一定是在说，回去吧，孩子。因为他的眼神里写满了渴望我回家的柔情。雪在下，我跪着，母亲抱着我。母亲说："回家吧，我们不能让别人看我们的笑话。就是明天世界末日，今天也要把年过好。不到晚上十二点，这年就算数……"母亲像抚摸婴儿一样给我擦去眼泪，她粗糙的手就像一张砂纸，我却觉得柔极了。

母亲说，如果你真的不能回家，我和你父亲就送你到镇上。

我说，娘，我们回家吧，家里的灯还亮着吧。母亲说，是的，灯还亮着呢。我突然无地自容。和父亲母亲的爱相比，我的表现是何等的自私、渺小、任性，我觉得我的脆弱已经到了一块饼干的程度，一掰就碎。

事情过去整整26年了，我依然记得那个风雪交加的晚上，家里的灯还亮着，我和父亲母亲却走在回家的路上。这是我从小到大和父亲母亲最具浪漫气质的一次同行，好怀念，好喜欢。雪落在眉上，花朵开在心里。我多么希望和父亲母亲一直走下去，他们不老，我长不大。

这个故事很多人都不知道，鉴于它是"家丑"，所以，我和父亲母亲似乎谁也没有刻意去讲这个故事。回到家的时候，灯依然亮着，下午贴好的春联闪耀着喜庆的鬼脸。父亲几乎是讨好般的和母亲商量吃什么，母亲表现得很生气，说，大年三十吃饺子，你去烧水吧。父亲乖孩子一样地按照母亲的吩咐完成任务去了。看得出来，他对这个结局是满意的。

隔壁哥哥家沉浸在春晚的节目里。他们不知道这里发生了什么，就像什么都没有发生，我去看了他们，果然是高朋满座，叔伯弟兄、三两好友，已经喝得口齿不清，一大桌子菜都是嫂子做的。在老家就这规矩，女人做饭，男人陪男人吃饭，女人偶尔上桌客串一下，和男人喝两杯，显示气氛，也显示这家的女主人具有平等地位。

在老家，女人不喝酒，那是含蓄，喝起来，男人都不是对手。我那清纯如水的侄女原来滴酒不沾，现在在珠海做生意，听说她喝起酒来几个人都不是对手。

父亲睡觉了，他在堂屋里的板凳上看春晚，看着看着就睡着了，口水流得衣服上全是，鼾声如雷，不管窗外鞭炮齐鸣。看着父亲，我突然心里一阵酸楚，这就是生我养我的父亲，我对他仔细端详，眼神里写满了好奇，原来我真的没有好好看过父亲……母亲披着衣服在床上坐着，点燃了一支烟，这是她多年的习惯。我说，娘，我想和您说说话。母亲说，孩子，你说吧……

六、大年三十我告诉了母亲我的理想、我的未来、我的真实的城市生活

看着母亲,就像看着我的导师,我泪流满面地开始了人生第一次艰难的倾诉,我称它为"1992的故事"。

"娘,请您一定要原谅我,原谅我一直在外面谋生,没有好好照顾您。我不是一个好儿子,不是一个孝顺的儿子,我有罪。"

"我其实很害怕和这个世界打交道,坏人太多,我太脆弱,我所有的坚强都是装出来的。我遇见了很多好人,也遇见了很多坏人。每个坏人几乎都在我心里留下了伤口。娘,我现在浑身是伤,我放弃了治疗。我真的不敢相信别人,不敢相信这个世界,我最不敢,最不敢相信的是爱情。"

"娘,因为父亲和嫂子的关系并不是很融洽,您和姐姐们以及我都间接和直接地卷进'这场战争'。整个家族就像一个冰窖,我不知道什么时候冰才能够融化。父亲,给了我们一个家,却把这个家弄得支离破碎。"

"娘,我想逃离这个家,我害怕这个充满孤单、充满孤苦的家,害怕我留在老家随着时间推移我会成为一个老无所依、毫无作为、最后靠家族成员施舍的苟活的男人。我看到太多这样的悲剧和案例,娘,我不想这样。我必须要离开,离开这个无法让我苏醒过来的地方。"

"娘,您知道吗?在上海,你不努力,你不拼命,你不学习,你就会被淘汰,就会被上海扔进垃圾堆一起焚烧。我真的找不到肩膀,找不到机会,找不到突破口。我不愿意和乡里乡亲在上海相依为命,是因为

我害怕自己的平庸被别人发现，害怕我的经历被别人再度传播。"

"娘，人言可畏，我只能一个人在上海流浪，不管多杂碎的工作、多卑微的工作我都要努力完成它，我不愿意让我自己和所有的打工者一样沉浸在吃饱就好、睡着就好的生活圈里。"

"娘，您知道吗？我给自己定了八个字的口号：要么出家，要么自杀。如果我无法奋斗成一个让人尊敬的人，我就按照这八个字安排我自己的未来。我不后悔。我实在被生活打得晕头转向，找不着北，一个男人所有能经历的耻辱和伤害我都一次性地幸运全收，娘，我承受不了了……"

"父亲用那么重的一根稻草压断了我的希望，我走不动了。娘，我一定要留在大城市里，我一定要按照自己的方法寻找自己的世界。我不怕苦、不怕累、不怕伤，只要能活得像个人一样不被歧视、不被笑话、不被议论，我就不会放弃。相信我，娘，我用挣来的微薄的收入全部用来买书读书，我相信有一天，我一定可以骄傲地站在别人的面前，让别人叫我一声：您好，张先生，张老师。"

"娘，我一定要娶一个南方的温柔如水的女子。她，一定要读过很多书。她，一定要很明事理。她，一定要漂亮、要好看、要有大大的眼睛和长长的睫毛。她，一定要浑身上下充满书香的味道。娘，我知道这是我的梦，但是我要做这个梦，没有这个梦，我活不下去。"

"娘，我宁愿累死也不要平庸地死。我要在骄傲的大城市里有自己的公司，有自己的办公室，有自己的名声。在上海，我是洗碗工，是黄鱼车车夫，是十六铺码头的搬运工，但我一点也不觉得羞耻，我能养活自己了，我不是红和很多人眼里的废物，我是一个英雄。"

"娘,您一直相信我是您的英雄,可是我现在还是一只狗熊,让您失望了。真的,娘,我现在不知道我的方向,我的出口。我就像一个突围的战士看见的到处都是枪口。没有人可以救我,没有人可以拉我,没有人可以抱抱我。娘,您说,我的路在哪里啊……"

就那样,我哭着说着,说着哭着,许久,许久……

母亲关掉了堂屋里的电视,把鼾声如雷的父亲叫醒并安置他睡觉。她坐在我面前,说:"默闻,你说的,娘都理解。记住,娘不是你的负担,你爹你姐都不是。你最大的负担是你的脆弱和自卑,你失败的爱情,你的孤苦无援。这个世界没有人可以打倒你,只有你才能打倒你自己。我嫁给你父亲,就是要和命运抗争,我就是要看看,我能不能把一把烂生活过成别人羡慕的样子。很多时候我想放弃,因为太苦了。"

"你父亲比我大十二岁,我是她的第三任老婆,一般黄花大闺女谁愿意这样下嫁。你父亲不懂疼人,任性得很,但他终究是个好人,我认了。儿子,其实放弃很容易,但是放弃责任很难。我知道你吃的苦不是常人可以承受的,但是我相信儿子你可以度过去,因为你3岁就拉着我的衣服告诉我你害怕天黑,因为你从小就伶牙俐齿,知道古今,你一定可以做大事,这一点娘也许看不到了,但是我相信这一天一定会到来,你今天所受的苦,都是你以后要享受的福。你会好的……"

母亲的话不多,但是很到位。这就是我的母亲,她,一直被我崇拜着。

母亲和我说了很多她和父亲的事。她说,你父亲脾气不好,要强,但是心软,是个好男人,一辈子没干过见不得人的事。这是她一直坚持的理由。

没有想到，母亲在夜深人静的时候说起父亲竟然流露出女儿般的温柔，原来每个人的爱情都有自己的样子。远处的鞭炮声噼里啪啦地炸开了锅。此起彼伏，你追我赶。不知道什么时候，父亲出现在我面前，他叫我一起放鞭炮。母亲则去给我煮点消夜——老规矩，饺子。

新年的鞭炮很长，响了很久，父亲和我听着鞭炮炸裂的声音、看着纸屑飞舞的样子，觉得这个年总算安全地过去了。看着父亲的背影，肥胖、臃肿以及此刻表现出来的天真，我走过去，从后面紧紧地抱住了父亲。他不习惯，也不知道如何回应，只是僵硬在那里。满天的烟花照亮了我们父子拥抱的情景。母亲喊我们吃饭，看到我们这样，笑了，她说："我就知道，父子连心，没有隔夜的仇。"

从那天起，我发誓：我要不负青年强，只为大年三十晚上雪地里送我远行的娘。父亲依然爱财，但是从此再也没有和我提起过借钱的事。我们似乎都忘记了。母亲，依然扮演着她的角色，干活，照顾家，照顾偶尔送来的外孙们和孙子们。

她，老得很快。

现在大年三十对我来说，没那么激动了。但是1992年的大年三十我永远也忘不了。它会让我更加思念我的父亲母亲，我的青春岁月。

安好，父母，不管你们在哪里。

老屋的墙上有行流泪的字

引言：每个人的心里都有一座老屋，每座老屋里都有一个属于自己的秘密。

　　老家，老宅，老屋。那里有我挥之不去的故事，那里有我泪流满面的记忆。

　　我是安徽界首人。老家界首县和河南的项城县（现已改项城市）接壤，祖上的老家临泉县和河南的新蔡县接壤。那里是平原，看得见河流看不见山川，看得见树木看不见森林。1973年3月2日我出生在那里，现在的界首县已经改成了界首市。那里发生了翻天覆地的变化，我都快不认识了。安徽，界首，舒庄，后湾。我生在这里，长在这里，爱在这里，恨也在这里。1993年无比绝望的我，终于比较彻底地挥泪告别了老家，掐头去尾整整25年了。

　　我一直认为真正的安徽是皖南。生在皖北的我在20岁以前没有去过皖南，最远的距离也只到过省城合肥，就是那个诞生"从肥东到肥西，手里拎个老母鸡"谚语的地方。直到我可以云游四方的时候才吃到所谓的安徽名菜臭鳜鱼、长丰特产符离集烧鸡、淮南羊肉汤以及芜湖老奶奶牛肉面等。

我更多的则是继承了河南人的生活习惯：喜欢吃烩面，喜欢吃汤菜，喜欢吃凉拌荆芥，喜欢吃油炸的馓子，喜欢吃软软的、白白的、冒着热气的馒头。所以，我身上有中原人的傲气，少了些江南人的阴柔。说实话，我挺喜欢自己的性格，掰开揉碎，脱光洗净，怎么看都是一个爷们。

老家有一座属于我的老宅子。房子是父亲花钱盖的。正房有四间，东面有三间，还有一个皖北特色的过道门楼，简易的。房子远远没有皖南的民居门楼那么壮观和有艺术气息。隔壁是我哥哥的宅子，中间的隔断墙是共用的，两家两门，各不相干。鉴于我多年没有回去，哥哥就从中间开了一个小门，省得来我的院子要绕个大圈。这座房子被我哥哥做仓库使用。他一边使用，一边维修，才维持到现在没有像雷峰塔一样倒掉。哥哥帮助我照顾着那座遥远的宅子，就像照顾一个正在老去的老人。

我已经很久没有在老屋里过夜了。虽然那里依然保留着我离开的样子。一些旧家具和旧农具依然木乃伊般地堆放在那里，多少显得有些凄凉。母亲在世的时候，所有的老屋都充满欢乐，虽然家具农具都不值几个钱，但是对于我来说都是满满的回忆，那里包裹着我的童年、我的少年、我的青年和我全部的故事。

老家，老宅，老屋，就这样以神圣不可侵犯的姿态抵御着岁月对它的侵袭，我都不知道它还能撑几年。没有人住的屋子总是容易坏掉的，我仿佛看见了老屋正在老态龙钟地向我走来。

整个院子现在变得非常自卑，因为在它的周围都被盖上了几层的小洋楼。那些打工的汉子们用汗水一层层地垒砌起了他们的豪宅，也是没有人住，空洞洞的就像被掏空的地窖。难怪哥哥一定要再造老屋，振兴院子，因为它与这个时代已经格格不入了。

但是我投了反对票，因为原来的建筑不是皖南的艺术性民居建筑，只是青砖青瓦搭建起来的毫无修缮价值的平凡民房。耗费大量的金钱去维修它意义不大，况且那里又不是名人故居。哥哥对于我的观点保持了沉默。他虽然不认可，但是他财力有限，硬气不起来。我的观点是，房子最后终究会倒掉，但是家族的奋斗信心不倒掉就可以了。

院子里有一间屋子，是最靠过道的地方。现在墙面剥落，已经看不清当年的样子。哥哥说它还倒塌了一次，现在能看到的是维修后的样子，有点整形失败的感觉。这间屋子对我来说太沉重了。它没有装门，就那样裸露着它的内脏。每次回到老家，打开院子，站在这间屋子的前面，我都会潸然泪下。不为别的，只为原来老屋的墙上那一行流泪的字。

那行字是我离开老家去上海的那个晚上写的。那个晚上我充满了悲伤。那个晚上就我一个人，父亲和母亲都在半公里外的石灰窑厂看守着他们全部的晚年希望。哥哥嫂子也早就关灯睡觉了，他们均匀的鼾声透过围墙传了过来。

晚上太寂寞。

我一个人含泪喝了半瓶老家的地方名酒文王贡酒，吃了自己用盐、酱油、麻油凉拌的半碗青辣椒，吃了半盆自己用刀削的面疙瘩，一个人坐在院子里的小板凳上，看着冷清清的院子，看着塌陷的青春，看着周围冷漠的灯光，看着面无表情高高挂起的月亮，我心酸地笑了，笑着笑着，哭了，声音从小到大，从大再变小，似乎世界上的人都已经被陨石击中没有了呼吸，无人劝解。

明天就要走了，我就要离开这个院子去一个我完全不知道不了解的城市，它的名字叫上海。我的内心充满害怕，觉得我有可能就像电影里的马永贞，我随时会被上海这个城市的斧头帮砍得粉碎。应该是夜里12点，院子外面有人敲门，是父亲和母亲，他们来为我送行。

知道儿子远行已成定局，所以母亲的表现非常淡定，就像送我去镇上读书一样正常。父亲似乎有点乐不可支，他认为男人就应该去外面闯世界，没有什么婆婆妈妈的眼泪好流。

他们苍老的身影在夜空下泛着孤独的光，周围静得和古墓一样，一群抱团取暖的老母鸡躲在墙角，发出咕咕的感叹的声音。虽然父母不能给我谋生的口袋里装满银子，虽然父母不能给我的前途开疆扩土，但是，此刻他们在，我觉得温暖很多，因为他们义无反顾地、深情地爱着我。

隔壁的哥哥已经彻底睡熟。他的院子里写满了安宁，我的院子里写满了分离的疼痛。父亲没心没肺地打起了呼噜，口水毫不给他面子地滴在他的胸口。看着父亲，我仿佛看到了我的未来。如果我依然把生命停靠在这片土地上，我将和我的父亲一样，衰老、不甘，不甘、衰老。母亲在为我准备明天早晨路上吃的东西：基本上就是馒头，再煮几个鸡蛋，最后用小瓶装点她腌制的咸酱豆和蒜瓣。我则站在院子里看着浩瀚夜空，看着无法触摸的未来，压抑着自己的眼泪和恐惧，很久很久。

我看见了那间老屋,老屋似乎也在看着我。老屋白石灰的墙壁发着惨白的光和惨败的表情,让我忍不住要拥抱它。在这间老屋里有我欢乐的时光,在这间老屋里和母亲一起聊天,在这间老屋里读书写字,在这间老屋里和兄弟姐妹席地而坐地吃饭,在这间老屋里和年少的爱情一起吹过盛夏的风。而此刻,就剩下老屋和我。

回到卧室,我把只在春节写春联的时候用的笔和墨取出来,弹掉它们身上所有的灰尘,让笔最大限度地喝饱墨。端着半碗墨,提着一支笔,我来到这间老屋里,打开灯,冰雕一样地站在老屋里,身影投射在老屋惨白的墙壁上,我再也无法压制我的脆弱,跪在地上哭了起来。

我决定,在这惨白的墙壁上留下一行字。也许,这就是我的谋生宣言,也许,这就是我的奋斗广告语,也许,这就是我远行的壮行酒。我希望多年以后回来的时候还可以看见今天的绝望和背水一战的誓言,为自己伤痕累累的青春留下一句可以喊的口号。

我用尽全身的力气,在墙壁上写下了八个大字:要么自杀,要么出家。

就这八个字我把自己的后路封了,我把自己的全部的未来都放在了这八个字里。如果张默闻不能闯出一条属于自己的路,迎接我的只有两条路:要么自杀,找个没人的地方卑微地结束自己;要么出家,找个深山古刹,剃度出家,与世隔绝,了此残生。

母亲不认识字,她不知道我写的是什么,但是她一定知道这句话对我的意义。后来母亲说我走后她用成捆的麦秸秆把这个八个字盖住了,她说,她不想让人家议论,她怕这是一句不好的话。现在,我已经找不到这几个字了,大概是2000年被维修房屋的泥瓦匠们重新粉刷了。我很遗憾。

老屋的墙上有行流泪的字。它一直在推动着我向前跑。每当我想掉头回来的时候，这句话就像门神一样威严地把我阻挡在外面。在那个年代，我确认这个世界没有人知道我的疼痛程度，没有人为我打上一支止痛针，就这样我一个人出去，一个人回来，一个人反省，一个人思考，一个人在深夜号啕大哭，一个在奋斗路上连滚带爬。

我来自尘埃，我很低，但是我也向往高处的风景和美好。在那个年代，这是我唯一的动力，唯一的愿望。报复生活不公平最好的方式是把自己过好，过成别人羡慕的样子。对自己，我是满意的。母亲也是满意的。

老家，老宅，老屋。老子，老师，老乡。许多事情许多人都已经不在了。但是这几个字却一直在，藏在我心里，闪耀着岁月流金的光芒。这八个字里有佛缘，有解脱，有苦海无边的悲壮感。好在，我度过了它。

哥哥说，老屋已经撑不了几年了。问我对老屋的建议，我建议让它慢慢地倒掉吧。因为，这间屋子就像一个老人，它，已经完成了它的使命。但是，我会牢记它，爱它，感谢那些年它和我的悲喜交集。谢谢老宅，谢谢老屋，谢谢老屋墙上那行流泪的字。

岁月已老，请各自安好。

母亲的墓碑上开满了思念的花朵

引言：每个孩子总有几句话只能和母亲说。

母亲是2008年4月1日离开我们的。她走的时候很安详，我们兄弟姐妹七个人一致认为：母亲完成了她全部的使命，很合格，很优秀，我们准予她毕业了。母亲是个坚强的女人，那么破碎的生活，那么破碎的年代，她带领她的孩子们把生活过成了本来应该有的样子。

我是一直陪伴母亲到她最后一刻的人之一。在她老人家熄灭她生命火焰的最后一刻，我发现，她留下了最后的两滴眼泪。最后的眼泪就像两朵水滴，凝固在她慈祥的脸上，久久没有落下，写满对我们的留恋和期许。我知道，她想说什么。其实她想说的就一句话，虽然这句话她说了一千遍：你们都走得那么远，每年都尽量回来看看我们，让我们知道你们在外面很好就行了。我很对不起母亲，我没有做到，没有做到每一年都回去，很是内疚。

母亲长眠在长满野花和庄稼的大地下，和父亲一起。那里安静极了，墓碑前面有默默东去的河流，墓碑旁边有郁郁生机的松柏和黄黄如金的庄稼，还有一大群早早移民过来的先人。我相信母亲依然是个孝顺的媳妇，相信母亲依然用良好的品格在支撑着另外世界的家。也许父亲依然在经商，也许母亲依然在农忙，也许你们已经投胎成了别人家的小女或儿郎，但是，那里是你们相爱的战场，希望你们的歌唱响，爱深藏。

父母合葬的墓碑上的碑文是哥哥张默计撰写、由我修改的。墓志铭对母亲和父亲的一生做了非常客观和公正的记载。虽然它不是文物，但在我们心里却是价值连城。母亲没有文化，但是母亲却是个哲学家，她说的道理非常深奥，使我终于相信伟大的人大部分的成就都是由天赋决定的，母亲就是这样。

我也较好地遗传了她的基因，文化不高却服务着文化最高的人。春节马上到了，2018年，母亲的墓碑上会再度开满思念的花朵，在北风凛冽的皖北怒放。此刻我想起了母亲生前对我说的五句话，这五句话虽然是我根据母亲劝告我的话进行了文学加工，但本意却是一点也没有改变，这是我对母亲的尊重。

第一句话：儿子，放下吧。

我的初恋是轰动整个乡镇的大事件。别人的爱情都是郎情妾意，我的爱情是惊天动地。虽然爱的跨度很长，最后还是自取灭亡。18岁的我被这根爱情的稻草压得水分全无，数次走在自杀的边缘。

母亲以一个侦探家的智慧发现了我的动机，她挽救了我，挽救了一个最终为她带来自豪的儿子。那个夜晚，她把我初恋的照片从我的枕边悄悄地取走，把它藏在一个我看不见的地方，然后安静地坐在我的身边，像看一道数学题一样看着我，寻找让我活过来的答案。

她说："儿子，放下吧。她已经走了，走得没留下一丝的蛛丝马迹，她把她所有的亲戚都进行了联合屏蔽，就是告诉你，不想再见到你。一个想躲避你的人你怎么能轻易找到呢？儿子，不是母亲绝情，是你的爱情本身没有根基，风一吹就断了。你放下了，你就快乐了，有谁愿意经常看到一个抱着往事的弱者流着眼泪虚度时光呢？也许，你今天的表现就是她离开你的真正原因……"

母亲的话重重地砸在我的心上，腾起一阵阵尘土。我慢慢地走到院子里，擦掉最后一滴泪水，决定放下。母亲站在门口，欣慰地看着我，她说："儿子，活出个人样给娘看看，我就不信我生的儿子不行。"我百感交集，看着骄傲的母亲，回答了一个字：行。

第二句话：儿子，出去吧。

有人说，农村天广地阔，大有作为。可是我就像一条死鱼在农村这个池塘怎么也苏醒不过来，浑身无力。母亲为了让我恢复斗志，用了很多情感偏方也不见效，最后她决定还是不能放弃我。一个蛙声连天的晚上，母亲一边纳鞋底，一边和我谈她理解的人生。

她说："儿子，出去吧。离开这个家，离开这条河，离开这里的人和事，到外面去找属于你的世界吧。家里的院子太小，装不下你的理想，你就坐着火车一直向南走，走得越远越好，别把自己走丢了就行。千万别往北去，听说北方很冷，舌头都能冻掉。树挪死，人挪活，就看你的造化，只要你度过这一劫，你就大路朝天了……"

我被母亲的冷幽默逗笑了，我说："好，我去上海。听说大上海机会多，如果混得好，我就把您接过去享福。"这句话，到今天已经20多年了。

第三句话：儿子，哭出来吧。

自从离开家，我一直都在流浪。流浪了很多城市，流浪了很多年。我的脸上写满了流浪的符号——绝望、妒忌和破罐子破摔。实在走不下去了，就偷偷地买一张票回到了母亲的身旁，小狗一样地蜷曲在母亲的身边，让母爱温暖我流浪的凄凉。

每次回到家，我都装得意气风发，神清气爽，给母亲讲外面的花花世界，给母亲讲外面的高楼时尚。母亲特别配合我的演出，每次她都极力地赞扬我，说我是张家唯一走出去的英雄，前途不可限量。但是她对我想回家定居表示了反对，似乎，她更渴望我的成功。表演总有谢幕的时候，终于我演不下去了。我告诉母亲，我被城市抛弃了，我无法在那里立足，我要逃，我要回家，我要放弃我离家时的誓言。

母亲似乎早就知道了我的处境，她说："儿子，你回来娘欢迎，狗不嫌家贫，儿不嫌母丑。没有什么比儿子回到娘的身边更让娘欢喜的。但是儿子，你不能回来，你回来就是承认你失败了，就是承认别人离开你是非常正确的选择，你必须把困难的苦酒喝下去，站着从村前的渡口走出去。很多次你都是晚上回来的，明天白天走出去，我的儿子就是失败也是光明正大地失败，也要光明正大地重新开始。至于受的苦，娘就在这里，等着你把它哭出来，哭出来，就好了……"

看着母亲的表情，我突然哇的一声，大哭起来。那声音惊天动地，墙壁的蜘蛛网都在微微颤抖。母亲轻轻地拍着我说："儿子，哭出来吧。哭出来，你的病就好了。"

第四句话：儿子，原谅她吧。

父亲是个悲情式的人物，婚姻一波三折，一口气娶了三个老婆。前面两个老婆分别不打招呼就从人间消失了，爱情的信号全部消失。老家那个地方的女人有个习惯也是撒手锏，就是感觉不幸福就跑，离开家跑到一个谁也找不到的地方藏起来，和别的男人过起了只羡鸳鸯不羡仙的生活，抓到她们的时候要么就是已经大腹便便，要么就是地下一堆和自己男人毫无关系的小孩，那情景，荤素搭配，想着就累。

在她们潜伏的岁月里，任男人踏遍千山万水，跑断脚后跟也无法发现她们潜伏的身影。小时候我听到得最多的故事就是今天谁家的媳妇跑了，明天谁家的媳妇跑了，就像田径比赛。所以，我对动不动就跑的女人是深恶痛绝的，我觉得来得合理合法，走也要走得合法合情才好。

后来，命运和我开了一个玩笑，这个故事竟然在我身上重演了一遍。我原来以为女生只喜欢玫瑰、诗歌，其实还有远方。远方，就是跑，就是给你留下一封信，然后不打招呼地消失，这一消失就是一辈子。男人最大的悲剧就是有人给你留下一封信后杳无消息。17岁的我就是这个服务的首席体验官。在二十世纪八十年代，这该是多么难以忍受的一剂毒药啊。

对于那种绝望，母亲是全程的见证者。她说："儿子，爱情是个窝，是一个有温度、有欢笑、有安全感、有物质的窝。我和你父亲都是你们爱情的配角，你们自己才是主角。她离开你，一定有离开的理由，就是她不开心了，你的笼子里装不下这只天鹅，你本来应该放了她，而不是耽误她。"

"她的反抗不是和你战争，而是不愿意和你战争，所以她选择了走，你应该为你们的爱情感到高兴，就这样轻松地解开了爱情的绳索，就这样成全了彼此的自由。儿子，你要学会宽恕，宽恕别人也宽恕自己，这样你才能带着宽恕的心去走你的人生路。儿子，原谅她吧，也放过自己吧。原谅伤害你的人将会是你这辈子最成功的地方，虽然很痛苦……"

我对母亲说，好，我原谅她，也放过自己。所以，后来在我被人伤害的时候，在我的底线范围内，我尽力做到用宽恕的心去救赎他们，我活出了我该有的样子。

第五句话：儿子，你就学着认命吧。

初恋失败后，我是坚决不认命的。我只认努力，只认钱。我认为钱最能救我。我几乎把我的信仰都埋葬了。

母亲不信佛，她信基督。特别在晚年，她的祷告时间越来越多，面容也越来越慈祥。母亲说："儿子，你总要信些什么。不管你信佛，还是信基督，总要有个信仰住在你心里。这个世界上能陪你走的人很多，但一直陪你走下去的人很少，我不能，任何人都不能。心灵的孤独和富有只有自己去寻找，自己去依靠……"

母亲说："你可以什么都不信，但是你要相信命运，要相信一切都是最好的安排。你和谁成为母子，成为父子，成为兄弟姐妹，成为情敌，成为恋人，成为夫妻，都是命运的安排。无论你走多远，无论你跑多快,该是你的,它总是兜兜转转又回到你身边。所以儿子,你不要太在意得到和失去,也不要太看重地位的高和低,最后我们都不过是命运的那张纸牌而已,输赢真的没有那么重要。"

母亲的话,似乎对我起到了作用,我相信了世间的一切都是命运的安排,我相信了世间的全部都是恩怨清算的结果。我慢慢地放下了很多仇恨和牵挂,一个人走在茫茫的世界,走在暗暗的道路,走在汹涌的人流,学着和这个世界妥协,和这个世界谈话,和这个世界做生意。

那些思念的花和思念的话就像一首歌在母亲的墓碑前响起。

母亲离开我已经整整十年了,十年,我生活在没有母亲的时间里。但是我觉得母爱的山河从来没有破碎过。就像母亲从来没有离开过我。我的办公室里挂着母亲巨幅的画像,她依然微笑地看着我,就像我还是婴儿,她还是一个年轻的母亲。

母亲的墓碑上开满了思念的花朵,是我的思念,是兄弟姐妹们的思念,是她后代的思念。那些思念的花和思念的话,就像一首歌,在她身边响起,她,听着、哭着、哭着、听着。母亲的五句话,具有强烈的指导意义。现在已经逐渐地演变成佛系的超级鸡汤。母亲如果再多读点书就好了,那样我就可以给她写信,用天下最感人的话语,儿子写,母亲读,世界上还有比这更美好的事情吗?

高举鲜花致敬远去的贵族背影

引言：世界上最好的结局就是好好地告别那些消失的背影——谨以此文献给我的前半生，谢谢那些生我养我的人。

父母的背影

父母越老，越觉得他们可爱。可爱的不是脸上的皱纹，可爱的是他们又变成了孩子。岁月潺潺，他们已经没有能力和这个世界再"打架斗殴，称王称霸"了。他们对生活学会了"缴枪不杀，保命要紧"的游戏，他们知道了相濡以沫，知道了老来伴才是最重要的道理。

最后几年回老家，看见父母的身形已经佝偻，就像两棵年代久远的枣树。每年我要回家他们会表现得非常团结，守在门口等我回去，他们联手抵御着黑夜的挑衅，期待着我的出现。父亲和我斗争多年终于举手投降了，我知道他不是输给了我，他是输给了岁月。他从开始见到我的严厉变成了慈爱，甚至是讨好。最让我不敢相信的是他竟然和我说："你在外面还好吗？我很想你。"说完眼里涌出了泪，我一下子抱住了父亲,这个天不怕地不怕的男人终于在老年学会了温柔。

母亲一直身体很好,最后几年竟也卧床不起。我回去看她,都会把她抱在轮椅上推着她看看院子以外的春天。她说,她活不久了,最放不下的是我和我可怜的四姐。我说,娘,你不用担心我们,我们会按照您的教诲和老天的安排过好未来的生活的,绝不让坏人得意。母亲笑了,她说:"就你最会骗我,嘴甜。"

在老家的时候,我常常会静静地走在他们的身后,看着他们日益衰老的背影,轻轻地抽泣。我的爹娘,你们越老我越害怕。我不知道没有你们谁还会真的疼我、爱我、陪我,谁还会在我受伤的时候紧紧抱着我。

你们的背影已经很远很远了,我都看不见了。但是,我知道你们不会走远,因为你们留恋人间,留恋这个世界上你们留下的孩子。我想,你们一定在我们身边保护着我们,你们一定能看见我们,看见我们上班、下班、出差、散步。你们一定会相互骄傲,相互鼓励地说:"他们过得不错。"

父亲和母亲在晚年算是终于和好了。我很羡慕父亲,能死在母亲的前面,得到母亲最好的照顾。我常常想,如果他死在母亲的后面该是多么难熬。那么一个一辈子不服输的男人该有多少敌人?谁会为他端茶倒水?谁会为他煮汤熬药?他是幸运的,他娶了母亲这样一个不管爱你有多深都会把你照顾得很有尊严的女人,父亲,您应该是满足的。

我在杭州,时常会想起你们的背影,觉得你们只是回屋休息了。第二天你们一定会从屋子里走出来,微笑着走向我们。我们想念你们的慈祥和爱。

我想你们，我的爹，我的娘。

伯父的背影

世界上最孤独的背影应该是伯父的背影了。这个男人是我们家的一匹骆驼，为我们家走出生活的沙漠付出了他全部的岁月。他就像一位仙风道骨的道长，守卫着我们的家，手中无剑却寒气逼人，微微一笑却是暖男一枚，令那些混乱的人不敢靠近。

小时候，我是和伯父一起睡觉的。3~13岁，伯父都是我冬天的取暖片。特别是大雪纷飞，北风呼啸的晚上，被窝里就像一座冰窖，伯父就会早早睡下让被窝里充满温暖，每次我都像泥鳅一样地爬进被窝，把冰凉的小身体放在伯父的胸前，他从来都是纹丝不动，有时候，我看着他睡着的背影，觉得伯父就是一座山，好壮美。

伯父的名字叫张文会，一米八几的个子，五官立体，力大无穷。听说伯母非常美丽，是当地有名的美人，1966年闹灾荒，花朵一样的伯母就突然病故了，唯一的孩子也夭折了。母亲说，命运对你伯父打击太大了，你伯母很漂亮也很贤惠，他们很相爱，所以他心里只能装你伯母一个女人，整整七十年。

伯父，这个相貌堂堂的男人从此就选择了一个人生活。我知道，伯母已经成为永恒，没有人可以取代她的位置，那些庸脂俗粉他是看不上的，他宁愿孤独终老也不愿意辜负那个离去的女子。我觉得伯父的爱情，好美。伯父最伟大的地方在于一辈子没有一点绯闻，他为自己的爱情守墓，慢慢地熬败时光，终于等到了和伯母重逢的那一天。

记得哥哥说过，伯母很美；母亲说过，伯父重情；父亲说过，伯父正气。

伯母去世后，伯父主动把自己的户口迁移到我们家。他说，我的父亲母亲虽然脾气不好，但是很善良，和我们住在一起，才是家。伯父是一个多么智慧的人，他用自己的一生证明了我父母的伟大和慈悲，虽然他没有留给我们兄弟姐妹一寸土地和一件布料，但是在我们心中，他和父亲的地位一样高。伯父，获得了我们家族的集体尊敬和崇拜。

伯父喜欢靠在院墙的墙根上晒太阳，用现代的话说就是善于补钙。他的旁边永远有一个拐杖，我说是打狗棍，他说，孩子，这是战刀。后来母亲和我说，他当过兵，是国民党的兵。我没见过他穿军装的样子和背影，但是一定很帅。

从小到大，我看见过很多次伯父的背影，在院子里，在乡间小路上，在收割场里，在喧嚣的春节时。他的背影很孤独，就像一座佛。每次我都会静静地看他的背影，看着，看着，觉得不是一个人，而是他和伯母以及他们的孩子一起前行的背影，那样子就是团圆和幸福的样子。

第二部分

敢想,痛苦也会发光

从"我不是潘金莲"到"我不是西门庆"

引言:别人不把钱借给你就是告诉你钱必须自己挣。

  2016年,难得有个时间和夫人去看了冯小刚导演的电影《我不是潘金莲》。夫人说:"你就喜欢看这些沉重的电影,看得人对生活都失去了信心,对身边的人都信任不起来。"我说:"越沉重的东西越能诱发思考,世界上所有可以流传和值得流传的东西大都是悲剧,悲剧才能让我们成长。"她说:"我不喜欢,你喜欢的东西太复杂了。"

  这部电影的名字使我想起了1991年的那个真实得让我绝望的故事,那个让我感到残酷的故事。事件的原因是我第一次远行,第一次独立,第一次去上海闯世界,却没有足够的盘缠,自己可怜的一点积蓄就是全部捐献给铁道部也无法到达上海。

  在老家有个不成文的规矩:似乎谈过恋爱就意味着你已经长大成人,你已经被独立,这是你的宣言。更深层次的原因是我不想让满头白发的母亲为我筹款远行,所以就瞒着母亲借遍了半个村子,没借到十元钱，惨败。

这次借钱让我终于知道了我的人格重量，我的人缘重量，我的资源重量，原来我的价值轻如鸿毛。在那个年代，我的信用都比不上一包卫生纸的价格。那次的打击很过瘾，很彻底，很决绝，是我人生最绝望的、最具体验感的事件之一。

记得借钱的那个晚上，老家的月亮特别亮，也特别圆，把整个村落都打扮得很浪漫、很文明、很友善。我认为这是一个好兆头，人生第一次集资怎么都要有个开门红，我这样想着，竟然开心地笑了起来，仿佛自己已经坐上了开往上海的绿皮火车。

那漂亮的、粉嫩的、浑身上下散发着香水气味的列车员正在挨个督促乘客配合检票，那一身性感而拒人于千里之外的铁路制服闪耀着吃公家饭的光芒……我在心里默念：上海，我来了，并把一张火车票自豪地递给了一位长得颇有几分姿色的乘务员……

谦卑的请求，自信的告助。一圈唇枪舌剑下来，没有借到一毛钱。月亮酸溜溜地挂在树上，我颓废地跌倒在老家那个破败的小院门口，旁边一棵雌性的槐树一边开花一边同情地打量我，充满了鄙夷。月光如水，心似灌铅，月亮如同审问我的法官，照着我无限苍白的脸。

我卑微地蹲在老家围墙的那棵槐树下冲天喊、冲地喊、冲自己喊：我不是西门庆，为什么一个晚上都没借到十块钱？我不是西门庆，我不是西门庆，我不是西门庆，为什么我借不到十块钱？我像只树袋熊一样绝望地抱着那棵雌性的槐树失声痛哭，拼命摇晃。从树上落下很多槐花，落在我的头顶上，肩膀上，落在那颗破碎的少年心上。

没想到，多年后中国著名作家刘震云先生竟然写了一部小说叫

《我不是潘金莲》，并被冯小刚导演搬上了银幕。这巧合让我感到后背发凉，口干舌燥。原来这世界憋屈的不是只有"我不是西门庆"，竟然还有"我不是潘金莲"。生活真是充满戏剧性，如果这不是发生在我自己身上的故事，我都不相信，世界上可以有重合度这么高的文案和呐喊。

在我们老家，只有被公认为坏蛋的人，才可能借不到一分钱。要么你是西门庆，要么你是潘金莲；要么你是日本汉奸，要么你是地主恶霸。总之，那一刻我觉得我就是一个坏蛋。结果很简单，我不是潘金莲，我不是日本汉奸，我不是地主恶霸，我不是西门庆，但是我没有借到一分钱。

去上海，是我20岁以前最伟大的人生决定。

是我在一次性吃够爱情的苦之后，我向母亲提出的唯一的请求。奇怪的是，母亲根本没有一丝挽留我的迹象。

她说："你早该走了。这片土地我已经耕耘了40年，没耕出大好前途，也没耕出黄金白银，这是我的命。重要的是你还年轻，你不应该属于这里，你走吧，走得越远越好。最好你们兄弟姐妹七个统统走，远离毫无生机的山水。"

"娘不知道外面的世界什么样，但是我坚信饿不死人。树挪死，人挪活，我不愿意看见你被破旧的生活打倒，你要是真正的男子汉就出去证明你能扛起半边天。你只有把自己过好了才能平息别人对你的议论，你才有资格昂首挺胸地重新回来站在这里……"

母亲一反常态，演讲般地说完就去给我收拾行李，母亲的决绝出乎我的意料。我预想她会痛哭流涕，预想她会严词拒绝，预想她会柔肠百结，结果什么都没有发生，冷静得让我感到非常失败。我觉得我的想象力受到了挑战，这个老娘是想把我扫地出门还是想拔苗助长？本来想好的亲切话别的词和编造的诸多理由到嘴边又活活地给吞回去了。

看着母亲陀螺一样地忙碌着，我的心像被子弹击中一样流出了鲜血，母亲那么爱我，如果不是我的生活走到悬崖峭壁，母亲是断断不会把我扔出去的，我坚信母亲的痛是那种你看不见却能触摸到的痛。我更加相信母亲的绝情是要让我坚定地走，她知道，只有离开，我才能更好地活着。母亲希望我像龙卷风一样立即消失在她的面前，把我交给那个叫上海的地方，使我脱胎换骨，逆势成长。

我知道母亲支持我的路，她，在推我，她，怕我再次坐在原地。正因为如此，才有了我借钱的想法，才有了"我不是西门庆"的呐喊，这个故事像一根刺，深深扎在我的喉咙里，一直在发烧，一直在发炎。

我决定不用父母的力量让自己踏上去上海的火车，这是我第一次想改变自己、改变生活、改变命运的尝试。

虽然父亲在小镇上有个惨淡经营的门市部，已经归我的五姐和她的情郎在经营，但是我不想张口；虽然只要我开口，我唯一的血脉相连的哥哥就会支持我，但是我不想让哥哥为难，我怕村花般的嫂子不爽，再度爆发不必要的枕边战争。

平时都是母亲和乡亲们相互借钱救急。这次，我要扮演少年壮志不言愁的独立英雄，学会长大一次，我认为母亲一定会惊喜万分。我更相信那些平时笑容可掬、温厚纯良的乡里乡亲一定可以慷慨解囊，为我这个人生独立一次的孩子寻找梦想提供盘缠。我告诉自己，我会知恩图报，我会加倍奉还。

很多情景已经模糊，我尽量搜索残余在我脑海里的场景。我大约借了十几家，重点借了三家。这三家基本上都是我认为平时关系好得和蜜糖一样的关系。这种关系是只要你有需要，对方马上就会雕翎箭一样落在你面前，能为自己"效力"的美好关系。

但是命运有时候真的可恶，你想得越好，结果越差。这次出山借钱把我的自信心打得鼻青脸肿。从晚饭后敲开第一家的门到月光如水的深夜，我竟然没有借到一分钱。被借钱的人都客气得和绅士差不多，甚至把我送到大门口，祝福我去上海一路平安。

走出他们的大门，身后都会传来重重的关门声和犬吠声，那汪汪的叫声就像免费翻译官一样向我传达了这样的意思：快走，快走，穷鬼，穷鬼。我绝望地想：上海，怎么去啊，连盘缠都没有。我想放弃，但是我立即否定了自己的想法，我做出了一个自己都害怕的决定，就是爬也要爬到上海，爬出这个人情薄如纸的老家。

一般的泛泛关系不借钱给我，我认了，因为别人借钱给你是恩情，不借钱给你是本分，我无法要求别人一定要把银子放在我的掌心里，别人没有那个义务。但是那三个过命交情的伙伴和亲戚却让我的世界观改变了，对我未来20多年的影响非常大。时隔多年，有些情节有些话我至今都记得，并验证了那句话：高手在民间。

难忘金句的第一句：

"兄弟，不是我不借给你钱，我现在是真的没有钱，我们一起长大你还信不过我？你曾经帮助我很多，你知道我不是忘恩负义的人，要不，我帮助你去和别人借。"说完做去借钱状。他眼睛里写满了真诚和不容置疑的坚定。我信了，我相信友谊地久天长。但是第三天他就从镇上买回一台国产电视机，立即风靡全村，他成了大家的偶像。

难忘金句的第二句：

"默闻，你来得真不巧，钱，刚刚被大爷借走了。你要早来一会，我就借给你了，反正又不多。下次早点来，或者提前和我说，同学一场，邻居一场，这个忙没有帮到你真对不起。"我信了。但是我突然有种预感，我就是来得再早，也一定是晚的。怀着阴暗的心理，第二天我"偶遇"那位大爷，顺便问了句借钱的事，大爷说：那小子满嘴跑火车，我女儿给我的钱我都花不完。

难忘金句的第三句：

"你跟我借钱，你可真会羞臊我。你哥哥是学校的校长，你父亲在镇上做生意，你还跟我借钱，这不是寒酸我吗？虽然向你借了点钱，也不至于登门索债吧。况且我最近手头真的很紧，要不年底再还你钱，你算利息都行……"我信了，因为他是我的发小，是我很铁的小伙伴之一。人老实，举世公认。我刚要谢过离开，他的女儿跑过来说："爸爸，你今天和俺娘不是刚刚去银行存了钱吗？"他脸色一变，连忙斥责女儿说，小孩子，就会胡说八道。我深深地看了他一眼，笑了，他，愣在那里连"走好"都没说……

后来后来后来……

我和他们也没有了联系。他们现在都是大叔了，有的已经做了爷爷和外公。他们的房子都从皖北的瓦房变成了几层小楼,过得不错。我的借钱事件就像一面照妖镜,没有照到别人的什么东西,却把自己照得心里发毛。我突然惊醒:原来,这个世界最丑陋的字不是恨,而是穷。

记得那天夜深人静,我心如死灰地站在自家的小院门口,深受"初恋迫害"的我黯然落泪,隔壁的哥哥也许正搂着如花似玉的嫂子风流快活,偶尔一只野兔从我身边窜过,巡逻的民兵用刺眼的手电筒在我的脸上扫来扫去,我相信他们看到的只有绝望和根本忍不住的眼泪。大家都习惯了,都习惯了我的失败、我的尴尬、我的新闻,那个年代,我就是个笑话。

我终于从妒忌这个世界开始学会骂自己:张默闻,你说你不是西门庆,却跑遍全村借不到十块钱。你穿街过巷,出卖卑微,竟然连十块钱也借不到。

堂堂一米七三的大男孩,有什么脸面迎接明天的太阳?我想到了死。我紧紧地压抑着不让自己哭出来,我害怕惊醒母亲,又一次惊醒她的绝望。

多年以后和母亲谈起这事,母亲说,这很正常。她说,这人情有时候像我们赖以生存的土地,厚得很;有时候像一片树叶,薄得很。也许红的绝情救了你,让你死而后生;也许没有借钱给你的人成全了你,让你逆境而生。

这些人都是你的贵人,都是你的老师,你要感谢他们,你受过的苦,老天一定都会补偿给你,除非你命里没有……母亲的话充满哲理,这就是这个女人的智慧,她,知道如何拯救自己的儿子,去稀释儿子心里没有融化的积雪。

我不是西门庆，别人也不是潘金莲，但结果是我没有借到十块钱。2017年，我鬼使神差地买了一套刘震云先生的小说全集，里面果然有《我不是潘金莲》。我又看了一遍原著，觉得太深刻、太悲情，和我当年没有什么两样。"我不是西门庆"口号的创意者和"我不是潘金莲"的口号创意者竟然在这个时代意外交汇，想想，是有点奇怪的。

站起来吧，那些被爱情伤过、被贫穷折磨过的人们

引言：读懂爱情、读懂贫穷，你才能好好地站起来好好地走两步。

人这一生，就是一次表演。每个人也只有一次，绝对没有后门好开。有的人善于表演，得到了善终。有的人不善于表演，演砸了，弄得顾头顾不了尾，顾善顾不了良，很狼狈。

我认为，世界上所有的事就一件事，这件事就是爱情。爱情是男人和女人的事，是关心和关系的事，是穷人和富人的事，是长情和短情的事。所以，没有受过爱情的苦，没有受过贫穷的难，你都没有办法叙说自己的人生。太过顺利的人生，都是别人给的，虽然成功，却没有人听。连吵闹都听不见的人生，也没什么好听。

一个男人，要知道女人的世界里有什么装备；一个女人，要洞察男人的世界里有什么布防。只有彼此熟悉才能抗衡，否则，爱情世界里就没有和平。

第一段：爱情是认也是忍

有人问，爱情是什么？我说，爱情是认，是认命的认。

没有谁对自己的爱情特别满意。几乎所有走进爱情"坟墓"的人都害怕爱情，都想逃离爱情，甚至开始向往单身，向往传说中的自由。爱情没有对错，爱情只有合适和不合适。

很多踏进爱情"坟墓"的人都在进行着两种挣扎：一是挣脱现在的爱情再度跳进新的爱情，好坏看运气，输赢看心态；二是宁愿把爱情的牢底坐穿，三个字，认命了。

认命，是中国一些爱情的固定模式。离婚率虽然高，但是认命的更多。离婚的人都是不认命的人，不认命的人最后都认了命，因为命运早就安排好了，你那两下花拳绣腿，根本抵不上"命中注定"这四个字。

有人问，爱情是什么？我说，爱情是忍，是一忍再忍的"忍"。

我见过很多爱情的英雄都特别能忍。明知道不幸福还在装幸福，一忍再忍。明明脸上被爱情打伤，却说自己是天黑碰壁。明明爱情已经背叛，却说那是漫天谣言。所有的忍，都是为了不分离，但是所有的忍，最后还是要分离，因为忍字的后面还有无须再忍。一个忍字也成全了无数的爱情，忍是一种美德，不忍是一种态度，关键看你的爱情值得不值得忍。我认为爱情是要忍一忍的，毕竟爱情里谁都不是圣人。

有的爱情是人在一起，心在千里。有的爱情是心在一起，人在千里。但是他们都忍了，忍了，说明爱情还在，不忍，爱情的小鸟也就飞走了，留下一段无法清理的情债。

其实在爱情的道路上，相互妥协是真理，就看谁能忍。

第二段：爱情靠身更靠心

有人问，爱情靠什么？我说，爱情靠身，身体的身。

身体是两个人爱情的晴雨表和起搏器。没有身体的爱情不叫爱情，没有爱情的身体就不叫身体。身体是个懂事的东西，没有爱情它会变得非常僵硬、任性和情绪化，拥有爱情的身体就会变得非常温润、听话和懂礼貌。

男人的身体和女人的身体都非常微妙，非常细致，非常敏感。它们和爱情的多少与深厚有直接的关系。世界上最完美的爱情一定是最完美的身体战争和最完美的心灵合作。

爱情到底美不美，身体会告诉你。如果你无视身体的存在，你的爱情将会被别人攻占，很多人都说，没有身体的爱情才叫爱情，那都是童话、都是骗人的。

如果你的爱情处于敏感期，请好好唤醒你们的身体，唤醒彼此的身体比唤醒彼此的理想更重要。我是一个身体的保守者，因为，我的身体只为精神而活。

有人问，爱情靠什么？我说，爱情靠心，初心的心。

爱情是最难经营的事业。这份事业的核心部分是对心的把握。对方都要看见彼此的心，感受彼此的心，体谅彼此的心，崇拜彼此的心。如果说爱情的一半是身体寻找身体的过程，那么另一半就是心灵寻找心灵的过程。

在爱情里，我们每分钟都要把对彼此的心放在第一位。心是心意，就是要让对方感受到你的心意。这个心意可以是一句话，可以是一个拥抱，可以是一个亲吻，可以是一个生日蛋糕，也可以是一个纪念日。爱情的心很脆弱，一旦被丢失，一旦破损，就很难修复，很难恢复原来的样子。

心，是会呼吸的。它会随着爱情的幸福程度发出呼吸的声音。幸福的爱情心会柔和地跳动，危机四伏的爱情心会痛苦地跳动。所有幸福爱情的开始和不幸婚姻的结束都是从心开始的。保护好爱情里心的健康和安全是最重要的事情。爱情靠心，芝麻才能开门。

第三段：贫穷是福也是祸

有人问，贫穷是什么？我说，贫穷是福，幸福的福。

曾经，现在，我都是个正儿八经的、货真价实的、不打折扣的穷人。现在也是刚刚解决温饱问题，基本能保证一家老小衣食无忧，算不上富贵。所以谈贫穷和贫穷的好处我还是有资格的。贫穷是福。贫穷是简单的幸福，是平凡的幸福。

但是大多数穷人不去总结穷的原因，这是穷人真正的问题。这个世界上没有真正的穷人，只有不去改变的穷人。穷人和富人比起来，有他窘迫的地方，但是也有他可爱的地方。贫穷，让一个人、一个家没有那么多的欲望，每天和太阳一起起床，然后在黄昏一起回家，不为大的成就烦恼，不为国家大事闹心，简单知足，吃饱就好。

虽然我的祖上辉煌无比，但是跌落尘埃成为贫穷一族后倒也心安理得。我的伯父张文会先生就是这样一个在贫穷的世界里活得不贫穷的人。他品格高尚，喜欢种地，有力气，有原则，能吃能睡，干完活，往田野里一躺，抽一袋烟，眯着眼睛，晒着太阳，哼着河南豫剧，那感觉和县太爷差不多。他说他是活神仙，根本不需要钱。

他没读过书，却很有气场，平时不发飙，发起飙来水牛都发抖。我问过他，我说伯父您害怕贫穷吗？他说，默闻哪，贫穷富贵都是你上辈子修来的，你看你现在一事无成，但是我就觉得你一定能成大事，我是看不见喽，但是我的话你记着，我们这个河湾里装不下你的……

　　父辈们都是在贫穷的生活里滚过来的人，浑身泥浆，但他们心地善良，他们的身上虽然藏着强大的家族优良基因，但是也淹没在滚滚的红尘里。我生活在贫穷的岁月和贫穷的家庭里，但是我不堕落，我努力地生活，因为我知道贫穷的感觉，那是一种我无法写出来的自卑。但是，我相信，贫穷，是可以改变的。爱可以改变贫穷，自己也可以改变贫穷。

　　第四段：贫穷是善更是恶

　　有人问，贫穷是什么？我说贫穷是善，是善良的善。

　　贫穷的人，往往更大方，更侠义，更善良。贫穷的人本来拥有的就不多，所以他们很简单。在他们的世界里，善良是排在第一的。他们更加看重自己的名节和名声，这是穷人的优点。

　　母亲一辈子都在贫穷的生活里滚来滚去，但是母亲非常乐观，她说，这种不打枪、不放炮、不杀人的时代多好。她的姐姐们和哥哥们都是贫穷的人，他们相处得很好。但是如果谁家突然发达，母亲就会小心地和人家保持距离，她说，既不想让别人说自己是攀龙附凤，也不想被别人说自己妒忌别人。她总是对富裕者无事不登三宝殿，距离远近合适，温度冷热正好。母亲的贫穷意识和贫穷人身上的那种美德对我的影响是很大的，基本上决定了我的人格。

我喜欢善良的穷人和穷人的善良，那是用荠菜下面条的味道，那是刚出锅的玉米的味道，那是刚被割下的青草的味道，没有腐朽之气，没有酒肉之气，只有淡淡的、憨憨的、甜甜的、满满的质朴的味道。

也许，我就是这种味道。

有人问，贫穷是什么？我说贫穷是恶，是作恶的恶。

贫穷的人，心里藏着饿，也藏着恶。贫穷的恶是那种不守规矩的恶。想来，甚是难过。

贫穷的人身上都有一点你看不见的坏和看不见的恶，就是我们常说的刁民。我身上就有刁民的习性：你不惹我，我不惹你，你要惹我，我非惹你。当面打不过你我可以跑，以后有机会慢慢算这笔账，人不死，账不坏，报仇十年不算晚。想来，也很搞笑。

我理解贫穷的人的小恶，小恶是一种习惯，习惯于嬉皮笑脸，习惯于玩点花招，习惯于小打小闹，习惯于小偷小盗，习惯于小色小摸。但是这种小恶最后会成为大恶，大恶来临，就是悲剧。改变贫穷的恶首先要改变的是贫穷，人不穷了，心也许就慢慢高尚了。

第五段：贫穷是枪也是抢

有人问，贫穷是什么？我说，贫穷是枪，枪杆子的枪。

富人拿枪是玩的，是打野兽的，是在游戏场打气球娱乐的。穷人拿枪是要革命的，是要寻找光明的，是要改变世界的。贫穷的人开始害怕枪，后来喜欢枪，因为枪能给贫穷的人带来最大的安全感。

虽然枪杆子里面出政权，但是这枪还是别打的好。

我希望世界和平，我希望我们真的能消灭贫穷。

有人问，贫穷是什么？我说，贫穷就是抢，抢夺的抢。

贫穷的人会去抢，懒惰的人也会去抢，心里贫穷的富人更会去抢。

抢，是小孩都会的游戏。这个世界所有发生的抢都是因为不平等和认为不平等。贫穷的人的抢是一种无奈的抢。他们没有办法和这个世界抗争，没有本钱和这个世界抗争，没有资源和这个世界抗争，想博得同情没人给媚眼，想低声下气求个安全没人给把伞，最后彻底失望。

站起来吧，再困也不能被有毒的爱情迷惑

也许我被爱情伤得太深，伤得怕了，我学会了尊重爱情，尊重它的无情和无礼，尊重它的合情和合理。因为痛苦我才去洞察爱情的12345，因为痛苦我才去洞察爱情的6789。越懂越痛，越痛越懂。

在那个被爱情打击得乱七八糟的青春年代，幸运的是我没有倒下，踩着青春理想的尸体爬了出来。我衣衫褴褛地站在爱情的城池以外，看着里面百花争艳，莺歌燕舞，看着失守的阵地，我满面泪流，我是爱情的手下败将，我退出了爱情的"江湖"。

我告诉自己，站起来吧，臭小子，你的泪水换不回千娇百媚，你的才华抵不上果茶一杯。与其站在城外叹息，不如撒脚如飞，离开失败的阵地，换个战场证明自己。

我暗暗地告诉自己，惩罚抛弃你的人最好的办法是变得更强大，更自信，更受人尊敬。于是，我学会了潜伏，学会了拼命，学会了斗争。我告别了母亲，告别了原籍，告别了世界上可以告别的人，把爱情的位置让给那个等待了很久的人。

如果爱情一定因为钱才能闪亮，请允许我离开，我无法做到满城尽带黄金甲，无法为你穿上名牌的婚纱，我只能做一匹奔跑的战马，一直冲杀。所以你不用等我穿上盔甲，不用等我骑马回家。你找你的幸福就是，哪怕一世繁华，一床鲜花。

从此我一个人仗剑天涯，不管对手，不管仇家。"江湖"上有一段爱情属于自己，你已经了不起，不要在乎你是否依然传奇。

站起来吧，再贫贱也不能被祖传的贫穷耽误了

我可以接受贫穷，但是我绝不接受永远的贫穷。我没有办法选择我的出身，但是我有办法选择我的命运。王侯将相，宁有种乎？不同的人在不同的环境下生的孩子的命运就是不同，这是命，我认。但是这个世界很公平，你可以守，我可以攻，改变命运就看输赢。

我们的贫穷不是我们身上永远的烙印。我们要甩掉贫穷的帽子，就要建立战斗的信心，就要学会拿起笔，学会拿起枪，学会拿起理想，学会拿起目标，学会拿起行动。这个世界最可怕的是有钱的人比你还努力，所以贫穷的人一定要自己蜕变，脱掉平庸的铠甲，脱掉自弃的习惯摆脱贫穷。

我们只要设定目标，敢于行动，不怕吃苦，就能把命运的城墙轰开一个大洞，就能把理想的红旗插在城头上。贫穷不可怕，可怕在你觉得自己不贫穷。

就让我和那时的爱情和那时的贫穷握握手吧。

谢谢我的青春爱情，谢谢我的贫穷岁月，谢谢你们陪我那么多年。就让我们隔空握握手，隔空说说话，纪念我们那时的擦肩而过。

那时我很年轻,年轻到不服气这个世界;那时候我很孩子气,孩子气到丝毫不在意那个时代的现实。好在,岁月突然刮起狂风吹散了我们,吹散了我们紧握的手,吹散了我们曾经的誓言,也吹散了我们挂在天空的理想,就这样生死两茫茫,就这样不再关心、不再向往。

人总是要自己站起来,要自己走到新的彼岸。所有的船、所有的浪、所有的风、所有的雨,以及那个老得无法辨认的艄公,都是我们的过客,我就是我自己,独自来去。

记得有一年,我去一个寺庙,见到慈祥的菩萨,我说,请保佑我在青春里所有遇见的人。菩萨没有回答我,但是我知道他们一定做到了,因为你们和我过得都还好……

沉痛悼念我黑白颠倒的青春岁月

引言：踏着理想的尸体，我把自己搬离了那不堪回首的青春。

有的人，青春过得和蜜糖一样，甜！有的人，青春过得和龙井一样，鲜！我是第三种人，我的青春过得和上刑场一样，疼！黑白颠倒，无处申诉。我不知道我该怎样祭奠我的青春，能让它不生气；我不知道该如何埋葬我的青春，让它很安心。

不知道是为它送一束鲜花，还是在它的坟前痛哭一场；不知道是为它写本书永久纪念，还是开个会打断留恋。我知道，我对不起我的青春，那么原生态的一份青春的沙拉，就那样全部坏掉，全部变质，而且还被我噙着眼泪全部吃掉。我和我的青春，就那样以世人不理解的姿态完成了它的旅行。

有人说，越痛苦的青春越刺激，越刺激的青春越痛苦。今天我能有勇气面对自己的青春，说明我已经从毒素缠身的青春岁月里得到解脱。但是那黑白的青春，我该怎样把你埋葬？有时候很想坐下来和这个世界谈谈,和自己的青春谈谈,找到青春的当事人一起来回忆,一起来宿醉,一起来一次没有原则的放纵。但是我却不知道谈什么,该和谁谈。

但是我知道有几条我不谈,因为没有谈的必要。

别和我谈青春

别和我谈青春,青春太沉重。在青春的道路上我是个小破坏者、大叛逆者、小话题者和大笑料者。青春期该学习的时候我谈恋爱,该谈恋爱的时候我去流浪,整个一个不听话的孩子。

曾几何时,我站在青春的岸边,眼睁睁地看着青春的河流里,浩浩荡荡地开来一艘艘青春旗手的船,船上一张张幸福的笑脸,乘船到达火热青春的彼岸。那些欢迎他们的人们早就准备好了香槟和电影票,为他们庆祝。而我和我的青春,就是一杯没有水果的水果饮料,尝尝,都是眼泪的味道。我的青春从黑白颠倒的早恋开始,不知道从哪里上船,更不知道在哪里靠岸,一直停在水面上,盘旋。

那时候,我的青春穿着最滑稽的戏服,留着最滑稽的胡子,唱着最滑稽的歌谣,从无人走过的后山穿过。所以我无话可说,所以我自行失落。我的青春,没有一首歌可以为它而唱,只有在那古老的河南豫剧的片段里,在我丢失的青春课本以及课本里那已经泛黄的唐诗宋词里,才能找到只言片语。

求求你,别和我谈青春,我谈不起。

别和我谈爱情

别和我谈爱情,爱情太高深。我一直以为我很懂爱情,懂爱情的温柔，懂爱情的现实，懂爱情的绝情。现在看来，其实我一点也不了解爱情，特别是在青春期躁动的季节。那时候，爱情来得好快，几秒钟就能把我击中，它就像一条满嘴布满毒液的小毒蛇，爬到你心里，一点点培养爱的毒性，直到你根本无法解毒，直到你中毒而亡。

爱情，随着年龄的增长，它会改变颜色，它会更改容颜。爱情和人一样，会疯、会狂、会痴、会老、会碎、会柔、会刚、会逃，特别会计较、会失忆、会流泪、会枯萎、会背叛。我以为我掌握了爱情的核心科技，其实我真的不是爱情的对手，我常常输得一败涂地。

面对爱情，我们最好的方法是好好生长，不在轰轰烈烈的战斗里，也不在凄凄凉凉的孤单里，就在岁月平缓移动的日子里，慢慢地经过恩怨情仇，慢慢地感受日出日落。我不是爱情的强者，别和我谈爱情，我是爱情的手下败将。我认。

别和我谈感情

别和我谈感情，感情太沉重。我不是感情批发商也不是感情零售商，但是我珍惜我的感情。青春期我把感情看得比较重，特别重，排位第一的超级重，就像得了无法医治的情癌，无药可救。就是这个重字使我把感情看轻了、看淡了、看透了。

现在不管任何来势汹汹的感情，我都能坐下来好好和它谈谈，在没有确定这个感情是品牌的时候，我会转身离开。因为，感情的考官是时间，没有时间，感情就不是感情。我不想和世界讲感情，我害怕和世界讲情感。

本来好好的一个人，因为投入感情、收获感情、逼迫感情、消费感情、绑架感情就会面目狰狞，青面獠牙，让我心惊慌。回忆所有青春里的仗义没有一次不流泪，那不是感动，那是感情被绞杀被行刑前的反思和后悔。我很害怕那些打着感情牌的人到处讲解和推销自己如何拥有感情，如何拥有道德，如何拥有光环。今天听起来，特别刺耳。

后来，我才明白，真正的感情是不用说的，它就像母亲在你睡熟的时候为你轻轻盖上的被，就像你在淋雨的时候有人无声为你撑起的伞，就像你在遭遇危难没有向任何人求帮告助时却有人静静地为你摆平了困难。

他们不讲感情，但他们注重情感，在生活里无声地向前，风也浪漫，雨也浪漫。感情是个要求很高的词，不要随便用，不要随便说，不要随便在它身上乱涂乱画。我捍卫真正的感情，那种生死相依，那种联合杀敌的你情我愿的深情厚谊。那感觉就是两小无猜，画风真好。

别和我谈未来

别和我谈未来，未来太漫长。青春期的时候我最喜欢的一句话就是我想和你有未来。现在想起来觉得好年轻，好有创意，好有幽默感。原来以为未来已来，未来就在我们的不远处，其实未来很远，等你走到未来身边的时候，未来已经不是未来或者说已经不是你的未来。

我现在极度讨厌动不动就和你谈未来的人。未来好像被打包的贵重礼物就等你去拆一样。我认为经常谈未来的人不一定有未来，做好现在的人才有未来。我看着时间的指针，我听着心灵的声音，我奔跑在干净的赛道，我和我的未来对话，我要去哪里？谁来接纳我？我要怎么活？

我要活成谁的样子？这才是未来。

千万别和我谈未来，不谈未来才是对未来最大的尊重。未来喜欢行动，未来不喜欢空洞。只有做，你才知道未来在哪里。我删除了很多和我谈未来的人，因为他们根本提不起我的兴趣。而我，正在努力做好现在，不像青春时看见的都是未来，哪怕撞到的都是墙壁，哪怕拥抱的都是痛苦。

现在看来，我已经找到我的未来，就是我喜欢的策划界。

别和我谈文学

别和我谈文学，文学太多情。青春期时，我是文学爱好者，就因为我是文学爱好者才结交了一批打着文学旗号的人，他们用文学的幌子打碎了我的文学梦想，碎了一地，恨了一生。

我曾经发誓，我的生命里再也不允许文学爱好者出现。后来，我糊里糊涂地做了广告，我承认少年轻狂时候的文字功底发挥了巨大的作用，文案也写得越来越扎心。这些年我一直抗拒写文学性很强的作品，我害怕我的笔刹不住车，我相信，没有经历，就无法犀利，青春的文学见闻太深刻，深刻到就像人生看的第一部电影《少林寺》，三十多年过去了还念念不忘。别和我谈文学，其实我不懂文学。

颠倒黑白的青春，我该怎样埋葬你？

我害怕谈自己的青春，青春里面有太多的不堪和太痛的领悟。因为我的修行不够，罪孽深重，才把青春经营成如此难以回首的人生。我愿意以赎罪的心完成对青春的埋葬，我愿意以致敬的心完成对青春的埋葬，从此不再谈青春，让它安静地躺在岁月里，任凭风雨洗礼，任凭月光抚摸，任凭阳光照耀，直到青春的墓碑上字迹模糊，直到青春的墓碑上的故事无人记起。

我的青春，我的理想，我恨的，我爱的，谢谢你们都来过。请你们以后安好，如同我们没有交集。

如果那些都是这辈子必须要偿还的，必须要碰到的，我们也不要彼此抱怨，接受就是。青春既然已经黑白颠倒，但愿从今开始世界清白。

是谁让我脆弱，是谁让我害怕，是谁让我没有安全感？

引言：事实证明，只有经历过苦难的人才能把苦难变成励志的故事。

所有换嘴不换生死的义结金兰都是缺少安全感的。

三十年来，我一直都不敢再触碰义结金兰这四个字。这四个字对我来说就是食物中毒，差点要了张默闻这厮的命。面对义结金兰这个代表侠义精神的词，我是既敏感又伤感，不但有羞耻感还有挫败感，不但有敬畏感更有恐惧感。

义结金兰这四个字不是谁都有资格去享用的，关于它的威力谁用谁知道。在义结金兰这个江湖气息极其浓烈的仪式感里，太多的卑鄙人物和浑水摸鱼者弄脏了这几个字。那种虚情假意的磕头结拜，毫无营养成分的铮铮誓言就像一群被执行死刑的囚徒，绝望得令人窒息。

我很喜爱的一部电影《投名状》把义结金兰的虚伪性批判得体无完肤，但是我不敢看第二遍，太扎心。我发现，在义结金兰里说假话，很多人都可以说得很专业，比真话的股价还高，这很可怕。

对于义结金兰这件事,母亲没少点化我,也没少批评我,而我就像个执迷不悟的小和尚任凭窗外血雨腥风却依然不改慈悲,刀架在脖子上还在念阿弥陀佛。母亲叹息,不吃大亏,不受大伤,你这个孩子是不会清醒的。

直到有一天,我被所谓义结金兰的兄弟彻底伤害而大放悲声的时候,母亲说,傻儿子,你用满心欢喜换来的为什么都是满身的伤痛?原因在你啊,你那么感情用事,那么掏心掏肺,毫不设防,毫不垒墙,老娘都能看出的破绽你却置若罔闻,世界上那么多的忘恩负义之徒似乎都被你召唤而来,因为你没有安全感,你想找个肩膀,找个靠山,找个承诺,孩子,这世界最大的肩膀是自己,谁的肩膀也靠不住,包括我和你爹的肩膀。

母亲说,我宁愿你在贫寒里成长,也不愿意你在不断对人的绝望里苏醒,这对于十几岁的你来说太残酷了。真正的肝胆相照不用结拜也能同生共死,不能肝胆相照就是结拜也能痛下杀手。孩子,你怎么就不明白呢?

后来,在我的奋斗史里母亲的这番话经常在我耳边回响,就像《新闻联播》的音乐每天滚滚而来冲击我的耳朵也重重地砸在我的心坎上。从那时起,我从我的字典里删除了义结金兰这四个字,我和很多人都不配。

不知道是小时候《三国演义》看多了还是《水浒传》看多了,反正从小学开始我就特别喜欢搞结拜那一套。屁大的孩子今天和这个男的结拜叫兄弟,明天和那个女的结拜叫兄妹。反正只要关系稍微好点的哥们姐们,不分男女,不分门第,不分好坏,不分动机,就抑制不住要和别人义结金兰。

一个头磕到地上,从此掏心掏肺掏钱包,直到最后自己被骗得七荤八素、东倒西歪才被惊醒,实现了结拜即失败的目标。我一直以为自己是仗义,是义气,是豪气,后来我才知道这是我没有安全感的极端反应。我一直认为,磕头不易,誓言更不易,义结金兰就要肝胆相照、生死相随。但是残酷的现实把这么动人的仪式感给糟蹋得没了味道。

义结金兰成了社会交往的一块遮羞布,后来演变成越亲近的人下手越重的恶性循环。我相信世界上不是所有的义结金兰和过命的交情都不是真的,但我可以保证百分之九十以上都是假的。也许是我足够倒霉又足够幸运,义结金兰的闹剧几乎都被我遇见了,这样也好,痛也痛得彻底,死也死得明白。

最有喜剧效果的是当年的一个义结金兰的兄弟,伤我未愈,相隔千里,竟然费尽千辛万苦找到我并邀请我加入传销,看着他言辞恳切,嘴巴一张一合的样子,看着他那一张专业的传销脸,看着他已经被财富欲望扭曲的表情,一股寒意袭来。我始终没有说一句话,一直微笑着等他说完,然后转身走了。因为我知道,我如果对他说一个字,我都不能原谅自己。后来我把他的电话拉入黑名单,拉到那个无情无义的黑暗世界,我想,黑暗的地方也应该车来车往有生意,那里有他需要的人。

所有伤感的破砖烂瓦都是缺少安全感的表现。

仔细算来,我是个没有安全感的人。我所有的没有安全感都来自我非常苦难、非常保守、非常孤单的童年。从牙牙学语到满地乱跑,到成为村里的小小读书郎,我几乎没有见过父亲。不知道这个男人是风是雨是云是雾还是雷,感觉他是大侠或者是地下党,来无影,去无踪,就像我从来没有父亲。

母亲说他在外面做小生意,为了家,很辛苦。这个一生坚强的女人,一生对这个男人抱怨不绝的女人却始终在为她的丈夫圆场。从小到大,我不知道什么是父亲的力量,不知道男人应该怎样积蓄自己的力量。父亲从来没有告诉过我,甚至没有专注地看着我的眼睛告诉过我一句我该怎样和这个世界打交道的话语。所以我没有安全感,我甚至害怕和这个世界抗衡,我不想抵抗,我知道抵抗也没有用。更没有男人对男人、以暴制暴的经验,我的世界里只充满暖洋洋的母爱。父亲这个词,我真的陌生。

所有相爱还要相杀的前情旧爱都是缺少安全感的表现。

最为惨烈的是一场震惊全校的早恋,它把我的安全感完全粉碎。就是全世界最牛的黏合大师或者故宫维修师花费一辈子的时间,也无法修复它对我安全感的破坏。这一场初恋就像一场战争和一个长版本的电影。我可以确定地说这是一场悲剧,我用十六岁的年龄尝尽了六十一岁男人的全部爱情之苦。

这个回忆是对我青春最大的祭奠。我的初恋的经历特别像一部电影,发生在一个年仅十六岁少年的身上。母亲说我能从那个年代活过来已经是个奇迹了。我常想我的上辈子一定做尽了坏事,这一辈子才用这么惨烈的经历对我枪打炮轰,实施报复。

我初恋叫红。她的父母都是一个偏远乡村的民办老师,她的父亲后来转为正式人民教师,母亲则一直是民办教师,我很尊重他们:她的爸爸叫国栋，妈妈叫雪芹。看名字就知道是红色时代出生的人。她的爸爸长得很帅，肤白冷峻，大男子主义者。她的妈妈贤惠漂亮，文艺女生，纯爱情主义者。

红，是他们的唯一的女儿，继承了他们全部的优点，嘴唇微翘娃娃脸，肤如凝脂洋学生。有人说她笑可融雪，哭可落花，是学校公认的小龙女。红，敢爱敢恨，敢作敢为，一颗少女心，半个男儿魂。红是全中学公认的美人。

红有两个弟弟，很像林志颖，现在也被岁月整成了大叔，沧桑不已，30年没有交集，那少年闰土一样的模样恐怕早已物是人非。有时候，我更愿意相信我和她的故事是上一辈子恩怨的延续，否则也不会伤得如此彻底，伤得如此无法补救，伤得那么经典和传奇。那个时代，她是班上唯一的冷美人，也是唯一可以称得上校花的女生，而我却不是才子，我只是一个普通的初中学生，只是一个寄居在小镇上读书的男孩而已。

那时候的中考就像一场决斗，是一场父母带领孩子的战斗。我的父母似乎很开明，没有参与我对中考的规划和设计，他们认为，这都是命，强求不得。红平时很少说话，只是压抑性学习，后来听说她是转学到这里的，因为一场美丽的夭折的师生恋。

我没有考证过，后来越来越多的人证明了她的故事。她的美丽和成绩在学校都是排名靠前的。老师同学们都很看好她。如果没有那次致命的邂逅，也许我们的命运都会改写，可惜我们遇见了，最后两败俱伤。

小镇的新华书店在我祖上住过的真正的老家，杨桥古镇的生活区西北角西门口。那里是陈旧性繁华，古朴的没有人性。在那个书店里我遇见了红，她在买中考的指导书，但是只剩最后一本，被她抢到。到现在我都记得她抱着那本书的样子：一头短发散发着洗发精的芬芳，一双水汪汪的眼睛，给了我一个非常抱歉、非常不好意思、非常纯友谊的眼神后，飘逸地离去。

记得那是一个黄昏，小镇上都是骑自行车回家的人，他们不断按着铃铛驱赶着行人，找着回家的路。我在他们中间穿行，她的影子却刻在了我的脑子里久久挥散不去，那年我十六岁，她十七岁。

没想到，因为一场被动的打斗，我一夜之间成了全校的名人，并"臭名昭著"也"英雄无悔"般地离开了学校。在最后考试的关键时期，我从红那里借来了那本中考考试指导书，上面的试题被她密密麻麻地做了记录，就像一幅刺绣充满了美感。

为了感谢她的借阅，我夜以继日地阅读，我是老师们看好的苗子，我必须在这场战斗里获得胜利，希望和红比翼双飞，但是却被一个不知轻重的家伙撞了一下腰，把我的命运和前途撞成了两截。

有个大龄的复习多年也无法金榜题名的男同学追求红，经常以借复习资料为名靠近红。红告诉我，她不喜欢他并明确表达了希望能结束他对她的骚扰。平时我就喜欢义结金兰，所以骨头里充满了侠义，况且校花相求，我必须主持正义，所以就大胆地给那个男生发出了一封劝阻信，言语灼灼地批判他失当的行为。事实证明，我过高地估计了我的实力，结果，那个大我几岁的男同学，复习三年还没有考上中专的家伙当着全班同学的面和我上演了一场讲台格斗。

我根本不是他的对手，在他雨点般的近似咏春拳的进攻下，我倒在了讲台上。同学们被这场打斗惊得呼叫不止，直到把那个永远严肃的校长引到教室，我才灰溜溜地爬起来，鼻青脸肿，彻底惨败。

自打出生我就没有安全感，这次被公开暴揍，引爆了全校同学对桃色新闻的好奇。张默闻三个字，一瞬间成为本校头条新闻，席卷全镇。我经受不住这种飞来的刺激，独自去一对年轻夫妻开设的药铺买了一瓶安眠药，给父母写了一封长长的遗书，无非是感恩抱歉加无奈，我要以死谢罪。

药铺的掌柜和我父亲很熟，就把这个消息紧急地透露给了父亲。最后，我自杀未遂。父亲大闹学校，他和母亲的态度不同，对那个和我决战的男同学的家人进行了最严厉的交涉和最激烈的战斗，"情敌"知道我自杀的消息后也全线崩溃，败下阵来。

这件事给整个桃色新闻增加了巨大的卖点，事件直接进入高潮的阶段。那个晚上，红，来看我，她哭了。她哭着说，你这个全中国最大的傻瓜，你死了，我也不活了。

三天后，处分下来，经学校研究，三个人被集体退学。

后来我常感叹，我生错了时代，也上错了学校，丝毫没有人情味，就像整缸在发酵期的咸菜，有种怪味。现在的大学多开明，可以在上学期间结婚，上学期间生孩子，学习爱情两不误。

后来，红在她父母的斡旋下去了安徽淮北市矿务局子弟学校读书。红问我，你要我去吗？我看着红很坚定地说，你应该去，前途高于一切，你属于未来，我会重新出发的，把自己的幸福建立在你的痛苦之上不是我的性格。红终于被她父母带走，她走的那一瞬间，我看见了她的眼泪，甚至听见了眼泪落在尘土上的声音。她走了，我终于倒下了。

我的"情敌"也"告老还乡"。我，无权无势，休克疗法，回家休息。母亲一句话也没说，倒是父亲看见红就说这就是我们张家的儿媳妇，一点都不含蓄，我很不喜欢父亲这样的自以为是。

花样年华，黯然退学，对于十六岁的我来说这个玩笑有点大，轰动全村，轰动全校，轰动全镇，轰动所有的亲朋好友，似乎我的前途戛然而止。一夜之间张默闻真成了默默无闻，母亲说，我那时候只剩半条命，瘦得和一条流浪狗没有两样，一星期也不说一句话。

红像从地球上消失一样，我们失去了所有的联系。我每天和母亲一起踩着露水下地干活，顶着月光回到小院。思念就像四季，忽冷忽热。母亲就像照顾刚出生的我一样，让我穿衣、让我吃饭、让我不要害怕。她说她害怕，她害怕我突然从这个世界消失。

所以，她像个特工一样二十四小时观察着我的吃穿住行，有一点不对劲就高度紧张，我那可怜的母亲被我折磨得就像一只迷茫的袋鼠，令人心疼。母亲坚持和我打疲劳战，她说，她在我最没有斗志的情况下再疲劳都不能倒下，那时候她是我的树，她要站立着给我做榜样，用行动告诉自己的儿子，你不能倒下。

世界上有一种疗伤法叫老家疗伤法，就是忘掉所有的事情一个人蜗居在老家，不吃不喝，不说不做，不悲不喜，就像一个孤独的老人。不再清晨起来，不再晚上休息，生物钟被完全打破。与其说是疗伤，不如说是自欺欺人的修养。母亲，就这样照顾着一个聪明的傻儿子，一个本该是阳光少年的臭小子。

那是一个盛夏的黎明。知了很早就起来歌唱。院子里外的槐树花赌气似地怒放着。坐在门口的我正在翻阅一本已经很久没有触碰的课本。突然，院子的大门响起了急促的敲门声，声音里夹杂着春天的气息和野百合一样的芬芳。

开门的一瞬间,我们彼此都僵在那里,空气凝固,就像被点穴,世界一片寂静。红,竟然站在门口,而且是赤脚站在门口。在眼睛相对的那一刻,我们彼此的眼泪咆哮而下,就像电影里的场景一样。她一下子扑到我怀里,哭得上气不接下气,大颗的泪珠重重地砸在我的后背上,她说,你不会再赶我走了吧。我抱紧她,重重地点点头,说:"死,都不再分开了。"那年我17岁,她18岁。

我一直记得那个油画一样的场景:她穿着一件碎花的连衣裙,标准的学生发型,手里一个小包袱,赤着脚。我能想象她经历了怎样的破窗逃跑的苦难,突破了父母怎样的严防死守,突破了青春怎样的道德封锁,这五公里,穿越黑夜,穿越摆渡,穿越危险,穿越前途,穿越名声,站在了我家的门口。她说她是半夜跑出来的,跑了五公里,就像跑了一个世纪。

第二天,红的父母和亲戚都来兴师问罪,红说,她不回去。她的父亲异常痛苦地说了一句:"那就拜托你们好好照顾我的女儿。"多年后,我终于读懂了那种悲伤,绝望又迷茫。我再次感受到了一个父亲撕心裂肺的痛苦,我是罪人。

晚上,母亲坚定地说,红还小,让红跟她睡。红笑了,说道,谢谢娘。

原以为幸福就是这样,靠着一个誓言就可以过一辈子。到现在我才明白,那么幼稚的肩膀根本扛不起来幸福两个字。虽然每天我们一起做数理化试题,虽然每天我们一起去看朝霞和黄昏,虽然我们可以一个下午都在听录音机里反复播放的流行歌曲,虽然我们可以坐在河边看帆船远去的背影，但是，未来呢？在残酷的现实面前，我们的佳话最终成了一个悲剧，我用整整30年才把这段故事慢慢地消化，可以笑着讲述它。

红的美，是那种文静下面隐藏的波涛汹涌的叛逆美，是那种不施粉黛也清秀逼人的水果美，是那种穿着简朴也掩盖不了的清新的文艺美，是那种极其需要优雅富足的现实美。时间的风吹走了初恋的海报，我们都明白了再美的乡村风景也抵抗不了贫穷对幸福的打击，再滚烫的誓言也抵抗不了油盐酱醋对恋爱的摧毁，再温暖的相守也抵抗不了无法崛起的经济给爱情造成的划痕。就这样，我，失去了爱情的阵地。

终于有一天她说，你能让我看到生活的希望吗？哪怕一点点。为了兑现这种幸福的呼唤，我选择了和年龄不相适应的重体力劳动，却依然无法改变生活的样子，她希望的精神和经济并存的幸福生活的样子最终没有出现。生活对我们越来越狰狞并加快了对我们的摧毁，一对向往爱情的家伙终于倒在了不能承受生命之重的现实面前。

红，留了一封信走了。她说，永远不要找她，也永远不会让我找到她。她说，她要到大城市里去了，她要去找自己想要的生活了。我满世界地找她，似乎所有的门都对我关闭了。历经无数个日子无数个地方的寻找后，我终于眼前一黑摔倒在路上。

母亲似乎知道了结局，她说，孩子，这是你必须经历的。离开这个家去外面的世界吧，这里没有希望。母亲说，她那么漂亮，那么独立，站在她身边的不应该是你，我知道这一天会来，没想到来得这么快，这么彻底，孩子，这是你的命……

后来的岁月里，我陆续地知道了她的很多事情：知道了很多关于她拼命向好生活攀登的艳丽故事，知道了她遇见了不少薄情郎也包括我义结金兰的兄弟,知道了她历经岁月依然认为丢失我是她一辈子难以弥补的损失,知道了她多年来未回到父母身边的原因是她无法面对失去色彩的青春,知道了她用自己的美丽和这个世界的薄情和无情周旋和较量,最后依然一个人,在看透这世界的薄情寡义后,终于沉寂地归附于一个宗教,靠信仰和时光一起前行。没有人知道她真正的踪迹,她就像一朵烟花,故乡都是她的传说,却没有人亲自见过她和关于她的一切人和事……

我很感谢她,感谢她的成全。本来她可以直接和大城市拥抱的,她漂亮,她成绩优异,因为我,她失去了她该去的地方。我的出现是她的不幸,我相信我们一定是上辈子彼此辜负,才在此生相爱相杀。对她,我是罪人。我的无能为力、我的不解风情、我的平凡惰性让我弄丢了她。她留给我很多美好的东西,也留给我很多极端的思考:我害怕贫穷,我不相信真情,我怀疑一切人和事,我害怕面对希望甚至是已经既定的成功。我知道这是一种病,请允许我慢慢康复。

从那以后,我完全掉进了没有安全感的世界里,这种惩罚,已经二十多年。

是谁让我脆弱,让我害怕,让我没有安全感?

站在岁月的半路上,我要感谢薄情的生活,感谢曲折的命运,感谢那些至今让我脆弱、让我害怕、让我没有安全感的人和事。这样挺好,这样让我始终生活在一个患得患失、忽冷忽热的世界里,痛苦着、成长着,得到过、也失去过。我经常想,是谁让我变成这样,我应该如何报答让我难过的人呢?

是从小一直不在我身边的从未给过我怀抱的父亲吗？是，也不是！是对我苛刻、慈祥护佑而严格的母亲吗？是，也不是！是上学路上那些调皮捣蛋的学生对我的围剿吗？是，也不是！是老家那些小官小吏，村匪村霸对我少年心灵的压迫吗？是，是，是！是那些和我义结金兰，打着兄弟旗号来伤害我的人吗？是，是，是！是那一场刻骨铭心的初恋对我粉碎性的打击吗？是，是，是！

一直以来，我害怕相信别人，害怕贫穷，害怕背叛，害怕一切和我有关的害怕。虽然今天我可以决定我如何在这个薄情的世界里深情地活着，虽然今天我可以把自己装扮得极其强大，但是我依然是个脆弱的、容易害怕的、容易没有安全感的人。

我依然要感谢把我变成这个样子的人们。但是我很喜欢我此刻这样，虽然很多人不喜欢。我脆弱，说明我依然善良；我害怕，说明我依然胆小；我没有安全感，说明我依然清醒。我就是这样，有强大的外表，有强大的辩力，有强大的人脉，但是，那些都是表面的，这种内心的脆弱和害怕才是真实的。

走在人生的道路上，我依然是那个脆弱的、胆小的、害怕的、没有安全感的人。也许正因为这样，老天才会给我安排几个弥补我性格遗憾的人。他们有的让我坚强，有的让我善良，有的让我在寒冷里变暖，有的让我在辉煌里低调，这样不是挺好的嘛。我不是伟人，我只是一个还没有真正长大的男人，我依然活在我的记忆里和别人的议论里。但是，现在和我已经没有多大关系。

2017年，我终于拿到了南开大学的本科毕业证书。2018年，我成功进入长江商学院学习。这证书和这平台来得似乎晚了些。捧着这证书，我想起了我的十六岁，那时候的我，单纯，可爱，努力，我多想告诉红，我终于大学毕业了，红，会怎么说呢？我想，她一定会说，恭喜你，你是真正的男子汉了。

但是，我相信她一定含着眼泪装作坚强地祝福我，我了解红，她很倔强，这是她的另外一种美。回忆是一种艰苦的劳动也是一种残忍的解剖，就到这里吧！但愿所有读到这篇文章的人都能够双手合十，避开人生的苦痛悲伤，一直走在幸福的路上。人生有些苦难不经历最好，长大不见得是什么好事，明白疼的由来是多么痛的领悟。是谁让我脆弱，让我害怕，让我没有安全感，我已经找不到凶手了。

愿所有我提及的当事人安好。岁月无情，原谅彼此吧。彼此原谅吧！

我的远行始发站，我的阜阳火车站

引言：对于一个城市而言，火车站的温度是你热爱这个城市的重要理由之一。

一

安徽省阜阳火车站个头很大，像个壮汉。从阜阳汽车站到阜阳火车站要走很长时间，就像两个城市。从火车站下车的地方走到候车室也长得没有底线，真是地皮不贵，走路很累，经常把我走得火冒三丈。阜阳火车站的广场容易让我产生错觉，以为自己是在缩小版的北京天安门广场。我第一次去上海就是从阜阳火车站出发的，阜阳火车站是我命运的始发站，也是远行的始发站。那时候的阜阳火车站没有今天这么洋气，广场上也没有今天这么多广告。

二

火车站到处都是倒买倒卖火车票的、旅馆拉客的、吃饭拉客的、长途客运拉客的，热情得你都不敢和他们说话，生怕被她们拐跑了。这情景对于我一个刚刚进城的傻啦吧唧的农村小子来说，充满了恐惧。我害怕丢命。

三

每次从老家去阜阳火车站都是哥哥用自行车或者摩托车把我驮到一个叫杨桥的镇上，这是我的早恋发生地。每一次经过都像被抽了一次血，有一种微微的痛楚。从这个小镇再拦长途汽车到阜阳火车站坐火车。拦长途汽车的方法一般有两种：第一种是拦过路车，上车就走人；第二种是拦始发车，要等。一般都是过路车没有座位才拦始发车的。坐上始发车你就得等，都是从天麻麻黑等到旭日东升。你急得都快尿裤子，怕火车误点，但司机却无动于衷，就像只是一堆包裹坐在驾驶室，人不满，他不走。

四

我是害怕坐始发车的。那个拉客兼卖票的女人声嘶力竭地催人上车，激动的时候似乎要飞出来砸扁你。每次坐在车里我都感到窒息。车里各种味道弥漫在一起，鸡鸭的味道、油条的味道、茶叶蛋的味道，加上女人雪花膏的味道，就是世界著名的香型设计师也调不出这混合型的我老家的长途车的味道。那个时代，车里一般播放的都是香港武打片，声音大得就像经历了唐山大地震，让人生不如死。后来我每次只坐过路车。

五

最近这几年，哥哥老了，我也老了，哥哥的摩托车也老了。每次送我都是天还没亮，他就发动他的文物级的摩托车，嫂子就起来为我弄点吃的。夏天还好，一到冬天就很遭罪。一路上，我抱着哥哥的腰，把脑袋缩到他的后背上,哥哥壮士般地迎着寒风为我送行。每一次,每一刻,我都记忆犹新,想到这里,我的心都温柔起来了。哥哥留了一辈子的偏分头,车速越快,头发被寒风吹起越高,就像《水浒传》里的赤发鬼刘唐。也只有这个时候,我才能闻到哥哥身上父亲的味道,闻到哥哥身上母亲的味道,闻到哥哥身上打断骨头还连着筋的兄弟的味道。算下来,哥哥整整送了我二十年。谢谢哥哥,谢谢您无数次穿越风雨、穿越寒冷送我上车的期待和爱。

六

那时候的阜阳火车站是皖北比较大的火车枢纽站,也是全国比较大的火车站。每年从这里拉出去和拉回来的同胞不计其数,为中国铁路总公司贡献了很多银子,我是其中一个。每次被"押运"到火车站,我都被这里的"阜阳式的繁华"所感动。整个火车站都被叫卖声所覆盖,火车站的两边全是令人垂涎的小吃店。每个小吃店的门口几乎都有一个拉客的姑娘、嫂子或者大娘,她们的嘴甜如蜜,脸上挂着表演般的善意。如果你不进去吃饭,她们的脸瞬间就晴转多云,甚至会有雨点砸下来。

七

她们对那些看着有点银子,穿着假冒伪劣的品牌服装的大爷大姐们,态度立即温暖如春,一百八十度的大转弯。遇见第一次进城吃一碗面都觉得贵的农民兄弟则嗤之以鼻,我就多次被嗤之以鼻。当时我想,对我嗤之以鼻的人多了,你算老几?也许这就是生活的真相、生意的真相和生命的真相。我似乎没有理由去责怪她们。每次路过火车站,我都是默默地走进一个没有拉生意的小店,默默地吃一碗面,默默地拉起行囊，默默地走向检票口，默默地离开阜阳。我习惯这样，就像每次回来我不愿意扮演荣归故里的角色一样，我清汤寡水地回家，我满怀深情地告别，就像我没有回来过，都是默默地。

八

火车站周围的小吃店里卖的基本上都是有阜阳特色的面条，一种是素面，一种是肉丝面。没钱的人吃素面，有点钱的人吃肉丝面。我是经常吃素面的主。其实我最喜欢吃的是阜阳的格拉条和安徽太和县的板面。格拉条长得粗，就像一条条小蛇，拌上芝麻酱，立即就能把你的口水勾引下来，加上鱼汤般的面汤，一碗下去特别过瘾。每次吃完，我都怀念得不行，看来我还是个粗人，喜欢这种长相粗野的食物。

九

太和板面长得宽，和陕西的裤带面有一拼，美味可口，辣辣的，爽爽的，如果再加个茶叶蛋，简直是一种享受。前几天偶遇一个老大哥就是安徽太和县人，他说，给我寄点板面的调料，让我过过瘾，我开始期待起来。从夏天到冬天，东西也没寄到，我便不再期待了。原本我是最喜欢吃烩面的。但是阜阳火车站的烩面馆很少，吃的机会就不多了。说起来很惭愧，就我当时的经济水平也就只能和面发生关系了。所以到今天，我依然沿袭了喜欢吃面的习惯，无面不欢。我也就是个吃面的命。

十

多年来，不管是从外地回老家，还是从老家回外地，我都尽量不在阜阳火车站过夜。我害怕那个地方。因为每当夜幕降临，阜阳火车站就会突然变为另外一个嘴脸。白天看不见的妖魔鬼怪一下子从地狱里冒了出来，一刹那的车水马龙，一刹那的人声鼎沸，一刹那的到处充满陷阱。

我这个人特贱,你越热情我越害怕。特别是我拒绝他们后,他们看我的眼神里充满着仇恨的火焰,就像我烧了他们家的房子。整个火车站广场和候车大厅就像一下子被鬼魅占领全面沦陷了一样,充满了肉欲和贪婪的气息。似乎每个人都在防备着每个人,眼神里飘荡着不安的火苗。

十一

多年前的一个酷夏,我住过阜阳火车站的隔壁的一个旅社。旅社的名字我忘记了。旅社里没有空调,只有一个吊扇在扭动着衰老的扇页。在这个旅社我衣服都不敢脱,随时准备逃生,最后终于在被炎热打败昏昏欲睡的时候,出事了。

上床休息还没有三十分钟,突然有人敲门,说是派出所查房。我顿时吓得"屁滚尿流",因为传说有很多抢劫犯扮演警察查房,然后进房后实施抢劫,或者以抓嫖娼为名将我"就地正法"。我以为抵抗一会他们就会撤退,没有想到却遭遇到更强烈的警告,如果不开门他们就持枪破门而入了。我是流浪青年,他们是配枪警察,我终于屈服了,打开了门。虽然最后证明了张默闻就是张默闻,但是那一顿折腾,我是彻底崩溃了,记忆力都吓得减少了三成,至今想起来都毛骨悚然。第二天和旅社的老板抗议,他扔给我一句,我们就这样,你有本事告去……

十二

每次回到阜阳火车站,到站时间基本上都是黎明时分或者是子夜时分。阜阳火车站每次都是黑着面孔迎接我。安全起见,基本上每次我都是躲在候车室等到天亮的时候再坐长途汽车回老家。从阜阳火车站到我老家还有一个多小时的车程。火车换汽车，汽车换三轮车，三轮车换自行车，换乘，这个词我有感觉。

好容易等到太阳小姐温暖来临，第一班长途汽车拉客的人就会幽灵般地出现你的面前，开始向你喊他们的口号：到临泉，到临泉，有到临泉的没有，不用等，直接上车就走。周而复始地喊。但是等你上车之后，车就开始在火车站周围绕开了，绕到天光大亮还在绕。你要下车，他就说马上走，你信任他，他又开始绕。直到把人装满才心满意足地、投胎般地向临泉方向开去。车里依然放着香港的武打片，从头打到尾的那种，根本没有情节。

十三

这世界有时候很奇怪，你恨一个城市总会有一个理由，但是也总有一件事让你记得这个城市的好。也许就是下面这件事我能证明阜阳的警察还是有作为的。那年，春节。我记不得那年是哪年了。我从上海回老家，火车晚点，到达阜阳站的时间已经深夜十二点。天阴沉得像个垂死的老人。阜阳火车站冷冷清清，就像被关闭的监狱。我和几个一起下车的人在寻找着最后一班开往老家的长途汽车。很遗憾，一班也没有了。大家叽叽喳喳的，没有了主意，有的就往地上一躺，30秒不到就发出了满足的鼾声。这感觉我有过，虽然简单，粗暴，但是爽，那种"天为被、地为床"的感觉既悲壮又苍凉，很有创意。

就在大家昏昏欲睡的时候，广场上乌龟一样地爬来一辆中巴车，上面赫然写着"去临泉"。大家就像看见了救星顿时活跃起来。中巴车骄傲地停在我们面前，一个长得和地狱判官一样的肥胖男人笑呵呵地出现在我们面前。他说，都是去临泉的吗？大家都激动万分、万般讨好地答应着,就怕这位大爷会突然消失让我们无家可归一样。

　　他大手一挥,首长似地发号施令:全部上车,价格低于白天,保证送达到位。这天下掉馅饼的事就这样掉进了大家的口袋,旅社费用省了,车票价格春节不升反降,这是菩萨下班来做义工吗?我幸福地想着,被人们夹击着裹进了中巴车。一瞬间,我觉得这事情来得太突然,太不合情、不合理、不合法。我想挣扎,但是看着踊跃兴奋的乘客我选择了相信,大过年的,往好处想很重要。

　　我突然发现,车里有几个彪形大汉坐在后面,面无表情。我以为是同路的老乡,没有往深处想,就坐在他们前面一排,而且还向他们报以慈善的笑容。想着马上天亮就能见到母亲大人,就能见到为乡亲们写春联的哥哥和他漂亮老婆为我准备的我最喜欢的滑鸡肉,我的心里就开出花来,朵朵鲜艳。车,非常规矩地上路了,就像可爱的芭比娃娃去教堂。司机熄灭了灯,关闭了电影播放功能,整个车里安静得就像集体中弹一样,没有一丝声音。窗外似乎飘起了雪花,这情景有一种说不出的浪漫,我戴上耳机开始听我喜欢的歌曲,那一刻,觉得阜阳真美。

　　大约走了二十分钟,中巴车慢慢地停了下来。车里的灯亮了,整个车厢里的画风突然大变,从温柔的结婚氛围直接突变到离婚现场。那个肥胖的售票员开始督促大家买票,语言里充满了屠夫的味道。价格不但没有便宜,而且现场翻了3倍,必须现在买票才能继续前行。都是远离家乡出去谋生的陌生的乡里乡亲,这个宣告顿时击垮了他们,他们的睡意全无,立即变成斗士,纷纷谴责车主,要求下车,窗外的雪拍打着车窗。

　　一个带着两个孩子的中年大伯挤到门口想下车,被肥胖的卖票者狠狠地扇了两个耳光,两个孩子吓得号啕大哭。这个杀鸡骇猴的招数突然有效,刚才叫唤的凶猛的几个人突然安静了,开始乖乖地、温柔地开始买票,生怕招来杀身之祸。我愤怒地站起来表示不满,并要求他必须给那个中年大伯道歉。突然我后面传来一个冷冷的声音:你想扮演李小龙还是成龙?瞬间我的腰上被抵上了一个尖锐的东西,我明白,这是一个团伙,我选择了沉默,然后"听话"地坐在位置上,心想,电影里的桥段怎么发生在我身上了?

大家买完票,中巴车继续滑行。前面的大伯和孩子们被轰了下去。隔着窗户,我看见了他们凄凉的背影,在雪花席卷的深夜深一脚浅一脚地寻找下一处温暖,那两个孩子紧紧依偎在大伯左右的画面20多年来始终在我的眼前晃荡,怎么也无法抹去。大约走了十分钟,中巴车再次被停在了路边,这次,不是加价,而是驱赶。我们像一群被释放的劳改犯一样被赶下了车。窗外寒风呼号,冰天雪地,昏黄的路灯闪耀着同情的泪光。大家似乎非常愿意接受这个事实,显得乖巧、懂事,纷纷下车,就像自己到了目的地。我最后一个走下车,回头看了看那几个文明的抢劫犯,其中一个恶狠狠地问了我一句:怎么,你想去我家过年啊?

站在黑漆漆的深夜,听着远处传来的鞭炮声,我竟然没心没肺地笑了,这就是我从小崇拜的大城市阜阳吗?这就是我热恋的故乡吗?这就是我无限自豪百般维护的乡里乡亲吗?我发现我不认识它了,也许它本来就是这幅面孔。我背着沉重的行囊往前走着。雪,拼命地砸我的眼睛、鼻子和嘴巴,就像淘气的孩子。那一刻,我终于知道了什么叫风雪夜归人,那种孤独,那种无助,那种急切,就像溺水的孩子一点点沉到水底,身体和心灵都写满绝望。

终于我看见了前面有一束光,是一个小卖部,昏黄的灯光下一个老人在守店。我问,派出所在哪里?他没有回答我,往左面一指,就继续看他的电视了。我谢过他,向左走去。果然,远处有一个亮着的牌子,上面写着派出所,平时看见派出所没有感觉,此刻感觉这三个字噗噗地冒着正义的泡泡。我情不自禁地唱道:我爱你,中国,你就是雪夜里的派出所……

明天就大年三十了。派出所里显得冷冷清清,就像一对夫妻刚办过离婚手续一样,找不到一点爱的气息。一个警察在守夜,他似乎并不欢迎我的到来,我丝毫没有感受到传说中的那种警民心连心的动人场面。我几乎是极度愤怒地、暴跳如雷地、丧失理智地、语速急切地表述完我的遭遇,希望得到正义的援助。万万没有想到,这个困意尚未完全消退的警察看着我,一字一句地告诉我:每天我们都接到很多这样的报案,今天年廿九,所有的警力全部出勤巡逻了,所里就我一个人,我没有办法。明天再说吧。然后,用双手抱着保温杯,玩起了沉默。

一瞬间,我觉得我被抛弃了。

无论我如何描述我经历的一切,这位警察先生都是兵马俑一样的表情,不悲不喜,不怒不语,似乎我是一公斤二氧化碳,不受欢迎。愤怒的我突然脱口而出8个字,自己都把自己吓到了:你们就是警匪一家。他愣在那里,我也愣在那里,我感觉严重失口,他感觉我来路不明。我们彼此对抗着,站成两个阵营。我似乎看到了他的愤怒,我紧紧盯住他的手,只要他去拿枪我就撒腿就跑,一定要像兔子一样快。

大雪看笑话般地在我的面前飘来飘去。我非常绝望,我默默地记下了他服装上的警号,我决定明天不回家,直接去《阜阳日报》,告诉媒体我们被抢劫,我们的警察却置若罔闻,见死不救,任老百姓在大雪纷飞里自生自灭。我要问问阜阳这个城市到底是姓黑还是姓白，到底是劫匪的世界还是正义的世界。我试图想用温情打动他，但是我还是失败了，因为他根本就没有反应。

我转身要走。一辆带斗的摩托车大口大口地吐着白雾停在了我的面前，从上面跳下来一个警察，几乎就是一个雪人。他让我突然想到了东北抗日联军，一身正气扑面而来。我就像见到组织一样把我和大家的遭遇再度讲了一遍。他说，你认识那个车吗？我说认识。"上车，你带我去。"他扔给我一件大衣披上，让我坐在摩托车斗里，一踩油门向火车站开去。车在跑，我在想，张默闻啊张默闻，你人生第一次报案就直接参加战斗，这也太刺激了吧。兴奋劲儿还没过我就突然害怕起来：一会儿会不会展开枪战，我要是报废了也不会被评为烈士吧，顶多是个报案者。我不禁感叹我的命运。

此刻阜阳的大街很冷静，也很冷清，就像一座被遗弃多年的鬼城。远处城乡接合部偶尔响起几声心绞痛发作般的鞭炮声，就像这个城市半夜放了个屁，没有引起市民的注意。那一刻我竟然有种想当警察的冲动，更有想演警察电影的冲动，令人诡异的是我都开始崇拜自己了，因为我一直是个躲着麻烦走的人。雪越下越大，我们就像两条藏獒一样穿越在这个城市，有种为民除害的豪迈。这种黑夜穿越城市的快感，这种被警察带着兜风的体验实在是妙不可言。我一直怀念这感觉。

我们雪人般地滑行到了火车站，并没有发现那辆充满恐怖袭击气质的中巴车。作为报案人我的心情沦陷到了谷底。整个广场庄严肃穆，漫天风雪，就像埋葬死人的墓场。火车站里逗留的人个个昏昏欲睡，就像被集体点穴一样。我估计那帮劫棍打道回府了。我说，我们撤退吧。警察说，他们会出现。此时此刻的十分钟就像一个难产的产妇一样，我成了热锅上的蚂蚁，内急都不约而至。突然，远处缓缓爬来一辆车。

这辆车，就像一个醉汉，更像一个纵欲过度的人。它，一步一步地向火车站门口，向我们开来。这情景、这动作、这感觉和上次拉客上车的表演完全一致。我有预感，他们已经躺上了我们为他们设计的手术台。那时候我是害怕的。我很害怕会发生黑社会性质的警匪枪战，我不能退缩，我发誓一定要让这坨东西变成肥料。我跑到车的前面一米的地方对罪犯进行指认。仅仅三秒，我就把那个卖票的家伙锁定，然后我用尽全身力气对警察喊："就是他们！"

这帮家伙在短暂的傻眼之后，突然惊醒，准备加速逃跑。我伟大的警察先生厉害了，用枪指着他们说："下车，全部下车，把手放在脑袋背后，全部蹲在地上。"这情景和香港警匪片完全一致。刚才还是暴力先生的劫匪突然集体温柔起来，全部蹲在地上，手放在脑后，就像一群疯子在集体如厕。我英雄般地站在他们面前，迎接他们凶狠的眼神，更迎接他们狼狈的嘴脸。我多想，那一帮子被抢劫的乘客都在现场，也让他们看看正义的样子，看看大阜阳也有肝胆相照的英雄警察。可惜就剩我一个人，看见了这个城市的正能量。

有部电影叫《坏蛋必须死》，我们今天的行为也可以拍成一部电影叫《坏蛋必须抓》。罪犯们都被铐在派出所院子里的梧桐树上，一个个像被即将处决的侵略分子。我突然觉得整个派出所里开满了正义的花朵，在这个寒冷的城市里怒放着。谢谢，阜阳的警察，你们暖到了我。那个警察把床让给我，他说，明天我送你上车，你现在需要保护。我问他的名字，他说，记住我叫警察就好了。我第一次报案，我第一次睡在派出所，我也第一次爱上了警察。后面的几个小时我没有任何记忆了，因为我睡着了，没哭，没笑，没做梦。

第二天早上，这位警察为我拦车，并且把我亲自送上车。他确认了周围没有复仇者。当开往临泉的长途汽车启动的瞬间，我看见了阜阳的精神，看见了阜阳的慈悲，看见了阜阳这座城市发出的光。也许，这光一直都在，只是我看见了发光的过程而已。当我和母亲讲述这件事的时候，母亲说，还是好人多。这些年来我一直坚信，坏人不可能消失，但是好人一定存在。

十四

现在的阜阳火车站越来越豪华，高速列车的班次也越来越多。但是我回去的次数却越来越少了。我很感激阜阳火车站，在我远行的时候这里是始发站，在我回家的时候这里是终点站。这里常年人流漫漫，这里常年摩擦不断，这里常年依然吃面，这里常年拉客纷繁，阜阳在变，却什么都没有变。

一个城市不需要都是花朵。一个城市不需要都是感动。只要每个人都能找到自己的感动就好。谢谢那个风雪交加的晚上，谢谢那个不愿意留名的警察，"谢谢"那个抢劫的团伙，你们让我重新发现了阜阳。

十五

每次经过阜阳火车站，我都会刻意地留多些时间在那里。我会去找我魂牵梦绕的格拉条，我会去吃一碗有阜阳特色的肉丝面，我会忘掉医生的嘱咐吃上三根胖胖的、油油的油条，我会吃一个皮肤很白的口感很弹的阜阳大馒头，我觉得我吃的不是饭，是对这个城市的全部记忆，是对生我养我这片土地的再体验。我们都是一个城市的过客,要么留在这里,要么经过这里。我的母亲,我的父亲,我的姐姐,我的哥哥都将永远地留在阜阳和阜阳的周围。而我,却不知道我会在哪里,也不知道我会去哪里。

十六

现在的阜阳火车站,越来越多的是品牌快餐店了,20年前的小吃的味道已经很淡了。

虽然恰同学少年的时候,那里很乱,让我害怕,但那个时候它很真,它的脾气、它的嘴脸、它的自私、它的柔情都那么让人向往,虽然今天它长成了文明的样子,但是却没有那么可爱了。阜阳火车站,我的远行始发站。希望你只演绎好的故事和传奇,让中国让世界更喜欢你。我是你的过客,我欠你一张火车票,希望有一天,我可以在那里遇见我的少年和我已经老去的初恋。希望到那时,我们还能像朋友一样握握手,给予彼此温暖的祝福。

十七

再度秋天,又是晚上。我在写我和阜阳火车站的故事竟然写了17个章节,远远超过我预计的字数。我必须要停下,因为漫长的岁月回忆起来是没有尽头的。这个记录虽然平淡无奇,却让我热泪盈眶。因为,发生的事都是真实的。

2017年我和儿子说,暑假和爸爸一起回次阜阳,他说好的。我很高兴他这样说。

挥挥手送别那些在早恋里死去的九大金句

引言：早恋本来就是一场没有办法祝福的爱情。

有人问我，早恋是什么感觉？我说，这种感觉需要用一辈子去回答，或者说根本无法回答。有人说，早恋最大的感觉是新鲜，新鲜的身体，新鲜的心跳，新鲜的想念，新鲜的痛苦，新鲜的绝望，新鲜的甜蜜，新鲜的嘴唇，新鲜的舌尖，新鲜的话语等。

正是这种新鲜的元素把无数少男少女的心变成了勇敢的心，变成了冲动的心，变成了魔鬼的心，变成了绝望的心，变成欲望膨胀的心，变成了为爱战斗的心。早恋的最大卖点就是对爱的新鲜，对爱的亲近。感觉麻、酥、软、甜、柔、美、热，就这七个字，足以让人神魂颠倒。

我不知道我的早恋发出的是什么声音，但是我听到了心破碎的声音，就像被太阳照耀下的屋檐的冰凌坠落在地的粉身碎骨的声音，当然也听到了小草从地下向上生长的甜蜜的声音。一直以来，我都很喜欢言情小说。但是现在我建议少年要少读言情书小说。因为言情小说有毒，它把成年人的感情游戏搬运到孩子的心灵里，就滋生了喜忧参半、海水火焰般的早恋。

我是一个100%的早恋分子，吃够了早恋的苦。我相信早恋的美好，但是我更喜欢比早恋更美的理性之恋。世界上所有的早恋都是披着甜蜜的外衣榨出的苦涩的果汁，它都或深或浅地伤害着每个早恋的人。

我的经验是：早恋是毒品，伤心还伤身。在早恋里有很多听起来很美的爱情信仰和金句，它们穿着漂亮的外衣，打着迷人的花伞，让一个个年轻的爱情者顶礼膜拜。我现在很害怕那些爱情的金句，它们就像一条条有毒的小蛇趴在你身体的各个部位，一旦早恋失败，它们就会纷纷苏醒而出动撕咬你，挑逗你，让你痛不欲生，让你肝肠寸断。

不管哪个年代，早恋的金句基本都是相同的。它们被不断地复制，不断地扶植，不断地赋值，最后成了一碗爱情的迷魂汤。我不是早恋的传道者，也不是早恋的悲观主义者，我是早恋主义的劝说者和思考者——以一个早恋失败者的名义。

我在少年时代比任何人都迷恋早恋，都赞美早恋，直到早恋用鞭子抽打我少年的身体和少年的心后我才明白它的狰狞和它的肤浅。翻阅无数早恋的案例，无不是滴血的玫瑰。一场童话般的早恋感情建立起来很容易，但是要很多年不断熨烫才能把它从心里抚平，慢慢摘除，就像从身体里摘除一个良性的肿瘤。

我听过的早恋金句很多，信息量很大，但是每一句都充满了自私，充满了自大，充满了可乐一样的酷爽味道。我坚信，听上去特别美的东西一定有毒，一定有下半句，我们可能记得的都是上半句，我相信，一般无毒的金句都没有什么甜蜜可言！但是它管用，不伤人也不伤心。今天就请原谅我对它的批判吧。

早恋的金句之一：我喜欢你，所以你必须和我在一起

这个世界最不公平的词语就是我喜欢你，但这个世界最勾魂的词语也是我喜欢你。虽然是强加给别人的，也美好得无法形容。我喜欢你，好美的词。我喜欢你，本来是我的事，却活活地把另外一个人扯进来，听起来好没道理。

一般老年人听到都会像喝醉的苍蝇一样乱撞，更何况情窦初开的年轻人。听到这句话，年轻人都会浑身颤抖，幸福的汗珠一下子湿透年轻的额头，思想的牢门一下子被打开了，身体便挣脱了枷锁而自由飞翔。被人喜欢，似乎是人人都享受的东西。不管男女老少，都会在心里下起一阵阵的春雨。这是人性，这世界唯有人性最放肆，唯有人性最疯狂。

我不赞成"我喜欢你，你就必须和我在一起"这句话。你喜欢我，可不一定"和你在一起，必须我也喜欢你"才是最完美的结局。但是早恋的特点就是疯狂，心灵疯狂，身体疯狂，比那些成熟深刻的爱情更具有破坏性和精彩度。

几乎所有的早恋者一旦坠入爱河，都是遇神杀神，遇鬼杀鬼，疯狂地上演死缠烂打的早恋游戏，最后有的人当了俘虏，有的人当了逃兵，有的人当了牺牲品。而真正的"我喜欢"，是一杯淡淡的早春茶，等待对方的品尝；真正的"我爱你"，是一杯加冰的可乐，等待透心的体验。

一旦喜欢变成固执，甚至不考虑别人是否愿意接受而强攻，那么爱

情就失去了美感，山水不再温柔，草木不再有情，天空不再通明。我喜欢你，多轻的语气，多重的期待啊，可惜很多早恋的人没有用好它，最后只能是一杯苦酒，伴着悲伤的音乐品尝，在未来的岁月里感叹，感叹黄金般的少年被早恋拦腰斩断。

早恋的金句之二：我们只要在一起，就没有人可以拆散我们

早恋里，这句话算是最感人的话了。根据我的经验，这个世界上所有的爱情就是两件事，第一件是捍卫自己的爱情，第二件是拆散别人的爱情。我只干第一件事。早恋这份事业从开始诞生就是注定要被拆散的，不是被别人拆散就是被自己拆散。

早恋是个怪东西，你越压制它，它结合得越紧，早恋的危险之处就在于它没有经过现实的洗礼，没有经过生活的清洗，你看不见它狰狞的面目，你觉得你在童话里，其实你在烈火里。如果你在早恋，请不要说谁也无法把你们拆开的誓言。除了永不妥协的父母和良心发现的老师愿意蹚这浑水外，没有人会阻止你偷吃禁果，也没有人去求你穿上你已经褪去的衣裳。

无数的案例证明：最后打败早恋的恰恰是自己。是你们的成长，是残酷的现实，是你们自己有了更好的遇见，于是你们开始惊醒，开始逃跑，开始哭泣，开始扑在父母怀里忏悔。早恋是很少有未来的。说的就是年轻打不过爱情，爱情打不过冲动，冲动打不过现实。在现实面前，投降者比比皆是。如果早恋注定是要被拆散的，那么"凶手"可能是你的父母，可能是你的"情敌"，但是更大的凶手是你们自己。撒个娇喜

欢你，在一起很容易。后来才发现：原来相处不容易，拆散更容易。

如果一定要早恋，如果一定要在一起，请你告诉你自己，生死都要在一起，不会有人拆散你。现在的爹妈想得都明白了，无法救火就让它们燃烧吧，让孩子在早恋里横冲直撞，学点经验，吃点苦头，说不定散得更快些。我不阴暗，因为早恋就是把婚姻提前一点去体验。我相信，没有买卖就没有伤害，没有早恋就没有感叹。真正的早恋，拆不散。

早恋的金句之三：我宁愿和你一起死，也不愿意一个人在这个世界上孤单

好傻的告白，好感动人的告白。自古以来所有人们纪念的、经典的爱情都是以男女联合死亡作为标准的。似乎真正的爱情就应该是同生同死才好。项羽和虞姬，梁山伯和祝英台，都是"爱不成，宁愿死"的传奇爱情。

早恋的孩子们，我不希望你们如此。在早恋的情天恨海里，把一起死当作最伟大的事情真是糊涂。真正的爱情是彼此给对方活着的机会。任何一个人都不是孤单地存在于这个世界，而是一个家族的共同前行和共同牵挂。我宁愿和你一起死，也不愿意一个人活在这个世界上孤单，这种电影般的告白就像一种神魂颠倒的信仰，让很多早恋者慷慨赴死，这是多么不道德的事情。

早恋如果可以修成正果，那就好好地相爱，给这个世界看看。不管生活对你们有多狰狞，你们都可以微笑面对。你们可以独自扛起生活的大旗，可以远走高飞，可以用岁月的剪刀剪去生活的烦恼，就那样从早

恋到老恋，不爱不散。

早恋如果不能完全如愿，请不要用死亡作为心愿。你们的生命都价值连城，你们的身体都无比神圣。你们没有任何资格结束自己并结束别人的生命，虽然你愿意，他愿意。给自己一条活路，也给你爱的人一条活路，这，太重要了。

如果一个人一定要离开这个世界，那么就让你的早恋为你好好活着，让她或者他把生活过成你们期待的样子，最后告诉对方，你们彼此相爱着，鼓励着，想念着，只有这样爱情才能永远活着。考验早恋的最大能力不是甜蜜而是痛苦甚至是承受黑暗的能力。早恋者，请保重。

早恋的金句之四：我爱你，虽然我们不能在一起，我想给你生个孩子陪自己

如果早恋不能在一起，那就不要生个孩子，毁自己。有人说，在早恋里最动人的一句话就是，我爱你，我想为你生个孩子陪自己。这是特别傻、特别傻的事情。其实这是一个女孩想和一个男生在一起最惨烈的宣言和最大代价的誓言。我是坚决反对的。孩子，是最美的天使，但是也是最大的麻烦。亲情之美本来就在于在无止无休的麻烦里创造麻烦直到所有的人都筋疲力尽。这种大孩子养小孩子的游戏在早恋里比比皆是，但是他们都幸福了吗？最后都被漫长的岁月一点点碾压，恩怨并举，战争纷飞。孩子的存在不但没有让爱情天长地久，反而让生活一地鸡毛。

如果生个孩子，就努力地在一起吧。因为孩子和你们一起成长是多

么重要的事。如果你们无法走到一起，就请放过自己，放过孩子吧，孩子不是你们证明爱情的唯一良药。真正的爱情是在桂花树下的等待，是在湖边安静流泪的思念，是知道你幸福可以送你晚风的牵挂。

在早恋里失去爱的女子，请不要生个孩子去陪自己，还是自己陪自己吧，用那个可以更关心你的人的肩膀陪自己，想念的，不如身边的，相信我，好吗？

早恋的金句之五：如果你爱我，就和我一起私奔到一个全世界都找不到我们的地方吧

早恋里出现频率最高的词汇是私奔。私奔是什么？私奔就是你们无法得到祝福。私奔是最无能的爱情处理方式，这是逃跑，是把爱情当作一场逃亡，你未必胜利，还可能绝望。世界上没有一个让人找不到的地方，特别是在今天这个社会。敢于私奔的人基本都是比较"绝情"的人，一个连父母和兄弟姐妹都可以抛之脑后的人，我很难想象他还会爱谁。

私奔，很容易，彼此一张新船票就可以和你所有认识的人挥手作别，轰轰烈烈地投入一场爱情大逃亡中。

早恋的私奔是非常没有理智的，自己本身还没有长大，甚至骨骼都没有长成，就高举着爱情的誓言投身于私奔的爱情逃亡之路，是没有好结果的。物质的打击，环境的打击，让最后的激情耗尽，身体被掏空，下一步一定是开始相互埋怨。

数据显示，百分之九十的早恋者和私奔者都懊悔于当年的选择。

私奔的道路都是开始很好奇，中间很刺激，结果很糟糕。爱情可以是一次说走就走的旅行，爱情可不是一次说私奔就私奔的旅行。对早恋者来说，你只是一枚小酸果，别人尝不到你的甜，你也无法让别人感到甜。

如果你们真的可以坦然地面对各种苦难，你们可以私奔，可以不管身后的哭声，尽情地去享受爱情给你们带来的自由，你就去吧。

怕只怕，你无法坦然，因为坦然需要看破，看破需要伤害，伤害需要经历，经历需要苦难，苦难需要真爱。私奔的孩子们，你真的准备好了吗？不过也没有关系，无论你们怎么折腾，你们如何被惨败地抓捕回来，你们的父母都会抚摸着你，帮你把脸洗干净，继续做他们的掌上明珠。但是，最好别那样，那样不好看。

早恋的金句之六：我只要爱情，我不需要面包，只要和你在一起我什么都能忍受

关于早恋，我认为爱情排名第二，面包排名第一。在早恋里，男女看到的只有爱情，爱情就像一盆火，燃烧了整个沙漠。我承认，爱情有时候有止饿的功能，但是那些都是小困小饿。真正的爱情最需要的是面包，有了面包才有爱情。

爱情是最现实的东西，需要鲜花，需要巧克力，需要烛光晚餐，需要名牌包包，需要全球旅游，需要时装袭击，这些看起来物质的东西也是爱情必不可少的东西。从早恋的惨败里爬出来我才知道：大多没有物质的爱情就是个笑话。

早恋的爱情开始都是大火，直接沸腾，把爱情那壶清澈的水烧得吱

吱作响,但是,总有烧干的时候。"我只要爱情,我不需要面包,只要和你在一起我什么都能忍受"的话请不要相信。有一种贫寒你真的无法忍受,面包的感觉和爱情的感觉不一样。

有了面包,爱情才会活成它原来的样子;有了面包,生活才会露出它原来的笑脸。为了孩子,为了父母,为了自己,为了所爱的人,请你们先把面包准备好,再好好地享受爱情吧,这样,你不至于未来那么恨早恋和早恋中的你们。

早恋的金句之七:我等你,一直等你,等到地老天荒,等到海枯石烂,等到油尽灯灭

早恋的爱情电影里经常会有这样的台词:我等你,一直等你,等到地老天荒,等到海枯石烂,等到油尽灯灭。我不知道这些导演为什么这么虚伪地去引导相爱的人,特别是早恋时期的人。等待,是个多么美的词语,多么美的意境,多么美的感觉,可是,我们没有必要去等待一个毫无希望的等待。如果一定要等待,我宁愿选择一起走,也不要让青春在等待里枯萎。每一个等待都要有明确的归期,每一个等待都要有一个让时光服软的理由。

可是,如果等待只是等待,我建议放弃等待。我不知道鲁迅的第一个老婆苦苦地等待鲁迅的回头有什么意义?我不知道张学良的第一任夫人等待张学良归来有什么意义?我不知道徐志摩等待林徽因到底有什么意义?很多人一定会批判我,不懂爱情的美好,可是,冰冷的等待才是最无情的判决,只有当事人才知道那种等也等不回来的惨烈滋味。身体

等得枯萎，眼睛等得苦涩，书信等得泛黄，孩子等得老去，等，就是等死，等到爱情的死亡和心的死亡。

等待，是两个人的约定，是为了一个共同的目标甘愿的守候，可是太多的人太多的事无法等待，如果我们的等待只是等待一个浪子，等待一份施舍，等待一个离开就忘记的人，你，为什么要等呢？我坚信，真正的爱，穿越千山万水也不会让你等太久。

它会在遥远的地方向你呼喊：亲爱的，等着我，我正在回来的路上。世界上的爱情一定不要等到海枯石烂、油尽灯灭、地老天荒，这个世界上没有谁值得你这样做。如果你坚持这么傻，你等，我们都不等。我们只等可以等来的人，因为我们坚信，爱你的人除了死去，一定不舍得让你久等。

早恋的金句之八：我供你读书，等你金榜题名后到我家，把我风风光光娶回家

在早恋的段子里，我经常听到很多痴情的女子说，我的郎，我供你读书，等你金榜题名后到我家，把我风风光光娶回家。每次听到这话我都感觉特悲情，我觉得女孩子一定不要把和你旗鼓相当的男人送到比你高的位置，而且自己要供养他完成霸业。两个人在一起彼此不厌，地位相等，同甘共苦挺好。就是你们同甘共苦也不能保证善始善终，更何况你要做男人的梯子。这是很傻的动作。

我相信这世界一定有有情有义的人，也有感天动地的爱情，但是太少了。我希望郎有情，妾有意，给世界一点信心，可是我太了解男人，

我对这种未来没有多大的信心。

早恋的金句之九：没有你我会死的，我会不能呼吸，不能生活，不能接受任何人

中毒的、重度的早恋患者都会说这样的金句，似乎我也说过。大部分的人说完之后，该呼吸就呼吸，该生活照常生活，该接受别人还是接受别人。这句话就是一句文案而已。这个世界上没有谁真的离不开谁，只是没有遇见谁。所有的依恋都是一种习惯，习惯了你的世界里装不下任何人。只要你的习惯被打破，只要你看见另外一个人，你就有被俘虏、被瓦解、被征服的可能。

我们不要被这句金句陷害了，没有谁是独一无二的，只是不想离开而已。我坚信，这世界总有一个人会被你接受，只要你的心里还有爱，你就会被攻陷。早恋的爱情不成熟，它没有那么严格的生死约束，记得，早恋就是一次军事演习，成功失败都值得喝彩，来了，欢迎，走了，不送。

别了，金句，别了，早恋，别了我们看不见的明天

曾经的恋爱金句就这样在岁月里露出了它本来的面目，被现实打得粉碎。

我看见无数的少男少女热情高涨地投入到早恋的大军里，重复着我年轻时的动作和年轻时的冲动。我想告诉他们，却无法找到演讲的讲台，最后只有用这本书的一个章节来告诉大家关于早恋的那些青菜黄瓜

般的往事。希望你们明白，越迷人的金句越有毒，不妨听听父母的话，不妨离早恋远一点，让自己长得好一些，健康一些，理性一些，等有一天真正谈恋爱的时候，可以更从容，更自信。

与爱的人一起建设新的未来是件多么美好的事。真正的爱情没有那么多爱情金句，没有那么多爱情起伏，真正的爱情是静静地看着彼此变老和变温柔，静静地表达你作为爱情建设者的感受，静静地在深夜里相拥而眠，发出和谐的均匀的呼吸……

是的，真正的爱情不是早恋的那种光和热，而是一场符合年龄的真正恋爱，那样才能更美好。

有人问我，早恋是什么感觉？我说，是难忘，是难受，是难得，是难为情。

但是我很感谢我的早恋，她的绝情和离开让我站了起来并遇见了同甘共苦的人。谢天谢地谢谢您！

一个流浪者的82句醉话

引言:在流浪的路上我说了很多醉话,请不要当真,因为我都没当真。

说醉话之前,本来我准备了1000句,因为这20多年过得太苦了,有太多教训。但有些内容,打击面有点广,与其说出来不如沉默,所以羞羞答答地弄了82句,算是满足读者对我内心人性的一次窥视,也当给各位看官解闷消遣了。

001. 衡量一个人的价值就看他拥有权力时的所作所为,衡量一份爱情的价值就看你一文不名的时候那个爱你的人使用的态度。

002. 任何时候喜怒形于色都是需要资本的,没有本事的时候不要随便发散你的表情包,因为没有人会买你的账,你的表情都可以归结为面无表情。

003. 世界上根本没有感同身受这回事,所以不要指望任何人来为你疗伤,生就生了,死就死了,没有什么大不了的,每天都有很多人痛苦,你算老几?

004. 生命中曾经有过的所有灿烂，终究都需要用寂寞来偿还。抱着那些奖杯、抱着那些掌声、抱着那些情话安慰寂寞，一点用都没有，寂寞没有解药，只能靠时间治疗。

005. 弱者永远有一肚子的正义与自卑，这是他们应付强者最有力的武器。我是弱者的时候就是这样对付强者的，我知道那种冰与火的感觉，那种自己欺骗自己还不脸红的感觉。

006. 一个人只有在心灰意冷到极点的时候才会变得积极起来。我经历过很多次冷到极点的心灰意冷，那感觉就像在北风呼啸的雪地里赤身裸体地站着，看不见一丝火苗，看不见一件衣裳。

007. 生活上依赖别人又希望得到别人尊重，那是不可能的事。1993年我在上海打工的岁月里终于对这句话有了深刻的理解。所以，我扔掉了所有的依赖。

008. 不管是男人还是女人，嘴里说出"我不嫌弃你"这句话的时候，就说明在潜意识里已经将你看得比他低了。然后你的任何努力都将是毫无意义的、备受委屈的。

009. 谁都不得罪，也就是没原则。没有原则的人，其实得罪了所有的人。

010. 人生最痛苦的地方就在于明明已经无法忍受，却还要忍受下去。就像很多事情我已经无法忍受但是我还在忍，所以我痛苦，最可怕的是我习惯了这种痛苦。

011. 有人问我想成就什么霸业？我说你要先弄清楚什么是霸业，霸业就是一具有名的尸体躺在无数无名的尸体上，你能做到吗？如果不能，就好好去加班吧。

012. 有钱的人怕别人知道他有钱,所以装简朴;没钱的人怕别人知道他没钱,所以装大方。现在我看到钱都想吐,因为我的钱全是血汗钱,汗多臭味大。

013. 观点背后都是立场,立场背后都是利益。每一个为别人站台的人都在销售自己的观点,在销售自己的立场准备赚他们的钱。

013. 有的人很聪明,眼睛一眨就准备好了一个谎言。我遇到过很多次,几场仗打下来,吃了很多亏,没有办法,我只能给他一个更大的谎言。

015. 你越卑微地讨好别人,别人就越高傲地无视你。所以,讨好别人已经够可怜的了,还要卑微,简直是不要脸到极点,我干过。后来,我只对卑微的人使用卑微。

016. 鲁迅很早就说过,你要灭一个人,一是骂杀,一是捧杀。我隐隐有一种感觉,以前我是被骂杀,现在我正在经历被捧杀。

017. 面对特权我很厌恶,但我享用到一点特权后心中又暗自窃喜,太扭曲。

018. 这世界上所有的不公平都是因为当事人能力的不足。所以,20多年来我什么都不干,就在埋头提高自己的能力,今天看来,对了。

019. 这是一个什么样的世界呢?这个世界就是那些听不见音乐的人认为那些跳舞的人疯了的世界。我就是其中一个,经常用自己的眼光去看本来光明的世界。

020. 我发现,人最终喜爱的是自己的欲望而不是自己想要的东西。等我们发现想要的东西的时候,欲望已经不允许了。

021. 爱的反面不是仇恨而是漠不关心,所以漠不关心是造成婚姻里的男女出轨的最热门的词语。婚姻这个东西对"关心"这个食物的需求量很大,所以关心不够是个大问题,要管够。

022. 一盏一直亮着的灯没有人会去注意,但是如果它一亮一灭,你就会注意到它的存在。

023. 年轻的时候觉得到处都是人,别人的事就是我的事,到了中年突然觉得世界上除了家人我已经一无所有。最可怕的是你发现什么事都不是你的事了,有你没你,世界都是一片祥和,过年过节你连个祝福都收不到就是最好的例证。

024. 不会有人真心喜欢倾听你的痛苦,说给朋友,朋友不好受;说给敌人,敌人更开心。所以痛苦就痛苦吧。

025. 我天天看书,天天向别人请教人生,最后的结果却是听得懂道理,却斗不过人性,在人性面前,我们研究得越透彻越束手无策。

026. 这世界哪里会有人真的喜欢孤独,不过是不喜欢失望罢了。但是往往成功都是从一次次失望中获得的。

027. 一个人死了,亲人、朋友、粉丝开始是悲痛的,然后就悲而不痛,最后就不悲不痛。不要认为你死了世界就伤心得不得了,从此会深深怀念你,千万别当真。

028. 比起永远,我更喜欢每天。比起每天,我更喜欢现在。比起现在,我更喜欢此刻。

029. 我发现任何一件事情只要心甘情愿,总是能够变得简单、直接、粗暴、有效,所有的麻烦都是由"心不甘,情不愿"造成的。

030. 花开得太好就会摇摇欲坠。品牌做得太好就会容易破碎。在人生的道路上很顺是一种福报,很坎坷是一种偿还。心态放平很重要。

031. 对不起，我不喜欢生命过于圆满的人，我不喜欢容颜过于完美的人，我不喜欢性格坚不可摧的人。这些人都非常可怕，得到一个你就痛不欲生。

032. 水一旦流到深处就会发不出声音，感情一旦走到深厚也就会显得平淡。可惜很多人就是不甘于平淡，我也是。

033. 对不爱我们的人，一旦付出，就罪孽深重。对爱我们的人，一旦付出，就枯草翻绿。

034. 表白，是变相的索取。所以抵御那些毫无价值的表白是对自己最大的保护。

035. 很多人不需要再见，很多事不需要怀念，很多情不需要斩断。

036. 感情的虚假繁荣，是这个世界上最累的游戏。很多人都在感情的虚假繁荣里自编自演，不管有没有票房都在卖力地表演，神经。

037. 你一旦对感情执着，你就必定变得软弱。人一旦变得软弱，各种不幸就铺天盖地地来了，你根本没有再翻盘的可能。

038. 任何一个人离开你都并非突然做的决定，而是希望的灯火一点点一点点地被熄灭。人心变冷很慢，变热更慢。

039. 作为一个男人我不知道哭了多少次，而且每次都是号啕大哭，我认为哭是一种告别，哭是一种治疗，哭是开始痊愈的象征。

040. 我发现，我认识的很多好人死了，但是坏人还活着。我和坏人谈话，发现，那些好人也好不到哪里去。

041. 情绪这种东西就像注射的针头，扎谁的屁股都不爽，所以非得严加控制不可。

042. 我经历了很多的背叛、很多的难堪、很多的委屈，我的确应该伤感，但是我没有时间。

043. 我和儿子的关系有点小可爱，因为他不听我的话。他说，你可以策划别人但别策划我，我有我自己的想法。我终于明白：人类之所以能进步的主要原因是下一代不听上一代的话。

044. 人一穷，就只剩下坏运气，你走的路，你过的桥，都是纸做的。人一富，就只剩下坏脾气，你吃的饭，你穿的衣，都是金子做的。

045. 贫穷的男人唯一要做的事情就是让自己不再贫穷，而不是那些看上去很美的爱情。

046. 我害怕和每天带着计算器的人一起工作和相处。不断算计的人，不论男女，都不会有真爱，他们只会计算自己不会吃亏和不让别人赚到，这很无趣。

047. 在这个世界上，不能听命于自己的人，就一定会受命于他人。

048. 我飞得越高，在那些不能飞翔的人眼中的形象越小。所以会飞的人一定要飞给那些会飞的人看。所以我的策划是给那些看得懂策划的人用的。

049. 还在受苦的人，你是没有悲观的权利的。还在打工的人，你是没有懒惰的权力的。

050. 没有利用价值的人受冷遇是很正常的，不要不服气，也不要很生气。

051. 我发现距离太近，爱也会变成一种消极的东西。和客户也是一样，距离太近，创意就变成了透明的东西。

052. 在人类的历史中，男人因为缺乏耐性，不知付出了多少沉重代价，而女人天生善于忍耐，不知摆布过多少成功男人。看来很多事是要忍忍的。

053. 心，一旦离开了，就再不会回来，就是回来，也已经生病了，生疏了。

054. 永远不要考验人性，这个东西根本不堪一击，一击就破。

055. 很多人往往把任性叫作自由，真正的自由是心灵的自由、财务的自由、健康的自由和言论的自由。

056. 原来人们幸福的障碍是民间那些不可绕过的风俗、社会上那些宗教的偏见以及人和人之间的内耗。

057. 人性一个最特别的弱点就是在意别人如何看待自己，虽然别人的眼光什么用也没有。

058. 当你全心全意对一个人好的时候，这个人往往会背叛你。因为你已经全部付出，已经毫无新鲜感和利用价值。这就是我在管理中一直寻找的答案，找到了。

059. 一个忘恩负义的人，最大的罪恶不是他忘恩负义，而是那种使人寒心的影响力。

060. 你要想对自己的尊严有所觉悟，就必须谦虚。谦虚就是大地，你得跪着它。

061. 老婆说我经常挑剔她做得不好，后来我发现一个人性格中的偏激、挑剔、咄咄逼人源自内心深处对自己的不满意，是我自己生病了。

062. 腐蚀人性最可怕的东西是惰性，而体育精神是惰性的天敌。所以，我必须热爱体育，用它逼退懒惰的腐蚀。

063. 最能看出一个人性格的莫过于看他所嘲笑的是什么东西，他所嘲笑的可能就是他所拥有的。

064. 长期违反人性就会生病,长期开放人性就会疯狂,长期纵容人性就会伤亡。

065 所有的客户都不会和你合作一辈子。经常口口声声说亲密合作的大多数会第一个离开你,反而那些经常说你不好的客户一直和你朝前跑。

066. 我发现,还在谈钱的大师一定不是真正的大师。真正的大师是不具有破坏性的,所以中国广告界真正的大师屈指可数。

067. 我敢断定,没有一个徒弟是真的服气老师的,更多的是对权威的敬畏。太多的历史告诉我们,师徒之间,暗藏着危险。

068. 当我是一个穷人的时候,我说富有是唯一的罪恶,是必须要被打倒的东西。当我慢慢好起来的时候,我才发现富有的人大部分都在帮助穷人。两种态度截然相反,使我陷入了相当长的时间的思考。

069. 我穷过,穷得就剩下一个身体和一颗不安分的心。我从来没有以贫穷为耻,但是我最看不上的是用卑鄙的手段来避免贫穷的人。

070. 一个人只有在贫穷的铁掌的压迫之下才能发迹,因为那种被踩在脚下的感觉太痛苦了,最痛苦的是踩你的人还发出轻蔑的笑声。1993年我在上海听到过这种笑声,我很熟悉。

071. 有一段时间,我穷到了绝境,对于受苦也不再呻吟,对于受惠也不再道谢。我不知道未来是什么,幸福是什么,我经常一个人走在雨里,任凭暴雨砸我的脸,践踏我的绝望。

072. 贫穷和不自由会使心灵变得非常干枯和焦躁。贫穷如果自由还会有点欢乐,如果连自由都没有了,贫穷就会迸发出杀伤力很强的恶。

073. 我试图理解穷的意义。我发现贫穷不是罪恶,只是不方便而已。我们每个人要的东西其实就是图个方便,可以有饭吃,可以有衣穿,可以有人爱,就这么简单。

074. 那些年我走遍全国,两手空空,连小偷都不愿意多看我一眼。再加上自己其貌不扬,我想小偷一定认为我是同行。

075. 我翻阅了大量的图书后证明了一个问题,历史上很多杰出的人都是最贫穷的。我的心里突然很平衡,原来我也可以很优秀。

076. 母亲是非常大方的,每次有人来我家乞讨,母亲都会待为宾客。后来我才发现,只有穷人在听到穷人悲叹时,才会给予无私的帮助和温暖。

077. 贫穷和富有都没有罪,有罪的是我们不知道作为贫穷的人和富有的人如何来扮演好自己的角色。如果你贫穷,请用你的美德来显示自己;如果你富有,请用你的善行来显示自己,这样世界就会美丽很多。

078. 母亲从贫穷中得出的经验是:人,如果混穷了,你的兄弟,你的姐妹,你的亲戚,你的朋友,你的老师,你的战友,甚至连你的爱人都会厌恨你,都会躲开你。所以不管任何时候贫穷都只能是暂时的。

079. 我深刻地意识到贫穷是幸福的大敌;它可以让初恋逃亡,它可以让美德难以实施,它可以让孝敬父母变成一件非常困难的事,贫穷最可怕的地方在于它会一直遭遇嘲笑,我曾经发誓要么自杀,要么出家,就是一句反贫穷的宣言。

080. 贫穷会使朋友分手,会使情人分手,会使婚姻分手,非常有效。

081. 我每天都在提醒自己,也许有一天我会突然变成穷人,那时候围绕在我身边的人会像鸟儿一样飞走了。我不会嫉恨他们,因为是我,我也会这样做。

082. 贫穷会使夫妻同床异梦，一个家庭的男人一定不能让家庭变成贫穷的家庭，可以暂时，不能永久。

醉话说完了，说点清醒的。

有时候我很害怕自己的总结，越总结越觉得人可怕，越觉得在这个世界上没有朋友。但是我又不能不总结，总结是对自己流浪岁月的一次神圣的祭奠。但愿我的总结不会让任何人感到不舒服。一直以来我能治疗好别人的病，却治不好自己的病，这是我最大的问题。我看到了百条经验，但并不意味着我能做到，但是我希望你们能做到，这样就能减轻我的罪恶感，增加我的幸福感。

美国已经天亮，中国已经天黑，这世界就是你黑我白，你白我黑，习惯就好。

我的上海干妈崔丽萍女士的海派生活

引言：每个时代都能活得很出彩是一种漂亮的能力。

1991年、1992年和1993年，是我的18岁、19岁和20岁。这三年我都在上海。

在上海的三年，这个城市从来没有移动过，只是一直在长大。而我却是经常转移，从浦西到浦东，从静安到黄浦，转来转去始终徘徊在上海社会的最底层，所以才得以见识了大上海的小市民，小市民的大场景。

我一直在思考，为什么上海滩那么吸引人？走进上海你才知道，上海的历史就是一段商业文明发展史，上海，有一种你能看见的权威，也有一种你可以感受的温情，喜欢上海的人很喜欢，讨厌上海的人很讨厌。上海，就是个世界级的淘金地，谁都可以来，谁都可以秀。

20世纪90年代的上海，改革的春风虽然吹得很猛烈，但是上海人的那种小贵族的味道却怎么也吹不掉。上海，有时候让人爱得要死，有时候被人恨得要死。

我在上海的时间并不长，说不上对上海的理解有多深、有多厚、有多广。在上海的岁月里，我是挣扎在最底层的人。我看上海一直是从下往上看的，所以，这篇记忆性文章我也依然从下往上写，这样更客观、更真实、更好读。

我无意去写上海的繁华、上海的无情以及上海的现代，我只想写一个人，一个女人，她，很上海，她可以代表上海这个城市的味道。虽然她很渺小，但是正因为如此，才更鲜活。而且，她正幸福地活着。她就是我的干妈崔丽萍女士。她是生活得很精致的女人。

我干妈崔丽萍女士的儿子是我上海最好的朋友。

现在似乎流行长标题。这个标题表达的就一个意思：干妈的儿子是我在上海谋生时最好的朋友。他叫胡毅强。风雨30年，未断联系。在我们成为大叔的道路上依然兄弟相称，虽然离开上海后再未见面。而我们的对话永远都是一个格式，我问：妈妈，还好吗？他答：妈妈，好得很。我对他的称谓只是两字：毅强。他对我的称谓也是两个字：大哥。

毅强的爸爸是上海市静安区新闸路1111号益山饮食店的老板，原籍是江苏苏北，我记不得是苏北什么地方了。毅强是老板唯一的儿子，我是他们小吃店的洗碗工兼送面工，一人多职，累得和狗一样。现在高超的煮面功夫就是在那个时候练成的。毅强是老板的儿子，我是老板的伙计，我是毅强的妈妈、老板娘崔丽萍女士的干儿子，我是毅强的干哥哥，我们是干兄弟。这弯，快绕地球两圈了。

毅强，戴着一副眼镜，很斯文，很书生气。我们年龄相仿，但命运不同，我在上海靠洗碗谋生，他在小老板的位置上幸福生活，可我们却生活在同一个屋檐下。我会给他讲述老家的故事，讲述那些他不知道的压迫和反抗，不知道的鬼神和传说，他会给我讲述老上海书本上没有的故事。

　　毅强很瘦，整个人就像一棵树。他吃素，不吃荤，那么小的年纪就信佛而且信得很虔诚，从他身上你能看见一种炊烟袅袅、燕子飞旋的早春感。后来我再也没有遇见过毅强这么纯净的孩子了，他的世界里没有那么多的杂质，不像我，太多的经历太多的伤害，让我浑身上下充满欲望、充满仇恨、充满力量。对他，我有一种保护的冲动，虽然我力量很小。

　　毅强的爷爷奶奶很疼毅强，心肝宝贝地叫着，他们都是地地道道的苏北人。干妈崔丽萍女士上山下乡的时候，被毅强的爸爸，那个眉清目秀的小伙子追求成功，就嫁给了他。所以，毅强是上海人和苏北人的混血，看着挺干净。

　　出于规矩我经常叫他小老板。他总是说，还是叫我毅强吧，听着舒服。现在偶尔通过微信联系，这个上海兄弟，还是那个笑起来干净的阳光少年。从20岁到40岁，我们竟然再也没有交集过。好在，还联系。

　　我的干妈崔丽萍女士在上海的闹市有个门市部。

　　干妈崔丽萍女士是地地道道的上海人。

　　第一次见她的印象已经非常模糊。她烫着大波浪的发型，穿着比较鲜艳，化着时尚的妆容，眉毛和睫毛都是纹的，浑身上下散发着上海式的性感，通红的嘴唇充满开朗的笑意，笑声就像文工团的报幕员清脆极了。

干妈崔丽萍女士总是睡得很晚,也起得很晚。我知道这是上海夜生活丰富的后遗症。她是个生意人,她有自己的生意和朋友圈。在上海的某个街道她有一个门市部,做一些贸易的生意。每天她都会短时间地出现在新闸路1111号的益山饮食店,她很会招揽生意,毅强的爸爸对他这个老婆充满了崇拜,不止一次地和我说,我老婆是很能干的。

民间传闻,说上海女人在家里整体非常强势,一对夫妻,不管你是什么背景的结合,受这个城市的影响,最后男人的地位都会原发性地、原生性地由阳盛阴衰转为阴盛阳衰,女人们则越来越刚,女刚男柔,是一道漂亮的风景。干妈和毅强的爸爸似乎也是按照这样的一条道路发展的。我问他,这样习惯吗?他说,习惯就好。

干妈的朋友很多,她的电话就像报警电话一样成天响个不停,和毅强的爸爸正好形成反差。一个是热情奔放,一个是鸦雀无声,这个世界很有意思,让看起来矛盾的两个人生活在一起,生儿育女。也许这就是和谐的力量。

我不知道干妈的生意做得如何,但是我看到她为毅强的生活做着顶层设计,她在尽着一个母亲的全部责任。我知道她很忙,也很憔悴,但她每天都会回家,就是给毅强展现一幅她和毅强爸爸恩爱的画面。我偶尔见过她没有化妆的样子,那种憔悴是酒精带来的憔悴,是香烟带来的憔悴,是熬夜带来的憔悴。我理解了为什么她要化妆,为什么要烈焰红唇,因为,她要自信,她要征服生活派送给她的压力,她要漂亮地出战,因为她是家里的主战派。

我的干妈崔丽萍女士每天都在完成快乐的配额。

干妈崔丽萍女士的生活是很快乐的。她喜欢唱歌，喜欢化妆，喜欢跳舞，喜欢应酬，喜欢生意。她始终在传递快乐，把快乐传递给小吃店的客人，传递给儿子，传递给我们这些蜗居在上海的打工者。

她说，她不快乐。因为她和毅强的爸爸已经离婚。但是她离婚不离家，因为毅强。她不想让毅强的生活变得一片昏暗，她要保护好这个纯净的孩子。她害怕因为她的离开让孩子的心里照不进阳光，那将是一笔永远也无法弥补的感情债。所以她，坚持快乐，制造快乐，和毅强的爸爸一起表演这种快乐。

干妈崔丽萍女士曾经和我说："看着毅强和你成为好兄弟，我很高兴。他信任你，愿意和你倾诉，你要帮助他，开导他，让他重新回到人间烟火中来，十几岁的孩子掉进信仰里不食人间烟火，他就毁了。你们都是孩子，如果不介意，你就做我的儿子，我崔丽萍就有两个儿子啦，希望你们相互鼓励，你是哥哥，你要尽到你的责任，答应我，好吗……"

这就是我和干妈成为母子的真实的经历。虽然，我每个月的工资只有80元人民币，但是，那段时间却是我在上海最温暖最安心的岁月，我看到了上海温情的一面，我心里的冰山开始大块大块地融化，这是我愿意回忆上海的原因之一。

干妈崔丽萍女士的快乐精神就像一部电影在我的脑海里存放多年，不时会被重新播放。她说，快乐是一天，不快乐也是一天，我就是要快乐地过每一天。

我的干妈崔丽萍女士是用时尚包裹传统的高手。

干妈崔丽萍女士的内心是非常传统的。她一方面跳出婚姻的围城，一方面又折回头回到婚姻的围城。她，像所有爱情的自由主义者一样敢于向没感觉的婚姻宣战，又为了儿子和婚姻相互妥协。她，用时尚解决了自己的自由，她用传统维护了母亲的义务。

她自己可以玩得很嗨，但是她又用极其传统的老母鸡护小鸡的方式保护着自己的孩子成长的权益，为此她努力扮演着贤妻良母的角色，直到孩子长大，直到孩子自由的飞翔。

干妈崔丽萍女士不仅是商场上的女汉子，更是生活中的传统继承者。她可以穿着时尚的服装穿梭于上海的大街小巷，游览全国和世界的著名景点，也可以每天穿着拖鞋和无数上海弄堂的女人们一样翘起屁股，呼啦呼啦呼啦地刷马桶。后来，干妈搬进了上海浦东的高档小区，虽然不再每天洗洗刷刷，但是那个时代的镜头却牢牢地留在我的记忆深处。

毫无疑问，她是聪明的，她知道世界上任何的风景也没有看见孩子有孩子，孩子再有孩子更幸福更圆满的了。所以，她，坚守传统，挑战传统，在上海这个时尚大都市里活出了自己独特的海派生活。

毅强说，妈妈现在过得很好，身体好，心情好，旅游，游泳，把自己的生活过成了花样年华。

干妈也是妈，希望干妈坚持自己的海派生活一直到老。

不管是在美国上市公司AOBO就任全球副总裁，还是自己创办张默闻策划集团，我每天都似乎很忙，总觉得时间被别人抢去一样。去上海的机会非常少,也只有从浦东机场坐飞机时才会光临上海,偶尔去上海参加活动也是早去晚回,和上海觉得不亲。

从20岁辞别干妈,到今天都没有再见过。虽然忙是一个理由,但是更大的理由是不想面对那段回忆,那段回忆起来就撕扯般疼痛的岁月。我和毅强说最近一定要去看看干妈,也希望干妈来杭州看看,俗话说,来杭州,半为西湖半为绸。陪老人家看看西湖,逛逛丝绸商店,享受一下南宋风情,也是好的。毅强说,好的。

上海,留给我的记忆和影像很多,但是那些都是一个男人应该经历和承受的苦难,记得不记得,都没有实际意义。但是,在最艰难的谋生阶段,有一丝温情的生活曾经出现在我的生命里,就显得非常珍贵。

谢谢干妈崔丽萍女士,那个时代您没有嫌弃我,让我知道了上海的温度。

谢谢干妈崔丽萍女士,您对儿子的责任,让我知道了母亲的坚强和妥协。

想念干妈,想念毅强,想念毅强全家的新成员。

我想我们很快就会见面,我相信生活的安排,我更相信幸福的未来已来。

干妈也是妈,崔丽萍妈妈,好好保重!

发生在上海新闸路1111号的故事

引言：从一碗雪菜面里放三块大排体验打工的艰辛。

一

有件事我知道，但是我没有完全掌握内幕，干妈崔丽萍女士和我电话聊天的时候提到这个故事，并且绘声绘色地再现了这个故事，放下电话，我的思绪就天女散花般地全部散开了。我觉得这个故事很好玩，所以记录下来，成为一个小警钟，变成一个小故事，告诉世界，再小的圈子里也有"杀机"。

二

大约是1993年，我在上海市静安区一家所谓的人力资源介绍所等候被人"领养"，负责的是一个上海女人，满嘴上海话，我一句也听不懂，感觉自己像要被贩卖到非洲一样，却无计可施。

由于长得不帅，身材也不出众，一直到最后都没有人挑我。就在我快要绝望的时候，一个长得眉清目秀的中年男人走到我面前问，可以去洗碗吗？我连忙说可以，并以最快的速度谈好了价钱，工资少得可怜，可怜到我都无法写出来，我像被贱卖的猪。他满意地笑了，他一定在想，他买到了今年上海最便宜的劳动力。

三

他带我去的地方就是位于上海市静安区新闸路1111号的益山饮食店。这就是在上海唯一可以纪念的旧居。店铺临街，店面不大，但是很热闹。观察一下地形后我乐了，突然对这个地方特别喜欢，因为它离著名的上海大学特别近，近到向前三十米就能看见上海大学那块白底黑字的校牌。我想，我可以趁着休息，去上海大学门口站一会，感受一下高等学府里那书卷飘香的气息和进进出出的、男男女女的、洋洋洒洒的海派大学生的优雅姿态。

想着，如果有一天我也能去上海大学读书该有多好。想着，想着，我就笑了，笑着，笑着，我就哭了，哭着，哭着，我就睡着了。真是没出息，我这样骂自己。

四

这个小店里有一个煮面的大师傅。姓什么我忘记了，记得他有五十多岁，男的，据说在上海多年，一直主攻下面条，如果从工匠精神的角度看，他是大国小匠。大师傅说话都是上海腔，倒也蛮可爱，只是有时候眼睛里流露出对我或者我做的事情的鄙夷，大部分我都当没看见，鄙夷我的人多了去了，你算老几。

这么想着，也就放下了。他的面，煮得刚柔并济，软硬正好，赢得了不少的好口碑。面的浇头也烧得味道鲜美，有模有样。但是本店的老板却不甘寂寞，积极地参与制作各种面需要的浇头，甚是勤勉，倒是减少了大师傅的很多麻烦。

五

店里还有一个中年妇女,胖胖的,样子长得实在不敢恭维,女儿倒是水灵,我多看过几眼,就撤回了自己的目光,觉得自己色眯眯的。这个表姐一样的人姓什么确实想不起来了。据说是安徽皖南人,而老公是上海人,知识青年上山下乡的时候在乡下寂寞难耐就对这个姑娘展开了爱情攻势,三下五除二,就把生米做成了熟饭。据她自己说,她为上海的老公生了一双儿女,现在全家回到上海。为了减轻家庭负担就来到这里打杂,作为切菜配菜炒菜的师傅助理,算个中层干部。

这个女人见风使舵,眼观六路,几乎不犯什么错。虽然人长得平凡了些,在社会的底层混混还是情商够用的。那时候我是刚出锅的小萝卜头,没有经验,看不出她的小心机,一直以为她是"罩"着我的,原来她是"地下工作者"。

六

店里还有一个小姑娘,一口的南方口音,始终对我躲避三尺。虽然我长相一般,出身卑微,但是我的审美还是没有问题的,喜欢我的女生比她漂亮得要拐好几个弯去了。她的名字我竟然也忘记了,只记得眼睛很小,扎个马尾辫,眼神就像被大象打了一鼻子,总是斜着眼看人。我挺害怕那感觉,因为我娘说过,眼不正者心不正。所以,我很少看她。她是那个中年妇女的跟班,像母女也像闺蜜,每天鬼鬼祟祟地说话,似乎都是关于我的。

七

每天早上,更多的上海人是骑自行车上班,潮来潮去,特别是早上

7点和下午6点属于人流高峰期。

很多人早上会在益山饮食店吃一碗面然后再去上班，上海人吃面要加很多的浇头，还要加点红烧大排的卤。这批人大部分都是那种在上海有事业没有家的金主。所以早上生意特别好，早上是老板心情最好的时候。第二个高峰就是中午，又是一波吃面爱好者的冲动期。

这个时间段是我最倒霉的时候，我要送外卖，一次性端四碗面并且要走好几条街要爬好几层楼梯才能把面送给那些面皮干净的白领。等他们吃完后我再收回去，一到中午就把我累得和死狗差不多。但是我最喜欢往上海大学送，那白生生的、娇滴滴的女大学生本身就是一道风景，所以小困小饿的时候给她们送面，疲劳感立即烟消云散，比药管用。

八

老板年迈的爹妈也加入本店的管理阵营，他们是地道的苏北人，勤劳，有点说不出的优越感。后来和与我成为好兄弟的老板的儿子胡毅强先生以及经常客串在现场的我的干妈崔丽萍女士对老板的爹妈进行了抗议，这个小店就是一个小社会。虽然这里很小，但是这里很吵。原来以为只要我与人为善，那么一切都会好的。其实他们的每一个人，没有一天不想把我清理出局，后来他们果然成功了。一个为了维护自己小权利的团队，一个为了建立小利益圈子而结盟的团队，一个为了微薄的好处相互出卖的团队就这样开始围剿我，我觉得拍成电影都能获百花奖。

九

煮面的师傅手艺好，但是脾气也大，连老板都害怕他三分。师傅拥有一副永远也不笑的脸，就像面瘫一样。他对我们几个伙计的态度特别好，一副大牌的模样，一副传统意义上的师傅的模样。我是洗碗的，地位最低,直接的冲突不明显。每次煮完面,客人走了以后他就大爷似地坐在那里,骄傲得和镇关西一样。也许专业性很强的英雄身上都散发着这种气味,目空一切,老子天下第一。

十

那个中年妇女就可爱很多。一双小眼睛滴溜溜地转,看这个小圈子如何运转。她运用厨娘的经验帮助老板配菜,很快获得上位,成为继师傅之后的第二把手。这个女人很有小心机,她一直在看大师傅如何抓面,如何捞面,如何控制软硬,如何准确地一筷子挑出一两二两三两面。我能看出来,这是谋朝篡位的节奏。果然在我走后没有多久,老师傅就消失了,她,成了大师傅。再后来,听说她自己干了,也是为别人煮面。

十一

那个天真无邪的女孩,似乎有点洁癖。一双切咸菜的手每天用护手霜涂得黏糊糊、亮晶晶的。她和中年女人是铁血同盟,形同姐妹。对我则是不冷不淡,不哭不笑。后来,我不知道她是怎么消失的。

十二

本来都是维持生计,都是普通劳动者,但是斗争却非常激烈。不知道从什么时候开始,关于我的各种不好和飞短流长,雨后春笋般地冒了出来。比如我切不好菜,比如偷吃浇头,比如故意偷懒等,我似乎成了最反面的典型。加上我安静下来喜欢看书的习惯,我就更加成了一个不务正业的人,成了一个不可饶恕的坏分子。虽然我很努力地做,虽然我每天都在提醒自己不要和他们成为敌人,不要对他们造成威胁,我只是一个过客,我有我的理想,我不愿意在这样的地方和一群手无寸铁的人玩游戏。但是我低估了他们干掉我的勇气和决心。

十三

好在我和老板的独生儿子关系不错，都是朗朗少年，志同道合，玩到一处，所以没有被立即清理出局。这要归功于我那个性感的、在生意的战场上呼风唤雨的干妈的全力保护。我那大度的、漂亮的干妈是我在上海市新闸路1111号这个孤岛上蜗居的唯一的保护者。但是我能感觉到，百分之九十的反对票已经归我，我也做好了走的准备。我知道，这不是我想要的世界。

十四

直到大排事件的出现。

那时候，我特别瘦，骨架还很大，就像一个披着皮囊的瘦鬼。我对肉有着异乎寻常的热爱。但是没有老板的批准，我们是不可以大口大口吃肉的。所以聪明的他们在浇头上都选择了青椒笋丝，辣酱或者雪菜等一般的素菜。因为压制不住对肉的垂涎，有次我吃一碗面一次性吃了三块大排。我已经做好了准备，一旦遭到投诉，就让老板从工资里扣除。还没等我的大排消化完，关于我偷吃三块大排的新闻已经通过各种渠道反馈到老板那里，似乎我的道德品质出现了严重问题。我想，我会被立即炒鱿鱼。

十五

那个大师傅，那个肥胖的中年妇女，那个有洁癖的小女孩，似乎都在等待我宣判的好消息。他们的表情诡异，笑得像哭的，哭得像笑的，不说话得像特务，气氛前所未有的紧张。我已经决定，明天自己打包走人，把三块大排的钱留下，像个爷们儿一样地走出饮食店，走出静安区，走出上海市。

十六

晚上，我给老家的母亲写信，告诉她我已经不在这里了，以后不要再往这里写信了。告诉她，我好想吃肉，好想吃她给我烧的肉，写到这里已经泪如雨下。我以为自己是打不死的小强，其实，我不是，我只是一只在流浪中被攻击的梅花鹿而已。那一夜，我彻夜未眠。

十七

第二天，似乎什么事情也没有发生。老板依旧温和地笑着招揽客人，干妈依旧把自己打扮得很漂亮地出门了。街上依旧是熙熙攘攘的人流，店铺里依然是人声鼎沸。那些等着我卷铺盖滚蛋的人也面面相觑，这件对我来说的大事就这样草草地了事了。我很感激老板的大度，我加倍表现，起早贪黑，来报答老板的不炒之恩。

十八

直到2017年8月，我和上海的干妈通电话才知道是干妈干预了此事。干妈说，她是和我的老板这样描述她的观点的：张默闻吃了三块大排有什么关系？二十岁的小伙子，他正在长身体的时候，只要他努力工作就可以了。我们恨不得自己的孩子吃一堆也不愿意别人的孩子吃一块，这怎么行？这件事你们谁也不准再提，我看出来了，张默闻这孩子很努力，很有想法，今后必成大器，你们这帮人，简直就是害人精，别人一个错误就把别人往死路上推，况且三块大排有什么了不起，开饭店就不怕大肚汉，你们有点出息行吗？

十九

就这样我被保护了。就这样我坚持到了年底。就这样在这个店里我遇见了未来名满天下的叶茂中。就这样我遇见了叶茂中的漂亮女友顾小君。就这样我遇见了叶茂中的挚友江苏泰州电视台的新闻中心的毛敏先生。

二十

第二年,我来的时候名额没有了,老板说,名额已满。我终于可以没有负担地滚蛋了。

从那时候开始,我正式离开上海了。我发誓,等我再回到上海的时候一定是个英雄,一定要对得起自己吃的苦。2007年,我参加上海东方卫视的推介会再次来到上海,作为东方卫视的重要客户和重要嘉宾,我代表美国上市公司AOBO,以AOBO全球副总裁的名义列席了会议。这次会议距我离开上海已经整整14年了。

二十一

我特别去看了新闸路1111号,那里还是一个小店,只是那里的人已经全变了。老板换了,伙计换了,招牌也换了。我要了一碗大排面,加了三块大排,但是已经吃不出那个味道了。我吃了几口就放下了,我的助理问我,什么情况,我说,饱了。

二十二

再见了,上海市新闸路1111号,我想以后我再也不会去了。因为它已经被拆迁了。

难得干妈还好,依然幸福地生活在上海。她让这个故事真相大白,让我安心了。

再见,上海,再见,大排面。

蹉跎岁月里删除不掉的九十九个第一次

引言：有的人收藏理想，有的人收藏故事，而我却喜欢收藏我的99个第一次。

第一次总是让人难忘，它们或甜，或酸，或苦，或辣，就像一根刺扎在指甲缝里一碰就疼。我的99个第一次都是我生命中最温暖的记忆，都是我一次次崛起的苏醒宣言，都是我慢慢长大的成长轨迹。

令我惊异的是我记得我所有的第一次，因为它们都充满感性和性感，岁月键盘，磨砺不断。我知道最后一次远远比第一次更重要。因为怎么开始我无法预料，怎么结束就看我选择哭还是选择笑。我坚信能经历就是福气。

第一段：在那遥远的故乡有个不穿衣服的少年郎

我的第一个第一次——哭声
我第一次对这个世界发出哭声，是我出生后的第十五天。前面十四天接生婆以及邻居的那些婆婆妈妈们一直断言我活不下来。直到我哭出第一声才算真正地脱离了危险期。母亲说第一次哭出的声音很虚弱，和猫叫差不多。

我的第二个第一次——害怕

我第一次害怕这个世界是母亲告诉我的，是在我三岁那年。已经晚上八九点了，母亲还在地里抢收小麦，我在玩。看着黑漆漆的世界我拉着母亲的手说，娘，我害怕。母亲非常惊讶，三岁的孩子连话都说不明白，竟然说害怕，母亲倒被我吓到了。说实话，现在我都怕天黑，因为我似乎总能听到黑漆漆的夜里那些奇怪的声音。

我的第三个第一次——入学

我第一次上学是光着屁股去的，浑身上下没有一缕线。身体被阳光晒得黑黝黝的样子滑稽极了。老师用树枝做的教鞭试图把我赶回家穿衣服，我就在教室里东躲西藏，引得小伙伴们哈哈大笑。这次经历成为我人生里一个可爱的笑话。母亲说6岁以前夏天我是不愿意穿衣服的熊孩子。

我的第四个第一次——裸体

我第一次看见女人裸体是我七岁的时候。那时候老家的女人们夏天劳作完就趁着天黑，十几个闺蜜一起到村子的池塘，下饺子一般地跳到里面洗澡。她们不允许其他男人看，但对我们几个六七岁的小男孩就不介意。我们经常夹杂在她们中间嬉闹，那些年过花甲的婶婶们至今还在我回老家时调侃我是"小流氓"。

我的第五个第一次——吃药

我第一次知道吃药的滋味是几岁已经记不清楚了。那时候母亲给我吃的药要么是熬的中药，要么是碾碎的西药。基本流程是用汤勺强行灌下，然后给我弄点红糖水漱口。我的身体从小就虚弱不堪，多亏母亲悉心照料，否则我早就是孤魂野鬼了。到现在我都不太会吃药，对打针更是高度紧张，医院里的护士经常笑话我胆小。

我的第六个第一次——耳朵

我第一次看电影就受伤了。我的三姐桂芝第一次带我看抗日战争的电影《小兵张嘎》，看到日本人杀害中国人的镜头，我三姐竟然爱国热情暴涨，突然用尽力气狠狠地咬住我的耳朵，把我咬得哇哇乱叫，最后电影没看完就去卫生所消毒包扎了。现在看见三姐，我的耳朵还会神经性地疼。

我的第七个第一次——喜酒

我第一次单独去邻居家喝喜酒，母亲给了我5元钱，我的任务是把钱给人家，吃一顿饭回家。我若无其事地入席并安静地吃完酒席走了，但是我把这五元钱藏了起来，跑到学校买了自己喜欢吃的食品和扑克牌。后来被别人发现就婉转地告诉了母亲，母亲一再道歉并补回了喜礼。而我的代价就是一顿真材实料的暴揍。

我的第八个第一次——澡堂

我第一次去镇上的澡堂子里洗澡是十二岁的时候，那天是大年廿八，冷得要命。我算开眼了：几乎全镇的男人都在这一天来洗澡，整个澡堂里赤条条的都是人，就像滚动的汤圆。洗澡水就像河南的胡辣汤，实在没法洗，就湿了一下身跑回家了。那个时代老家的澡堂子给我的印象就是这样——冬天就去光顾一次。

我的第九个第一次——睡蛇

我第一次听父亲讲述我睡在蛇身上的故事时几乎被吓得神经错乱。我五六岁的时候，父亲和母亲在抢收小麦，我就在一堆割下的小麦上睡着了。最后父亲准备把这捆小麦装到车上把我叫醒，当他用木叉把小麦挑起的时候发现一条蛇扭动着性感的身体昂首挺胸地跑了，天哪，我竟然在蛇身上睡了半个下午。

我的第十个第一次——溺水

我第一次和大人们在池塘里洗澡就差点把自己弄死，那年我7岁。老家的池塘都是天然形成的坑，全是斜坡，我一不小心竟然滑了下去。那种死亡的恐惧一下子惊醒了一个七岁的少年，我用手挖住泥，用脸贴着地面竟然爬了上来，然后一丝不挂地站在岸上哭了起来。大人们都说我命大。

第二段：在那封闭的村庄有一个不守规矩的读书郎

我的第十一个第一次——表白

我第一次对异性有好感应该是在小学二年级。那个时候我喜欢班级里的一个女生，她好白，特别喜欢笑。我就找到她说，我喜欢你，我要和你结婚。她一听就哭了。我见势不妙，就说，和你开玩笑的，我有女朋友。她哭得更厉害了，我转身跑了。

我的第十二个第一次——长辈

我第一次知道长辈的意义是哥哥训斥我时明白的。说来惭愧，我的年龄和我侄子侄女差不多，所以我就背负了一个长辈的身份。但是孩子好玩和自私的天性是无法用辈分来约束的。我经常和侄子侄女"大闹天宫",争吃争喝,根本没有长辈的样子。后来哥哥批评我要有做长辈的样子,我才幡然醒悟。难堪很久,进步很多。

我的第十三个第一次——偏方

我第一次生大病的时候高烧不退,连续七天,人都和骷髅差不多了。医生也束手无策。母亲听信一个偏方,大夏天的喂我喝了几碗狗肉汤,在我的身上盖了五六床厚被子,就露个眼睛在外面咕噜噜地转个不停。奇迹发生了,一身大汗,好了。真是:几碗狗肉汤,健康三十年。这件事改变了我对偏方的看法。

我的第十四个第一次——春联

我第一次写春联大概是十三岁。受哥哥免费为村民写春联的影响,我也爱上了毛笔字。我没有书法老师,也没有什么字帖可以临摹,就用写钢笔字的手法写毛笔字,写了一副春联。大概是"四海翻腾云水怒,五洲震荡风雷激"这句话。字难看极了,但是不识字的母亲却夸了我。

我的第十五个第一次——牛粪

我第一次亲密接触牛粪是上小学三年级的时候。那时候我和伯父一起睡在牛屋,我们睡的床和牛槽很近。我们家里的大黄牛特别会搞恶作剧,经常在深夜把屁股调过来在我的枕头边上放一炮。等我醒来的时候牛粪都被我的脸烘干了。但是我从没打过它,它很勤劳,是我家的主要劳动力,是我超级好的朋友。

我的第十六个第一次——偷鹅

我第一次当"小偷"是在一个暑假。每年泉河汛期,庄稼都被习惯性地淹没在水里。河对岸的鹅就成群结队到我们的玉米地里吃玉米。我凭借水性潜到它们的下面,然后突然冒出水面,居然成功抓了一只大白鹅。我兴冲冲地把鹅背回家，却被母亲暴揍一顿并让我立即送回。我不服，母亲说，小偷丢人，大偷丢命，不能养成坏毛病。

我的第十七个第一次——跳水

我第一次玩跳水是在老家每年红薯快长成的时候。村前的泉河发大水，水流湍急，漩涡遍布。我们几个小伙伴喜欢从高处跳下顺水漂流一公里，特过瘾。我第一次跳就落到被水掩盖的荆棘遍布的地方，整个肚皮和裤裆都被拉伤，痛得我眼泪都流了出来。

我的第十八个第一次——出走

我第一次离家出走是和母亲闹情绪。没有一分钱，没有地方去，跑了一天，围着村子绕了一大圈后就偷偷地回家钻进被窝睡觉了。可怜的母亲发动姐姐们到处找我，一直到天亮还没有回来。我实在惭愧地无法再睡了，就跑出来跪在地上向母亲认错。母亲说了句话：将来有本事，要跑就跑远点。看来母亲说对了。

我的第十九个第一次——爬树

我第一次从树上摔下来几乎要了我的小命。那天我从河里洗完澡后去一棵六十岁高龄的柿子树下乘凉，看见树顶上有一个红得诱人的柿子颤巍巍的性感极了。我猴子一样地爬上去摘，就在手触碰到柿子的一瞬间，咔嚓一声树枝断了，我呼啸着从很高的树顶摔到地上。很多人说这孩子完了，我清醒了一会后竟然拍拍屁股走了。

第三段：在那热闹的小镇有一个一脸天真的初中生

我的第二十个第一次——提亲

我第一次让我父亲为我提亲大约是我14岁的时候。我暗恋的对象是我们大队书记的女儿。虽然今天看起来姿色平常,但是在那个年代里她显得很时髦,双眼皮清晰灵动,很是撩人。父亲本来就对我的婚事非常上心,我一点火他就行动,委托书记身边的红人说媒。晚上,消息回来:说我父母是好人,就是儿子长得太丑。

我的第二十一个第一次——房东

我第一次知道房东这个角色是父亲在镇上做生意的时候租别人的房子开始的。房东是个色眯眯的家伙,父亲每个月都谦卑地把辛苦钱交给房东,但是房东一见父亲的生意好就要涨房租,每次父亲都满脸赔笑请求高抬贵手。我难受,所以后来我的办公室都自己买,坚决不租。

我的二十二个第一次——镇长

我第一次见到镇长这个官老爷是我第一次去镇上读书的时候。我记得镇长的衬衫好白,脸也刮得很滑。每天早晨他都去我父亲批发店的对面吃早饭,习惯性的两根油条,一碗稀饭,外加一个白面馒头。店老板姓杨,每次我去买油条他都对我视而不见,但见到镇长便客气得骨头都像油炸过的。

我的第二十三个第一次——绯闻

我第一次听到绯闻这个词是来自于我所读书的杨桥镇上一个供销社的主任和年轻貌美的女下属的故事。说实话那女的长得白如雪,眼似水,唇似樱桃,身材好得像嫦娥。虽然她20岁,供销社主任50岁,但谁也扑不灭他们熊熊燃烧的火。男的还算气概,弃官不做和美女私奔,据说到安徽淮北结婚了,生下一女,也算是败中取胜。

我的第二十四个第一次——买书

我第一次看见书店是在镇上读书的时候。就是在这家书店里我看见了《知音》《读者》《故事会》三大名刊，从此就沉浸在它们的世界里无法自拔。我常常偷父亲的钱去买书，书就像个大输血机，我的眼界得到了最大程度的开阔。我必须承认广泛的阅读对我写的文案起到了非常重要的作用。

我的第二十五个第一次——获奖

我第一次获得的奖项是我的作文在全校拿了第一名。我记得当时写的是老师和蜡烛的对比。我以高超的"马屁功夫"和高超的情感驾驭，征服了全校的评委老师。也就从那一刻开始，我树立了写作信心，我相信我一定可以成为一名出色的文字高手。命运不负我，竟然成真，居然可以用它来混口饭吃。

我的第二十六个第一次——骑车

我第一次学骑车的时候摔得裤子都烂了。自行车就像我的死敌，一点不听话，总是撞墙。到现在我骑自行车的技术都是兄弟姐妹中最差的。特别是骑车的时候听见汽车喇叭声就两手发抖，脚发软，浑身高度紧张，一连放三个屁后赶紧下车等汽车过去再骑，那种狼狈简直难以形容。

我的第二十七个第一次——礼拜

我第一次带着母亲去一个叫舒庄的镇上守礼拜，骑着自行车。本来以为可以尽尽孝心，没有想到把老娘摔到地上好几次。最后母亲说，我不坐了，我们下地走吧。现在想起来我都觉得愧对母亲，作为儿子没有让她坐上汽车就够遗憾了，连自行车都坐不安稳，可见我这个人那时候是一块何等废料。

我的第二十八个第一次——相亲

我第一次真正意义上的相亲是我表姐给我做媒的。相亲的对象是一个练武术的女孩子。单眼皮，比较黑，我不喜欢，也怕她以后打我。我委婉谢绝了表姐的好意。没想到那女孩非常高傲，让我表姐转告：你张默闻不要我，我也要嫁到镇上，看看你到底找的比我漂亮多少。后来，她果然嫁到镇上，我则去外地流浪了。

我的第二十九个第一次——评书

我第一次听评书是刘兰芳先生的《岳飞传》。好听。她的评书几乎到了万人空巷的地步。我家的上海红灯牌的收音机几乎被我一个人霸占，那时候喜欢评书的我和今天喜欢游戏的孩子没有什么区别，每到广播时间，就被评书俘虏，如果错过，就会难过很多天。评书基本上奠定了我的价值观。

第四段：在那传统的中学有一位艳福不浅的穷小子

我的第三十个第一次——邂逅

我第一次邂逅爱情是在一个小书店，那是一个微黑的夜晚。在书店里偶遇校花级的同班女生——红。这是任何男生都会觉得神魂颠倒的事情。我们偏偏又看上了同一本书，最后一本偏偏又被校花买走。我不知道这是不是上帝的旨意，但是总觉得这一切都是天意。这次邂逅，让我承受了生命里的一次酷刑。

我的第三十一个第一次——失眠

我第一次遇见红的晚上，就第一次失眠了，翻来覆去都是她温柔的影子和刘海遮眼的样子。我一向没心没肺的，那晚竟然柔肠百结。繁星当空，失眠的我一个人搬个板凳坐在父亲批发店的院子里，听满院子的蛐蛐叫，任凭蚊子在我大腿上叮咬，我竟毫不反抗。

我的第三十二个第一次——情书

我第一次的情书写得特别简单，写的时间就是把红的书还给她的时间。我在书里礼貌地夹了个纸条，上面写着：谢谢你的书，我看完了。只是还没有看完你，不知道以后有没有时间可以再看看你，看看你笑、看看你哭，看看你好就好。张默闻。1989年。具体日期忘记了。

我的第三十三个第一次——约会

我第一次的约会原则上不能称为约会，应该叫偶遇。晚自习下课，我在学校门口遇见红，天太黑，我说，我送你回外婆家吧。她说，好。然后就一人一辆自行车，借助手电筒的灯光把她送回我父亲当年摆摊的那个拥有古老街道的她的外婆家。她说，谢谢，我说，不客气。她进屋，我回家。就这样。

我的第三十四个第一次——挨揍

我第一次在课堂上挨揍竟然是因为红。班上有个大龄的考生，他经常借给她学习资料，其实醉翁之意不在酒，就是想和红谈恋爱。她向我投诉，我指责了他。结果很惨，在教室里当着全班同学的面，我被他修理了一顿，论武功不是对手，论口才没有机会，我输了。

我的第三十五个第一次——厄运

我第一次的厄运不是我的出生，而是因为"争风吃醋"被学校除名了。原因非常简单，就是道德败坏，坏蛋分子，在那个年代早恋就是自毁前途，就那样我背着书包滚回家了。其实我挺冤枉的，我这只癞蛤蟆根本没有闻到天鹅的气息就被消灭了。我不服，也没有办法。

我的第三十六个第一次——自杀

我第一次的自杀非常有戏剧性。在教室被人揍了，又没有能力打回来，悲愤交加，决定自杀，在购买了足量的安眠药后准备离开这个世界。但是被细心的药店老板告发，我没死成。父亲不仅没有成为救火队员，反而火上浇油，大闹学校，弄得小镇人人皆知，成为那个时代的一大新闻。

我的第三十七个第一次——感动

我第一次被感动是红对我说的一句话。当我被抢救过来的时候，姐姐们已经把红请到了现场，看到我死而复生，她幽幽地说："你死了，我也不活了。"我一直善于抵御别人的冷言冷语，却不善于抵御别人的温言温语，虽然我知道那是一句安慰的话，但我依然很高兴，一行泪水缓缓流出。初恋开始了。

我的第三十八个第一次——初吻

我第一次初吻是1989年，我16岁。相当青涩。第一次接吻时，我就像刚会走路的孩子，歪歪扭扭的。两个生瓜蛋子就模仿电影上的镜头，缓慢而可爱。由于太紧张，额头上布满汗珠，手抖得就像抓了一团燃烧的煤炭，眼镜都亲掉在地上，最后总算找到目标，蜻蜓点水般地碰了一下就收回了接吻的武器。很不成功。

我的第三十九个第一次——大败

我第一次承认的重大失败就是这次初恋，这件事对我的打击和影响几乎贯穿了我的前半生。从那个时候开始我才明白：再美好的初恋也抵挡不住现实的子弹，再浪漫的誓言也抵挡不住烛光的晚餐。城市的呼唤，金钱的呐喊，卑微的贫寒，幸福的艰难，一点一点地把这份恋情熔化掉了，化成了眼泪被含在口中。

第五段：在那原始的村落有一个意志消沉的小青年

我的第四十个第一次——长发

我第一次留长发是17岁的时候，因为爱情。女人被爱情伤了就会剪去长发，男人被爱情伤了就会蓄起胡子并养起长发。我以为可以抵抗爱情的利剑，其实我连爱情的筷子都拿不住。17岁的我留了很长的头发，盖住了眼睛、盖住了耳朵也盖住了自己的心。母亲说我，你脆弱成这样将来怎么和这个世界打交道啊？

我的第四十一个第一次——失语

我第一次出现失语是十七岁的时候，我把母亲吓坏了。这个可怜的女人每天都被失恋中的儿子吓得晕头转向。看见我一个星期都不说一句话，她已经快要疯掉。她说，是死是活你说句话呀，不说话，谁也帮不了你啊。说完，号啕大哭。慢慢地，我的眼泪也簌簌而下，我轻轻地深情地叫了声：娘，别哭了，我还好。

我的第四十二个第一次——怕光

我第一次出现怕光的情景是十七岁的时候。那时候大部分时间我都躲在有记忆温度的房间里，看书，听广播，睡觉，伤心，经常彻夜不眠，自己和自己说话。那时的我害怕阳光，害怕阳光里那种健康的力量会讥笑我的懦弱。后来母亲把那块遮盖窗户的布帘拉掉了，阳光一下子照到屋里打散了我的伤心。

我的第四十三个第一次——仇富

我第一次将"仇富"这个词放在我的字典里是我十七岁的时候。我一直坚信爱情高于一切,爱情就是一盘嫩嫩的菜。但是我逐渐发现其实爱情是面包加牛排。富有的人可以左右爱情的跑道,我这样的一个十七岁的穷光蛋根本就不是爱情的对手,我是富有者爱情擂台上的手下败将。

我的第四十四个第一次——反省

我第一次对爱情做出深刻反省是我十八岁的时候。十八岁的我终于开始检讨自己的错误,总结自己的任性,批判自己的谬论。父母给我那么好的情商不是让我十六岁就开始儿女情长而是让我去打江山的。可是我一头扎进早恋里,拒绝睁开迷人的小眼睛,最后"全军覆没"。我很亏欠我的父母,我不是他们的骄傲。

我的第四十五个第一次——哀求

我第一次哀求红的父母,请他们告诉我他们女儿的藏身之地是我18岁的时候。我来到他们散发着书香门第气味的家,请求他们告诉我爱情逃亡的方向。他们无比冷漠无比文明地告诉我,你自己去找,我们也不知道。眼看哀求无门,我一步步地退出他们的视线,熄灭了希望的目光,我知道最后的希望之路断了。

我的第四十六个第一次——渡口

我第一次蹲在老家村前的河边痛哭是在一个大雾的清晨。红是从这个古老的渡口走的,是我亲自送她上船的。我万万没有想到那是一个只有她才知道的告别仪式。在她登船的瞬间极度温柔地说了一句话,我很快就回来的,你要来接我啊。其实这个很快就是永别,很快的永别,从此我再也不相信突然的温柔。

我的第四十七个第一次——遗书

我第一次为自己写遗书是刚满十八岁的时候。我觉得我被爱情扔进了一个深不见底的古井。我努力地寻找、我含泪地忏悔、我悲情地告饶，都没有一个人向我展示一点安慰和激励。第一封遗书写得很短，就42个字符：我是迷途的孩子，我弄丢了我的爱情，我无法在这个灰暗的世界待下去了，我走了。请忘掉我。

我的第四十八个第一次——远行

我第一次远行的目的地是上海。在去上海的前夜我和母亲说了我的目标。第一，我要摆脱贫穷。第二，我要找回尊严。否则要么出家，要么自杀。母亲知道这个老家对我来说就像熬了一夜的中药，苦得难以下咽。母亲说，去吧，走得越远越好，活个样子给别人看看，你要自己把自己救了。

我的第四十九个第一次——买车票

我第一次购买的火车票是从阜阳到上海的，大约要13个小时，无座。这还是母亲用卖了一百斤小麦换来的六十元钱买的。这张我保存很多年的火车票最终还是遗失了。我想念这张票，因为它代表着母爱，代表着张默闻的复活之旅。我知道，人生要买很多次车票，但是这次买的票最沉重、最辛酸、最昂贵。

第六段：在那性感的上海有一位冒雨前行的打工仔

我的第五十个第一次——木匠

我第一次做木匠是在上海的一个沙发厂。瘦得令人同情的老板把我分配在沙发架子的制作车间。从小连刨子、钉子、锤子都没亲密接触过的我突然就成了鲁班的同行。我承认我不是一个好木匠也不是一个优异的学徒工。一个月下来，很多人出师了，而我却出局了。他们给我的评价是：你是文人，做不了木匠。

我的第五十一个第一次——师傅

我第一次叫过师傅的人就是我的木工师傅，准确地说是沙发厂把我摊派给他的。这位师傅是江苏南通人，手艺很厉害，人也冷淡得像冰块。无论我怎样谦卑，他都用面瘫似的表情对我不理不睬。我百思不得其解，后来他组里来了一个南通的美女徒弟，这下他活了。没有多久，我就被以没有灵性被轰出了他的班组。这就是我的师傅。

我的第五十二个第一次——三轮

我第一次骑黄鱼车是在上海。刚出车间，厂里就突然告诉我明晨开始进入送沙发组，我完全懵了，因为我根本不会骑黄鱼车。但是我不想失去在上海的唯一的饭碗，就借了一辆黄鱼车在上海弄堂里连夜练习，也不知道撞了多少次墙，从晚上七点整到第二天早上七点整，我已经骄傲地骑着黄鱼车出现在了沙发厂的门口，就像小兵张嘎。

我的第五十三个第一次——搬运

我第一次当搬运工就是搬运那些三人沙发、两人沙发、单人沙发。想来命苦，别人都是用屁股享受沙发，我都是用头顶着沙发，每天走在上海的大街小巷。遇到雨天，就是自己被雨淋死也要保证沙发上不能滴上一滴水。那时候我喜欢唱张学友的《一路上有你》，唱着唱着就哭了，一路上除了警察什么都没有。

我的第五十四个第一次——失业

我第一次知道失业这个词也是在这个沙发厂。按道理，搬运工已经是最底层、最廉价的工种了，就这样这里也有"战争"。纵然我累得和狗一样，俯首称臣，但是搬运组的宁波大叔还是把他老家的一个伙计引进了我们的队伍。我再度出局，因为大叔是老板老家的亲戚。走的时候我告诉大叔，有一天我会开着奔驰来看你。

我的第五十五个第一次——扛米

我第一次扛米，感觉就像演电影，但是很抱歉那不是电影，那是我的生活。那时候每天我都会去上海十六铺码头和一群安徽来的兄弟们一起从轮船上搬运大米分送到上海大小不一的食堂。一袋大米一百六十斤，我要半蹲着把它请上我的背。记得第一次我被砸跪在甲板上，裤子破了，鲜血流出来了，疼。

我的第五十六个第一次——老大

我佩服的第一个人就是我的搬运工时代的老大。安徽人，姓名不详、年龄不详、出身不详。肥胖，肌肉发达，一个人一次扛两包大米健步如飞。他满足了我对大侠的想象。他很照顾我，他说，张默闻你不是这块料，你一定会出人头地，我们这些兄弟都看好你，以后当老板了对手下好点。我竟然恬不知耻地说，放心吧。

我的第五十七个第一次——冷水澡

我第一次洗冷水澡是在上海扛大米的时候。上海的十一月有点冷，商贸公司的女老板冷得让人讨厌。一群人住在一个10平方米的小屋里，没有热水器，只有一根自来水管。很多人每次都洗冷水澡，身体就像是大理石做的。后来，我咬牙体验了一次，冻得我乱跳。

我的第五十八个第一次——写家书

我第一次给母亲写家书是哭着写的。我告诉母亲，上海很好，有免费的公寓住，有二十四小时热水，有很多书可以看。我告诉母亲这里的人都特别好，工资也很丰厚，我已经不再是她贫穷的儿子了。那天我整整说了两页纸的谎言。所以到现在我的办公室热水器必须是二十四小时开着，哪怕我出差很长时间。

我的第五十九个第一次——自问

我第一次正视自己问自己问题是在上海的南浦大桥。我问：张默闻你是谁？回答是：穷光蛋。我问：张默闻你想干什么？回答是：可以养活自己养活娘。我问：张默闻你有什么愿望？回答是：从别人鄙视的脚下站起来。我问：张默闻你最想要的是什么？回答是：回来吧，初恋。20多年过去了，只有最后一条我放弃了，其他的我都做到了。

第七段：在那繁华的静安有一位送面切菜的洗碗工

我的第六十个第一次——洗碗

我第一次洗碗是在上海市静安区新闸路1111号的一个很具上海味的、很具风情的、居民楼的、底层的、一个叫益山的饮食店里。我的工作就是洗碗，洗碗，还是洗碗，洗得都神经错乱了。那段时间我把我所有的仇恨都放在碗上，把碗洗得泪流满面。老板却说："洗洁精别放那么多。"

我的第六十一个第一次——配菜

我第一次配菜很难忘，所有的人都没有想到我竟然刀工不错。性感的一盘菜被我整容般地端了出来。那个浑身散发着廉价香水味的打工妹露出羡慕的表情，说，看不出来，眼镜大哥还有这一手。我说，我炒菜比切菜还好，你愿意嫁给我吗？她立即露出鄙夷表情说："瞎说，我将来要嫁给有钱人的。"我无语。

我的第六十二个第一次——送面

我第一次给别人送面觉得非常尴尬，特丢人。一个服务生在熙熙攘攘的大街上捧着一碗面，穿过高矮胖瘦的人流，步行八百米或者一千米把面端给一个素不相识的、毫无表情的食客，从他们手里小心翼翼地拿回一碗面钱。开始我觉得可耻，后来我习惯了。在上海有面送，就饿不死。

我的第六十三个第一次——毛敏

我第一次认识贵人毛敏先生是在上海市静安区新闸路1111号。他是这个小店的客人，偶尔来吃一碗面。毛先生的声音充满磁性，一看就是北京电影学院的风格。后来一问，果然是。毛敏先生很随和，丝毫没有架子，在一家广告公司工作。他是我的贵人，在上海遇见的第一个贵人。他是介绍我和叶茂中先生认识的媒人。

我的第六十四个第一次——老叶

我第一次遇见叶茂中先生也是在上海市静安区新闸路1111号，是毛敏先生引荐的。记忆最深刻的就是叶茂中先生的帽子和一条红得就像血液一样的围巾，整个人非常前卫、非常艺术、非常凶猛。他问我看没有看过他拍摄的广告——春兰的台球篇，我说看过，他是兴奋的。他说，你做广告吧，你有这个天赋。

我的六十五个第一次——面试

毛敏先生极力推荐我去他和叶茂中先生效命的诺贝广告公司，在门口等了几乎一天也没有任何人和我谈话，我就像一个被切开的苹果开始慢慢氧化。直到下班的时候终于等来一句话：我不合适。我把自己精心准备的外套扔进了临街的垃圾桶，走着，走着，就泪如雨下。

我的第六十六个第一次——受捐

我第一次接受的捐赠是毛敏先生给我的。上海已经没有我的立足之地了，毛敏先生对我的帮助也告一段落。最后时刻我向毛敏先生借了三百元钱，给母亲买了一盒中华鳖精，给毛敏先生买了一盒音乐磁带，然后含泪离开了上海。毛敏先生是我的贵人，他的照片就挂在我的办公室，接受我一生的敬仰。

我的第六十七个第一次——聚焦

我第一次使用聚焦这个词是在1993年。我觉得我的理想太多，每个毛孔里都爬满了理想的虫子。我决定聚焦，放走99%的理想，只留下一个理想就够了。这个理想就是我要做广告策划。对于广告我一无所知，但是没有关系，我就喜欢一无所知，聚焦就是打破一无所知的那把锤。

我的第六十八个第一次——希望

我第一次对自己充满希望是自己竟然敢从洗碗的灶台走下来，跑向上海南京路新华书店买了一本大卫·奥格威的《一个广告人的自白》。那时候我觉得我的生命里被挤进了一丝光，那些就要饿死的奋斗细胞开始蠕动起来，原来广告是那么有意思，那一刻我就爱上了广告，听见了希望复苏的声音。

我的第六十九个第一次——合肥

我第一次把广告梦想放在安徽合肥这个省会城市。原来以为自己是安徽的儿女,在合肥应该是如鱼得水。但是我发现完全不是那么回事儿,那里的广告人说得更多的是签单提成,没有创意情怀。

第八段:在那血染的南京有一位死磕创意的大男孩

我的第七十个第一次——贴片

我第一次接触到贴片广告时就像发现了新大陆,十五秒广告的时间那么少,却说得那么好。贴片广告就是把广告主的电视广告片贴在电视剧的片头上,然后把购买的电视剧卖给各电视台播出谋利。每天一大帮子业务员抱着电话和客户煲电话粥,几乎把电话打冒烟。我却一头扎在广告创意里研究,我捡到了宝。

我的第七十一个第一次——盐水鸭

我第一次吃南京的盐水鸭就喜欢得不行。这是南京让我留恋的理由之一。还没有在南京站住脚的那个年代,我每天都会小心地、控制性地买几块盐水鸭,解解馋。那时候我的经济实力不允许我大口吃肉,盐水鸭就像我的玩具,看看、闻闻、尝尝,就好。

我的第七十二个第一次——今朝

我第一次面试的广告公司叫江苏今朝。现在这个公司依然优雅地活着。老板叫张来郡,老板娘叫李红霞——广告界当年的金童玉女。现在郡哥在上海眺望黄浦江,霞姐在南京漫步雨花台,各自精彩。我在江苏今朝前后效命了七年,从一个萝卜头熬成了一个大客户争相开挖的人。

我的第七十三个第一次——考试

我第一次面试就被赏赐了一个特殊的考题，十二小时做一个品牌的全案策划。我出了电梯已经想好方案：到新华书店买了策划案例，到文具店买了十只笔和一百张A4纸，回到出租屋开始疯狂地"杜撰"，整整写了一百零八页，中指都被磨破了。第二天我准时把品牌全案放在考官面前。他看都没看，说，你被录取了。

我的第七十四个第一次——滴血

我第一次写文案写到鼻子滴血是在"群魔乱舞"的深夜。我知道自己几斤几两，我特别害怕一不小心就再次流落街头，我不想成为买几块盐水鸭就心惊肉跳的穷光蛋。所以我白天写夜里写，直到一滴一滴的鼻血砸在稿纸上，发出滴答滴答的声音后我才知道该住手了，记得滴下来的鼻血就像爆裂的水管，止不住，很凄美。

我的第七十五个第一次——战友

我第一次真正拥有战友是在广告公司。我发现凡是在广告公司里能如鱼得水的人都是这个社会的油条。他们做人和做事不管是冷热酸甜，还是麻辣鲜香，样样都行。和这样的战友们在一起，能够快速地被催熟，广告公司的战争不仅是创意的战争、媒体的战争，还有一些你在书本上看不见的战争。可壮观了。

我的第七十六个第一次——皮肚

我第一次在南京吃大碗皮肚面就爱上了它。第一是碗大，第二是皮肚多，第三是面硬爽口。小时候老家待客设宴就会有皮丝这道菜，只是现在变成了皮肚。这是我在南京吃得最多的美食，为我以后的肥胖奠定了坚实的基础。如果说今天能在南京发现一个皮肚面馆，那么我一定是常客。因为我爱皮肚面。

我的第七十七个第一次——皇陵

我第一次去中山陵,是在去南京第四年的时候。这些年我都在拼命工作,所以在北京的几年没去过长城,在上海的几年没去过东方明珠塔,在杭州的几年没去过西湖,充其量我也就是个没有情调的工作疯子。第一次去中山陵是陪着客户去的,做一个地地道道的保镖,一个地地道道的侍卫,那一次我知道了客户的名字原来叫上帝。

我的第七十八个第一次——边缘

我第一次感受到被边缘化是公司来了一批广告系的高才生时。那时候我在公司已经工作五年。这是一批非常时尚、非常文艺、非常理论的小先生们。老板把他们视为和氏璧,一时间受宠无二。我一直倡导的服务客户要靠销量、靠创意、靠实战的理念受到冷遇,我苦荐也抵抗不了状元们的围剿。于是我脱下朝服退出了金銮殿。

我的第七十九个第一次——LILY

我第一次见到李艳春(LILY)女士的时候就有预感,这是一个非常伟大的女性。她的思维就像闪电,她的口述就像播音,她的气场就像女王。和她在一起,你会觉得充满能量。她说,默闻,你是个才子,我不会看错,希望有一天我们可以成为战友。那时候她是哈尔滨三乐源集团副总裁,也是未来AOBO的首席运营官。

第九段:在北京有一位卧薪尝胆的小谋士

我的第八十个第一次——蜗居

我第一次去北京北漂,就蜗居在雍和宫附近,离AOBO北京分公司只需要步行3分钟。房子小得可怜,暖气倒是争气,公共厕所远在天边,早起第一件事就是去处理自己制造的有机肥,画风非常田园。院子里的北京人个个都是爷,走路一步三晃,据说院子里还住过格格。

我的第八十一个第一次——结石

2000年从北京回南京的火车上,凌晨时分,肾结石突然恶作剧一般地发作,痛得我从上铺直接摔到下铺,把下铺的美女吓得花容失色。后来我被中途送往山东兖州人民医院抢救,得到很多的人救助,我很感激兖州这个城市,有恩于我。

我的第八十二个第一次——部长

我第一次出任集团公司策划部长的时候想,这个官衔一定很大。我想,一部之长应该是呼风唤雨,前呼后拥,出个差应该和御驾亲征差不多。上任之后才知道,兵只有三两个,权力只有芝麻大。在企业里当一个部长还没有一个车队长实权大。后来,我对部长的理解就是一步之长。

我的第八十三个第一次——地铁

我第一次坐地铁是在北京。地铁里的人多得就像一锅饺子来回翻滚,路标多得就像迷魂阵怎么走都是错。地铁里美的、丑的全部混合地坐在一起,表情或者明媚或者阴郁或者欢喜,就像脸谱大甩卖。每一次进地铁我都感觉像进地狱,喘不过来气。

我的第八十四个第一次——新疆

我第一次去新疆是公干,所以自己不用花钱。就是出发前被吓个半死,因为飞机正要起飞突然宣布飞机出故障了,把一帮子西装革履的男人和花枝招展的女人们吓得风度尽失。好不容易到达新疆,同事喝醉后和别人为了一个维吾尔族姑娘争风吃醋大打出手,大半夜被血肉模糊地送回房间,血腥味十足,我一夜没睡。

我的第八十五个第一次——招标

我第一次主持企业的设计和媒体招标就感受到了强大的权力气息。很多设计界名人大腕和媒体界的精英分子频频向我放电,我成了炙手可热的金华火腿。我知道他们崇拜的不是我而是我招标领导小组组长的乌纱帽。我知道不周旋没朋友,最后定下规矩:创意面前权力止步,价格面前说情止步。挺爽。

我的第八十六个第一次——枪手

我第一次做文字枪手感觉怪怪的,扣不住文字的扳机,写得有点上气不接下气。一位资深的枪手含蓄地告诉我:给领导写稿不是要让领导高兴,而是要让所有的听众全部崇拜领导才能算过关。稿件越写越多后,我开始总结:领导越含蓄,观点越凶猛;领导越强势,文章越温情。

我的第八十七个第一次——情、色

我第一次把情、色用在设计上是非常大胆的。我认为设计就是解决两个字的问题:情和色。情就是包装的语言文字,表达的是恩爱情仇。色就是包装的特色和彩色。有情无色或有色无情都不能称为好设计。设计既要"坠入情网",又要成为"好色之徒"。所以,设计也是"情色之战"。

我的第八十八个第一次——做鬼

我第一次提出在企业工作是选择做人还是做鬼的观点的时候引起了很大震动。做人就是干干净净,就是辛辛苦苦,就是简简单单。做鬼就是鬼鬼祟祟，就是乱乱糟糟。做人很难，难得你想哭；做鬼很易，易得一直笑。我说我要做人，注定辛苦，但结果是好的。

我的第八十九个第一次——调令

我第一次接到调令激动得脚底板冒热气，终于可以回到总部任职了。那是企业的心脏，也是性感区，不在企业总部锻造过，千万别说你理解这个企业。出发前我把调令仔细放好，和希望放在一起，没想到一放就是十七年。从北京到哈尔滨走的不是路而是青年的理想，是糖葫芦变成秋林红肠的对幸福的向往。升职，真爽。

第十段：在那俄式的冰城有一位踏血前行的赤脚绅士

我的第九十个第一次——总部

我第一次回总部就觉得戒备森严，就像去了趟日本宪兵司令部。总部那些大小官员都一个劲儿地盯着我们这些分公司回来的新鲜玩意看个不停。可能是哈尔滨和北京还有差距，一切充满好奇。总部地大物博，偏安一隅，你把整个总部每天走一趟，绝对健身。总部的官员天生骄傲，强龙不压地头蛇，我选择了装怂。

我的第九十一个第一次——发表

我第一次发表文章时，找了很多的广告杂志社以及社长，但都没有人理我。在北京开会时，不幸"艳遇"《广告人》杂志社的记者韩松霖，特别想套近乎提出发表文章的诉求。后来她的社长穆虹老师亲自出马对我进行审定，合格，特批张默闻的文章可以发。

我的第九十二个第一次——升职

我第一次升职是从集团策划部部长升到集团策划总监，第二次升职是从策划总监升到总裁营销特别助理，第三次升职是从总裁营销特别助理升到董事局主席特别助理，第四次升职是从董事局主席特别助理升到美国上市公司AOBO全球副总裁，最后升职为全球副总裁兼整合营销传播中心总经理，兼文化总监、品牌总监、营销总监。

我的第九十三个第一次——拼酒

我第一次拼酒是和一个女人。这个女人叫李玉荣，哈尔滨人，五大三粗。这位姐姐好酒量，从浙江卫视一路杀向哈尔滨向我挑战。两个人各带兵马，一人干了一斤半东北小烧，两边的小伙伴全部晕菜，认为我们绝对是前世有仇。最后的结局是她先倒，我也一头栽倒在地，两个家伙被死狗一样分别拉回驻地，形象尽毁。

我的第九十四个第一次——办报

我第一次办报的名称叫《桥》，这个名字是美国AOBO董事局主席御笔亲批的。在很多人的手里没有办成，最后在我手里复活，成为经销商媒体界和企业员工最期待的企业内部报纸。一份几乎没有任何创新可能的报纸被变成一份公众反馈良好的报纸，这也成了我的标签，我一跃成为中国著名企业内刊编辑杰出人物。

我的第九十五个第一次——廉洁

我第一次从美国AOBO董事局主席的手里接过《AOBO年度不可替代领军人物》证书和二十万元白花花的钞票时，我热泪盈眶。表彰词里特别强调了我的廉洁奉公。是的，对付敌人很容易，对付糖衣炮弹很难，在AOBO效命的八年里，我每天都被各种诱惑包围，一不小心就会被金钱斩首。所以，做高管，莫伸手，绝对真理。

我的第九十六个第一次——获奖

我第一次获奖我记不得是什么年代和什么原因了。以后就年年获奖，集团内部奖、行业影响奖、品牌创意奖、风云人物奖，总之，奖多了，我也麻木了。但是我每分钟都很清醒。你对待奖项的态度就是你对待世界的态度。淡一点，活得更好。

我的第九十七个第一次——救护

我第一次被救护车拉去抢救是在哈尔滨，以后几乎每年一次。比给丈母娘拜年还准时。被抢救的原因和场景都是一样的：从办公台直接拉到抢救台。每次都是含着眼泪交代后事，睁开眼睛马上加班。张默闻的成功史就是一部生命抢救史，一部工作拼命史，一部加班战斗史。那个年代，我很拼。

我的第九十八个第一次——辞呈

我第一次提出辞呈被AOBO主席拒绝，第二次被拒绝，第三次被拒绝，第四次被拒绝，第五次终于格外开恩放虎归山。我拖着浑身是伤的身体回到家里，妻子看着我高兴地说，你这匹拼命的战马终于知道歇歇啦，要为我的失业庆贺。岳母忙不迭地为我准备营养饭菜，我恍如隔世问自己：原来生活还可以这么美？

我的第九十九个第一次——创业

我第一次有创业念头是在2000年，那时候想开一家面馆，名字我都起好了叫"张默闻大碗面"，并进行了商标注册。由于种种原因，没有机会成为一代面条巨匠。2008年在岳母家养病期间，帅哥级小舅子创立公司邀我入伙，当时身体告急、心灰意冷的我就在江苏宜兴这个经济高度发达的小县城开始了联合创业。那时候没有钱，没有势，没有车，没有房，只带着AOBO全球副总裁的荣誉和瘪瘪的口袋与老婆孩子寄居在岳母家，靠满腹才华和一个微小的单子艰难生存。为了活命，没日没夜，创意策划，最后老天开眼，公司发展飞速，声名鹊起。第一年公司就从宜兴搬到无锡，第二年又从无锡搬到杭州。五年后再度将公司从杭州成功搬到美国纽约。张默闻策划集团现在已经是中国排名第二的策划公司，并以"北有叶茂中，南有张默闻"的品牌影响力名扬天下。

再抱梧桐：写给南京的告别信

引言：南京这座城市的美就在于有雨、有石头、有爱、有梧桐。

01. 南京火车站

1999年9月9日，是我决心离开南京去北京的日子。

我确认我的离开是为了躲避爱情，而不是为了一个青年的理想。多年来，理想的储钱罐已经满了，倒出来也没有多少银两，与其死守在这座古城让理想慢慢烂掉，倒不如离开的好。

北京虽然已经不叫北平了，但皇城气场还在。我想，颐和园一定还是清波荡漾，古长城一定还是绝世无双。北京总是机遇多些吧。

离开金陵南京时，我没有允许大伙儿送我。我一个人带着行囊，打一把陈旧的油伞，在撒娇的秋雨里独自坐车去南京火车站。这次行李极其简单，几件薄衫，几本旧书，几度春秋的创意经验而已，秋风秋雨愁煞人，此去北京倒有些悲壮。

公司一个清纯芳龄的吕姓女同事见我可怜，坚持陪我去。我再三拒绝,她已恼怒,最后盛情难却只得遵命。从坐落于南京白下区的公司到火车站有一段距离,她就这样陪着我,就像远房的表妹送表哥去南洋读书一样,相视无语,各自看着窗外,倒是有趣得很。

在火车启动的一瞬间,她说,南京真的没有值得你留恋的人吗?我看了她一眼,又抬头看了看正在飘洒细雨的天空,我突然悲伤起来,绝情地说:"七年金陵,身无分文,情无所系,留恋什么,倒是走了干净……"

她男孩子般地点点头,轻叹,你本来就不是一个安定的人,你走吧,以后前途大了回来看看我们这些虾兵蟹将,到时候,我来接你。车轮滚动,她竟哭了。

外面细雨拍窗,远山水雾朦胧,火车轰隆隆地驰骋,一路向北。没有想到和南京的最后一别竟是毫无关联之人相送,不禁感伤起来。一个月后竟收到她的信,信中说她当时已做好和我亡命天涯的准备,只要我点头,她就会毫不犹豫地上车,可惜我的不解风情让她绝望。她说,都是命。其实,我何尝不懂,只是自己孤独流浪,一无所有,满身伤痕,如何带得动这一往深情,不打扰别人,不破坏别人,才是最好的结局。

此刻,南京城的梧桐长得正好,绿得非常骄傲。故事还在,我却离去了。

02. 满城藏梧桐

秋天告别南京,总有一种丢掉果实的感觉。那满城的梧桐树还在郁郁葱葱,男男女女或骑车或步行地走在梧桐树下面,一派天下太平、无恩无怨的模样。满城的梧桐流淌着爱情的味道,那些关于我的不堪回首的恩情和恩爱都被这秋风秋雨淹没了去。曾经站在岸边让我倾诉理想的莫愁湖、曾经登高望远的中华门、曾经借灯朗读的玄武湖都在火车启动的一瞬间变成了故事,似乎和我无关了。

列车在黑夜里没心没肺地奔跑着,硬座上的乘客都已经被困意打倒,睡了起来,仔细端详,人睡的样子和人死去的样子几乎一模一样,难怪有人说,我们谁也不知道明天和死亡哪个先来。睡一次就是死一次,只是有的人醒来有的人醒不来罢了。

03. 树下有故事

我是热爱南京的。

那时候我每天骑着自行车穿街过巷,轻松上班,甚是浪漫。冬天还好,穿厚些便是。夏天对我甚是难熬。我从小怕热,那滚滚的热浪就像怀里抱着一盆炭火一样让我焦躁不安。每逢此刻,我便更加眷恋那满城的梧桐,它们隔路牵手,茂密生长,把南京和盛夏活活地隔开了。周末正午的时候我习惯性地跑去梧桐茂密的路上,懒懒地坐在午后的柔风里,放肆睡去,2~3小时不等。

那时候,正午的梧桐树下总会习惯性爬来几辆豪华的汽车,一停就是一个小时,从外面听不见车里面的声音,也看不见里面的面孔,深褐色的汽车玻璃把他们和世界完全隔开,也许是在享受难得的纳凉!

遮天蔽日的梧桐树下也许天生就是谈情说爱的地方,只是,不合我罢了。我不知道秦淮河上有多少伤心的女子焚诗剪发,我也不知道莫愁湖岸多少俊美男子泪洒湖面,但我知道南京这个城市的心是粉色的,它表面是坚硬的城墙,内心却是一朵漂亮的浪花。走在南京的山河里,我突然看见了我的身影，那么孤独，那么单薄，就像一首没有感情的诗，被一个不会朗读的人朗读，在寒风里发出簌簌发抖的毫无磁性的声音。

我配不上南京这座城，这里有我的故事，但好小，几乎找不到。我相信，我在和不在，南京都丝毫不会动容，就像风吹水面，空落一片涟漪。倒是我离开的时候一棵梧桐飘下一片叶子，正砸在我的眉宇之间，不知道这是厚待我还是欢送我呢？

04. 石城女学生

似乎情爱故事只要搬运到江南，便会蒙上一层江南细雨，再伴上几声箫管丝竹，或滴上几滴江南女子的清泪，就立刻会显出一种楚楚动人的清婉和幽怨。但是在地处江南的南京不会，至少不会是那种单纯的幽怨。南京的情爱，多半是大情大爱。不是苏州故事里小桥流水式的小情小绪，小打小闹，在南京这个古战场里总是留不下一丝痕迹的。

南京这座城市习惯出帝王娘娘，行文豪将相，从三国时的大乔小乔到明末清初的秦淮八艳，风月常伴戎马，情爱总是在家国命运之间沉浮。我在南京七年。七年的时间，理想开始发芽。我见过爱的豁达者，噙着眼泪向往事告别；我见过爱的卑微者，低头走过爱的身边连眼泪都不敢洒在前情旧爱的面前。

而我，笑不得，哭不得，说不得，如我这般的小情小爱在这座城市里实在太多，恰如长江里的小鱼小虾，想顺着长江流到海洋，都不知道到半途会不会被大鱼吞了去，尸骨无存。吻别南京，我选择九月。此刻的南京不冷不热，适合远行。梧桐还在摇曳着它高大光滑的身子，江水还在生气般地绕城而去。

那个南京艺术学院的女生此刻正拿起自己的画笔为她的爱情隔空送行。她，爱画，喜欢画布的香。对于艺术，她很痴。那时候她是南京艺术学院里的苗子，将来极有可能留校。我想，此刻更不能打扰她，站在远处看看就好。多年后，她果然成了艺术院校的教授。20多年风雨翻转，谁也不知道谁靠谁的岸，更不知道谁会在岸边接你。生命也许就是抱歉，就是不见，就是偶尔的怀念。

05. 再抱梧桐树

一些人和一座城，就这样相互影响着。这之间的南京情爱，总是那么淋漓尽致：要么痛快地爱，有惊人之举；要么痛苦地爱，痛到啼血。而每个故事都有一个形象鲜明的女主角，她们或许是王侯将相的女儿，或许只是出身卑微的青楼女子，但绝不会是爱情配角。从莫愁女到李香君，甚至到小说中金陵十二钗的王熙凤，这个城市的女人很美，也很烈，有时比男人更耀眼。

火车把我带出了南京，却把我的感情留在了南京。虽然我用后来的时光取走了它，但是这个城市里依然留下了我的味道。就像江南的多雨薄雾，你是断断驱散不去的。

南京是个大爱的城市，遭受过数次大的战争，这里有屠刀，有鲜血，有壮美殉国；这里每逢雨季，整个城市就会有呜咽之声，听了便会心碎，走过便会伤感。南京，一个受过伤、流过泪的六朝古都，埋葬过多少青春玉体，斩首过多少仁人义士，我们不能只看见它的大情大爱，却忽略它的大悲大喜。

南京，我来过，我便爱着，期待未来再来。

火车已经走出江苏地界，南京的气息已经被远远甩在身后。南京也许还在飘着小雨，那些值得珍惜的人也许正走在上班的路上，那些参天的梧桐也许会突然想念我，想念我靠着它的孩子气，想念我对它说的那些泣不成声的话。

在告别南京的前一天晚上，我来到梧桐树下，默默地摸摸它们光滑的肌肤，听小雨砸在它们身上就像婴儿熟睡的声音。几个清洁道路的人从我身边走过，他们看着我，摇摇头，心里肯定在想：一定又是个伤心人。此刻就剩我和梧桐。许久，许久，我紧紧抱住一棵梧桐失声痛哭，那场痛哭耗费了我8年时光，那场痛哭抵消了我8年的思念，那场痛哭割断了我8年回首的路程。路的对面站着一个叫红的人。

最终她转身离去，她说，我以为我看透世事，最终还是会栽在你手里。我摇摇头，告诉她，不，你从来没有栽在我手里，你栽在那顶皇冠的手里。她无语，离去，细雨针般落下，南京一片朦胧……

再抱梧桐，抱的不是思念却是一种伸手可得的遥远。

许久的哭泣，许多的感悟，汇成一句话：如果你回来的时候还是你走的时候，那该多好。

我在雷区：2000年的北京手札

引言：你所工作的每个地方都是雷区，所以不被炸死是最基本的能力。

从南京到北京的第一个晚上，我被安置在哈尔滨三乐源集团北京销售总公司的一栋靠近雍和宫的三层小楼的地下室，以便第二天拜见老大。我觉得地下室很好，比第一次去上海的待遇美好很多。三乐源集团是美国AOBO的前世，是我从乙方转战甲方的第一站，也是最后一站。

在2000年左右，三乐源复合功能饮料在中国是一个非常有活跃度的功能饮料品牌。它的营销掌舵人李艳春女士（后来的LILY女士）被外界称为铁娘子，东北姑娘，魅力四射。我进京，是因为她的邀请。第一次进京报到就睡在北京总部地下室，也是荣耀！

办事处是一栋长得有点金发碧眼的欧式小洋楼。据说是总部买下来的，现在很值钱，但是否卖掉我已经不得而知。小楼周围的建筑很拥挤，很破落，都是北京青砖灰瓦的院子。看着破，却威风凛凛。

有朋友玩笑地提醒我说，如果院子里出来一个不显眼的人，你可不能招惹他，说不定他就是皇亲国戚，让你吃不了兜着走，把你枪毙你都不知道原因。所以对于北京四合院的人我都很敬畏，不知道里面是哪路神仙，经常绕道而行。

办事处的门口都是来自全国各地的小商贩，不管外环的北京发生什么翻天覆地的变化，这里似乎永远都没睡醒，每一个人都懒懒的，懒懒地上班，懒懒地吃饭，懒懒地聊天。清一色的拖鞋，吧嗒吧嗒吧嗒，鞋打脚跟的声音就像庙里的和尚在念经。这情调比南京少了许多文艺气质，也原始了很多。

那时候我没有电脑，更不会打字，只能在纸上写。后来学会打字还是因为谈恋爱追女孩子需要。睡前简单的洗漱后我就酝酿写点什么，怎么都得留点纪念，毕竟这是第一次当京官。

2017年9月22日，当我翻出2000年写的这篇北京手札的手稿后，那段文字还是让我震撼，虽然纸张已经泛黄，虽然笔墨的颜色已经开始模糊。我抢救性地打印出来，并作为文物级别的资料放在本书中，算是对自己第一次北京生活的致敬。

原文搬运，几乎未做改动。文章名称：我在雷区。

"此次来京，非常忐忑。虽然是芝麻小官，也非政府官员，只是一个手下、一两个人的企业的一部之长而已，但我依然感到非同寻常。第一，来到京城，皇恩厚土，人才济济。做事如果不行就会丢官罢职，甚至丢掉小命也很难预料。父母年迈，姐姐外嫁，哥哥本分，一旦出事，连个收尸的人都没有。第二，企业就是一个小国家，企业的'水'一定很深。有功劳者必高高在上，有理想者必嗷嗷待哺，我一个南方人突然来袭，的确不知道命运如何。被绞杀，被排挤，被重用？我找不到答案。想来，寝食难安。"

"从来没想过自己的命运和北京这座城市有半毛钱关系，但是从今天起，这关系还越来越亲密了。地下室有点闷，但是气温还好，不知道为什么此刻我想起了革命烈士方志敏，特别是我在稿纸上写这篇文章的时候。"

"第一次来北京，北京满大街的报摊上都是关于叶利钦宣布辞去俄罗斯总统职务并将权力移交给总理普京的新闻，好像谁不谈这事就跟不上潮流。所有的杂志报纸全是这个新闻。我记得《参考消息》《环球时报》全是这些内容。"

"特别是2000年3月7日的以'建设知识社会'为主题的第二届全球知识大会在马来西亚首都吉隆坡开幕的新闻更是热闹非凡。会议重点讨论三大问题让北京开始有了思索，这个重要新闻也把我拉进了这个思索的阵营：如何确保各国公民都能平等地获得信息和通信技术；确定协助个人和社会群体改善生活的策略以及如何使新技术成为更有效、透明和参与式的管理工具。那个时候我就敏感地意识到，来北京对了，新技术将会成为新时代营销和品牌管理工具，传统的沟通模式将会被颠覆。这对于策划爱好者的我来说，等于发现了新大陆。北京这一夜很有兴奋点。"

"明天就要第一天上任，就要去拜见我的老板了。听说他是军人出身，东北汉子，我很期待。今天我要确定一个非常严肃的问题：从明天起我要做个什么官？我的答案是我娘给的，做一个清官。宁愿清汤寡水，也要清白人间。我必须清醒地认识到，现在我正走在雷区里，一不小心就会踩雷，就会被炸得尸骨无存，最后只剩一条内裤挂在树枝上迎风飘扬。所以我要给自己装一个避雷针，我不想被雷炸死。"

"我要在自己的床头贴上六句话：一定不要成为金钱的俘虏，一定不要成为美女的俘虏，一定不要成为懒惰的俘虏，一定不要成为不阅读的俘虏，一定不要成为不执行的俘虏，一定不要成为不实战的俘虏。我知道，一旦成为俘虏我就会失去自由：金钱就会处决我，美女就会吃掉我，懒惰就会摧毁我，不阅读，进步就会屏蔽我，不执行，雇主就会淘汰我，不实战，平台就会消灭我。"

"我在雷区，我不想死，我必须学会排雷，努力活到最后很重要。希望多年以后我能安全地撤离北京，能骄傲地和企业话别。来的时候怎么清纯，走的时候还是那么清纯。如果有一天欲望奔腾，欲火焚身，就是跳进一尺厚的冰窟窿里冻僵也不能让欲望的火苗烧坏张默闻这块牌子。"

"2000年是个新开始。对于北京我觉得一切都很新鲜，勃勃生机。但是我必须提醒自己，这里到处都是雷区。你的乌纱帽别人怎么给你戴上的，就能怎么给你拿下，我必须把第一天当作最后一天，我才能蹚过北京这条河。"

"夜已深，稿纸已经满满三页，就像一堆可爱的蚂蚁在睡觉，世界也一下子静了下来。我拿出从南京带来的盐水鸭和一瓶新买的燕京啤酒，自己犒赏一下自己，我所能做的就这些了。我在雷区，我必须走过去，我知道未来一定很好，因为我相信我自己。北京，你好，今夜欢迎我吧！"

张默闻2000年9月13日于北京

每个人其实都走在雷区里，有的人被炸得血肉模糊魂飞天外，有的人度过雷区到达终点。我们每个人都会遭遇诱惑，都会在灵魂的主权上让步。但是我不会，因为我认为忠义之士是最安全的。

我很感谢北京接纳了我，但是这个藏身的幸福是我效命的企业给的，我只是这个棋盘上的一名士兵，我为它而战，这是我勋章练成的地方。他们把我接到北京，他们为我量身定制了一部从奴隶到将军的奋斗史，我的身体是我的，但是我的心永远是他们的。

走过雷区，致敬北京，回首看去，一切安好，这正是我17年前的愿望，请允许我双手合十，谢谢命运，谢谢北京。

我佛慈悲:打败我身体的原来是"性"

引言:信念不容易被打败,但是身体很容易被打败。

突然加上这篇文章,我觉得意义很大,它不是我一个人的福报,而是所有读者的福报。本来想让它成为秘密,想来那样太过小气,就整理出来,以减轻我奋斗路上的罪恶感。

我从小身体就不好,我以为这是命中注定的,长大就好了。但是坐着等、站着等,等得都快老了,也没有见身体完全安然无恙过。一百多斤的身体还是风雨飘摇,就像被掏空,只是凭借着坚定的创业精神和这个世界、和我的身体进行着抗衡,感觉越来越累。

我便和夫人说,我一定有病。她温柔地、善解人意地说,你说得对,我认为也是这样,你去看医生吧。我知道夫人从来不会嫌弃我真的有病,而是嫌弃我的情绪,我的情绪经常会造成大家的恐慌。后来看了很多书、听了很多书,关于我有病的想法才出现了动摇,原来打败我身体的不是病而是性。

《易经》上说：形而上者谓之道，形而下者谓之器。性就是道这个层面的东西。形而上是性，形而下是身，介乎它们之间的就是心。这样的话，实际上我除了应该关注心，更应该关注我的性。

张默闻身上有太多的标签，策划人、创意人、小说家、撰稿人、文案、董事长、商学院院长、才子、大师、天才、超级神经病等一大堆和健康毫不沾边的几乎空洞的头衔。但是有一个头衔我很想要，就是情绪控制大师，可惜，遥不可及。

我有一个最好的兄弟王继华先生，他是无锡安国医院的医生，是个大夫，非常斯文、非常安静的营养学大夫。他赠我一套《黄帝内经》的视频，建议我好好地看看。他很诡异地说，你身上的病也许不是你真正的病。

我知道他是开始拯救我了。奋斗二十年，我一直给别人谋划山河、光大品牌，却没有为自己的健康进行过任何的谋划。从这一点上来说，我是愚蠢的。

张默闻这厮，作为一个工作的浪子，飘荡得久了，就开始了思索，我的身体到底怎么了？我的灵魂到底怎么了？我是把自己走丢了还是把自己找回来了呢？

原来我们每一个人的构成都被分成了三种元素。在身和心之上还有一个性。就是说生命是由这三种元素构成的。《黄帝内经》对于性没有描述，可能隐含的有，但从概念上没有，我非常想看见，但是看不见。我问继华医生，他说，总有一天，你会看见的。

有人用秤比喻性、心、身对人的作用。在人的整个生命的过程中，每一种元素所占的权重是不一样的，各有各的重量，各有各的质量。

性、心、身三者是有机联结的统一体，人非这三种元素不能存活。其中身为物根，心为命根，性为德根。运行起来，彼此依存，相互制约，不能分割。在运行时有主次轻重之分。三元素中，性的分量最重，正所谓天地有坏，我性无坏。

有位中医大师说过，你对身体做到100%的好，但相对于整个生命来说也只是做到了百分之十；如果对心做到了尽善尽美，也只占到了40%；如果把自己的"性"做得完美，可以占到50%。就是说：如果不管心和性，身体哪怕做到了满分，也是不及格的。这样算来，我几乎就是大鸭蛋，所以，我有病，而且还病得不轻。

我过去所认识的中医也好、西医也罢，实际上都局限在身，是形而下的层面。心，这个层面，也有所触及，但是性这个层面，根本就没有触及，任由它胡乱生长，到今天已经混浊不堪。

心影响身体，太容易了。身要影响心，就费劲了。这是物理学上的常识：能量级别低的，影响能力级别高的是很困难的事。但能量级别高的，影响能量级别低的，却是轻而易举的。实际上，身、心、性就是这样一个能量级别的关系。

说到心，我比较喜欢用《书经》里面的一句话——人心唯危，道心唯微，唯精唯一，允执厥中。心，这个层面，用人心和道心区分比较清楚。性这个层面，分成三个层面：天性、禀性、习性。天性从中医阴阳的角度来讲是纯阳无阴的，是至善的。禀性正好相反，是纯阴无阳的，是恶而不善的。习性是后天习惯养成的，受教育、朋友圈子等影响。所以习性有阴有阳，有善有恶。而我的禀性和习性都不在健康范畴，所以我经常生病。

天性是纯阳的，像太阳一样；禀性是纯阴的，像乌云一样。人的身体要靠天性的阳光照射，才能够承载正常的生命。如果受到禀性乌云的遮盖，天性的阳光无法照射身体，就像大地得不到阳光，万物就无法生长。身心得不到阳光的照耀，很多疾病就会来了。最刺激的时候，我身上的疾病高达上百种，非常可怕。

《黄帝内经》里面有很多讲阳气的内容，阳气如果没有了正常的住所，人就会折寿而不彰。这就说明了生命对于阳气的依赖。那这个阳气的根本从哪里来呢？实际上是从本来具有的天性中来。按照佛经里面讲的，它是不增不减，不垢不净。你修它，它也不会多，不修它，它也不会少。就是说，在这个层面没有可操作性。那么，可操作的就是禀性和习性了。

禀性是阻碍天性的主要原因。因为禀性的阻碍，天性的阳光就无法滋养和照射我们的身心。很多给我看病的中医以为，所谓的阳气是肾气或是心的动力，其实根本的原因是在天性那里。禀性的表现实际上就是一种不良的情绪。就是怒、恨、怨、恼、烦，称之为五行性。

我们把禀性用中国人固有的五行的思维方式来分类就是：怒就伤肝，恨就伤心，怨就伤脾胃，恼就伤肺，烦就伤肾。

禀性作用于生命中的能量非常大。我经常是刚把恨之入骨的脾胃病治好了，可是不久又来了，反反复复，就是因为不知道导致脾胃的疾病的源头原来是怨。一个人如果有胃病，应该看他是不是动辄喜欢埋怨人。没错，我就是一个喜欢埋怨别人的人。我对自己的要求太高，对别人的要求也太高了。

过去没有认识到对于我的"性"，对于我发场脾气，能对生命产生那么大的影响。反而对吃错了一点东西、受了一点风寒会很警惕，本末倒置了。

如果你的性有缺陷，或者是禀性的东西很重，就很危险。不管是善人还是恶人，你动性，轻则病，重则死。我的生命、我的"性"原来如此不堪一击。

性这个层面对我的影响太大了。它已经超越了身的范围，现代的医疗手段包括中医在内，瞄准的主要是身体这个层面的东西，所以医院解决不了所有问题的根本原因就在这里。

我无比相信，情绪是百毒之首，它不像砒霜贴有毒药的标签，大家都不敢轻易去触碰它。正因为情绪没有这些标签，所以它才可以合情合理合法地毒害你我！原来人们常说的"死都不知怎么死的"原因归结在情绪身上再契合不过。通过不好的情绪，多少精气神都会被它漏掉，多少福德都会被它漏掉。俗称：火烧功德林！火就是嗔恨的情绪，无论积攒多少功德，做多少好事，都不堪其漏。而挂一漏万这个成语，几乎也是为情绪量身定做的。

人的一生，其实是挂一漏万的一生，因为一旦挂在情绪上，我们就会成为情绪的奴仆，所以漏掉了此生积聚的一切！

看来我要花些时间认识情绪，认识情绪的起处，认识情绪的本质，学会与情绪相处，渐渐脱离情绪的摆布。

当情绪不能任意把控你时，挂一便会自然脱落，而随着挂一的脱落，漏万亦将戛然而止！我们此生积聚的诸善，将会汇成福德，迈向生命的尽头，迈向智慧的彼岸。我准备上岸，你们还等什么呢？

我佛慈悲，打败我身体的原来是"性"。

写本书的本意是盘点自己的前半生,向过往有个交代。但是最大的交代就是这篇文章,虽然浅薄却是沉重。我的夫人与我的战友张默闻策划集团总裁赵青老师、我的营养医生王继华先生皆提示或者暗示过我是情绪的奴隶,只是我并未当成大事,还一笑而过。实在是幼稚。

写这篇文章的时候,我居住在美国的哥伦比亚小城,这里一场秋雨过后,森林尽染,恰如油画一般。不知道为何,今天觉得心境特别平静,山河变美,亲人也温柔起来,窗外湖面静悄悄,偶尔几只野鸭游过,它们不惊不怕,慢慢走过,就像婴儿爬过母亲的胸前。

生活如此秀美,但愿情绪安生。

祖上有德和心中有恩才是我变好的原因
引言：其实我没有能力让自己变得这么好。

001

母亲说，有人问她，为什么你的小儿子突然混得那么好？母亲电话和我说，她答不上来。她说，答得深了，她答不上来，答得浅了，人家说她诚意不够。她说，什么时候你回老家，你自己对他们说吧！

我和母亲说，很简单，就八个字：祖上有德、心中有恩。母亲说，好的，我不确定母亲是否真的懂了。说实话，其实我混得并不好，有钱比不上宗庆后，有权比不上许家印，有名声比不上马云，其实我只是个创意的工匠，一个温饱问题不再是主要问题的普通人而已。

每天累得跟狗差不多，我都不知道我混得好在哪里。也许他们看见的是我外表的风光，却没有看见我"要么出家，要么自杀"的奋斗誓言。我每次回到老家都很低调。可能是被某些人夸大了成就，所以每逢过年过节，那些甜言蜜语就铺天盖地，母亲不喜欢听。

她说，我可以肯定我儿子没有那么大的出息，你们不要再哄我开心了。母亲最伟大的地方就在于，把自己和全家放得很低。我知道妒忌有毒，我劝母亲保持沉默，不说最好。母亲说，我真不知道怎么说。

002

原来我以为驾驭文字是一件伟大的事，驾驭演讲是一件震撼的事，驾驭话题是一件光彩的事，驾驭著作是一件光宗耀祖的事，其实这些都是卖油翁手熟而已。只是混口饭吃，万万不可沉沦其中看不见自己。

没有靠近创意大师时，我一直觉得自己就是大师，恬不知耻。靠近大师才发现，真正的大师是慈悲的、是低调的、是保持微笑的、是规矩的、是鲜明的，我与他们的距离不是一点点，差了整整一个万里长城的长度。但是我不愿意成为那样的大师，那么完美，一定很累。我就愿意做创意圈里的孙悟空，蹦来蹦去的，多自由。

003

大约在2012年，有人再次问我是如何取得成功的，我送了他一句话：我把别人对自己好的时间都用来对工作好了。我说没有其他更好的成功秘诀，如此而已。他吃惊地问我，你对自己那么狠你不后悔吗？我说，我对自己不狠，生活就会对我狠。这年头就是这样，工作不狠，地位不稳。不是我想狠，关键是那些比我厉害的人还比我努力，我若对自己不狠就活不下去。成功根本没有方法，唯一的方法就在行动里。

004

20多年来我辗转反侧，一直在思索，到底是什么点亮了我的策划？思考很久，终于确认一个是祖上有德，一个是心中有恩。我的学术造诣实在浅薄，如果没有祖上有德和心中有恩，我是断断不能在策划江湖上挥刀舞剑，著书立传的。算来我的祖上算是有德的人，看看历史记载就好：根据族谱以及《安徽省志/人物志》的记载，亦对照爷爷墓碑上的碑文确认祖上为明朝三朝元老张泌。

张泌，字淑清，安徽临泉杨桥集人。对下宽厚，处事公道，朝廷上下，众皆佩服。

我始终坚信，祖上无德，必祸及后人，心中无恩，必祸及自己，我确认我找到了答案。祖上有德不是祖上一定要荣耀非凡，而是祖上的福报要厚，后代才会得到护佑。祖上如果无德，就会在基因里种下失败的种子，长在后人的身上。世间恩怨总要清算，父债子还，循环万年。策划做到再无敌手的时候你就会越来越敬畏生命的轮回，谁也逃不掉。

005

心中有恩这四个字非常重要，很多人已将心中有恩锁在牢狱，不让它们再见光明。心无感恩便背信弃义，心无感恩便唯利是图，心无感恩便不知深浅，是一个人最终走向失败的原因。我相信你拿走多少不该你拿走的，你就会失去多少；你如何伤人利己就会如何被同样的方式所伤，往复而已。我的父母贫穷有德，救济乡里，扶老携幼。祖上位居高位，陪伴龙侧，也能做到万人敬仰，三朝不倒，死后荣耀加身，载入史册。如果心中无恩，岂能做到那般境界？专业之力，实在渺小，德恩之威，果然最重。

浩浩江河，星光闪闪，我只是一个小角色，我看见一种力量正源源不断地向我跑来。我一点点汲取祖上的福报，一点点感恩助我的贵人，我竟浑身是劲，智慧勃勃，这才是我的成功之道，所谓的磨难并没有让我变得优异，唯有这两点点亮了我，伴我在世。

祖上有德和心上有恩才是我变好的原因，千真万确。

第三部分
敢想,恩情也会发光

特别致敬：我的办公室里悬挂着五张价值连城的画像

引言：每张画像影响我至少五年，五个人就是二十五年，而我只有一个二十五年。

坐落于张默闻策划集团的张默闻独立办公室里挂着五张人物画像。每张画像大概一米高，并排排着，就像革命年代领袖们的画像，气势恢宏。这些画像里的人都是我生命里最重要的人，在我生命最需要的时刻出现过。出现的时候都是我泪水最多的时候，出现的时候都是我人生最绝望的时候。他们都是我命运的拯救者，我命运的修复者，我2008年开始陆续悬挂，转眼就10年了。

画像的主角在我心里都是佛，都是我的恩人，都是各行各业修行得非常好的佛。如果按照时间顺序，排在第一的是毛敏先生，排在第二的是叶茂中先生，排在第三的是刘沐军先生，排在第四的是穆虹先生，排在第五的是陈刚先生。他们出现在我生命的各个时期，他们都是我心目中可以叫先生的人，就连里面唯一的女性穆虹也是可以被称作先生的人。

很多著名创始人的办公室里悬挂的都是名人字画，价值连城，艺术气息满屋飘香，我也是很喜欢的。很多人问我，为什么你的办公室里挂了这五个人的画像？我笑问，难道你走到今天就没有一个值得你把画像挂在墙上的人吗？他无语，我也无语。

现在每一个到张默闻策划集团来的人，每一个到我办公室里参观的人，都会对这五张画像深深地鞠躬和致谢，他们被我深深地爱着，被到这里的每一个企业家深深地爱着。他们面朝学校，温柔以待，每天听江南实验学校千名师生的欢声笑语和郎朗书声，接受着爱和祝福，接受着我每天的崇拜和感谢。

每天从我身边走过很多人，我都来不及看他们的容貌，也来不及听他们的声音，就像走在一个无声的电影世界。擦肩而过的不计其数，那里面一定有好人、有坏人、有敌人，但都是和我相遇却无关的人。我办公室的墙壁上挂的这五个人，却和我的生命有着千丝万缕的联系，相爱相生。我知道，他们是老天派来拯救我的，他们用自己的慈悲和爱来减少我的痛苦和绝望，使我可以在这个世界上获得一点尊严，为这个世界添一把爱的柴火。

不管接待何等重要的客户，我都会给他们讲述我和画像里的人物的故事。有时候讲着讲着，就满脸泪水，讲着讲着，就满心欢喜，他们都是我的救命恩人，都是在这个世界最艰苦的岁月里把我带上岸的人。我没有办法点滴报答，因为他们都比我好，比我强大，所以我要把他们的画像放在我最神圣的地方，用岁月的美好一点一点地为他们积累福报，致敬他们，愿他们一切顺利，活法温柔。

排在第一的是毛敏先生的画像。

毛敏先生是一位导演，毕业于北京电影学院，一直在泰州电视台任新闻中心主任。我和他1992年相遇在上海。在上海的时候，我是一名在上海新闸路1111号一个面店里洗碗的洗碗工，他是人民日报诺贝广告公司的职员，具体职务不详。那时候，他去店里吃面，我是他的服务生。他很绅士，浑身上下干净温和，但是也很孤独，因为他也是一个人在上海，妻子和儿子则在江苏泰州生活。妻子漂亮贤淑，儿子帅气有为，我见过。因为我去泰州找过他，虽然擦肩而过，但是还是在他家借宿了一晚。他们全家对我照顾得体，温柔有礼，让我这个流浪汉倍感温暖，我很感恩。

从毛敏先生那里我第一次知道了广告，知道了创意，知道了媒体。他就像一个从天而降的神在点化生活在枯井里的我。于是在他的安排下，我去他的公司面试，等待许久，没有一个人接待，直到我被打发而去。那是我第一次"从鬼到人"的希望之路，却噗的一声被吹灭，具体原因我不得而知。我猜测毛敏先生一定竭尽全力了，但是没有任何专业技能的我是无法走进广告公司的，他遇到了阻力。毛敏先生后来安排我到合肥，也因为我毫无经验，暗淡收场。合肥这个城市给我的感觉很冷，不是弱者的天堂。很多人在广告这条道路上没有坚持走下去，就倒在了创意的锅炉边。我，死里逃生，就赖在广告界一直不走，直到今天看见老天给我的一点光。

在准备告别上海的那段时间，生活极度窘迫，万般无奈，我再次找到毛敏先生。他给了我300块钱，让我离开上海。那时候的300块钱对我和对他来说，都是一笔巨款。我用毛敏先生的300块钱给母亲买了一盒中华鳖精，后来才知道是农夫山泉创始人钟睒睒先生生产的，我的第一次品牌消费就被他夺走了。然后给毛敏先生买了几盒磁带，他收下了。从此我离开上海，继续流浪。

毛敏先生在大上海伸手拉我一把，对于处在饥饿线上的我来说就是雪中送炭。更重要的是他把叶茂中先生带到了我的面前。我和叶茂中先生第一次见面就是在我洗碗的小面馆，那时候，他戴着帽子，穿得很豪华也很有个性，头发长得就像个道士，那感觉到今天我都印象深刻。毛敏先生为人热情，现在还非常活跃，满世界地拍摄《观音之路》。平心而论，没有亲爱的毛敏先生，我无法走进广告界，无法认识叶茂中先生，无法拥有以后的掌声和欢呼声。我尊敬毛敏先生，如同父亲。

排在第二的是叶茂中先生的画像。

叶茂中先生对我的影响是非常巨大的，巨大到几乎无法用语言形容。第一次见叶茂中的时候是在上海新闸路1111号那个早已消失得无影无踪的面馆里。他和一群花红柳绿的广告人去吃面，那是我第一次见广告人的集体造型。第一次见面他就问我，喜欢广告否？并向我推销了他的一杆打进六个球的春兰空调的广告创意。他说，兄弟，你学广告吧。那一刻我非常崇拜他，这一崇拜就崇拜了20多年，我像遇到救命稻草般地爱上了广告。这一爱就是二十多年，只有进场，没有退场。他和毛敏先生是很好的兄弟，都在江苏泰州电视台混过饭吃。毛敏先生喜欢拍电影，好玩。叶茂中喜欢做创意，好酷。

叶茂中先生对我以后的造型、以后的职业、以后的成名手段产生了积极的、无法估量的影响。可以说没有叶茂中先生作为偶像，就没今天的张默闻。后来我在创业的时候使用了"北有叶茂中,南有张默闻"的广告语,在中国广告界和营销界引起了强烈的反应和极强的话题性。叶茂中先生本着"治病救人"的心宽容了我,支持了我,使我终于在这个世界上有了一口饭吃,有了一席之地。他是我生命里最重要的人之一。我很热爱他以及他的一切。很多人问他,如何看待张默闻的所作所为。他说,这兄弟很不容易,是个天才。他说的都是我的好话,很难得的一位真正的大师,中国没有第二个了。他在我心里偶像的排名永远第一。

排在第三的是刘沭军先生的画像。

刘沭军先生是美国上市公司AOBO的董事局主席,是张默闻这厮绝对忠诚并俯首效命的老板。一直活跃在广告界的张默闻成功跨界企业界就是从AOBO开始的。张默闻这厮作为美国AOBO董事局主席的特别助理和AOBO整合营销传播首席品牌官,刘沭军先生给了我巨大的生存空间、成长空间和成名空间。可以说,没有刘沭军先生的平台,前面所有的故事都只是故事而不是品牌故事。刘沭军先生对我有大恩。

这个世界上有许多天才,我也自诩为天才,多少有点厚颜无耻,但是刘沭军先生却把我变成了天才,因为他始终认为我是天才,于是我就成了天才。如果毛敏先生是我的广告引路人,那么叶茂中先生就是我的策划引路人,而刘沭军先生则是我的品牌引路人。

刘沭军先生的英文名字叫Tony。他为我颁发了AOBO连续两年的超级大奖——年度不可替代的领军人物大奖。这个殊荣在我心里的分量比奥斯卡的奖项还要重,因为它和我的发展紧密相连。这两个奖项对我在AOBO的奋斗历程进行了盖棺定论,奠定了我情商、智商、创商的最佳组合。他说，在离开AOBO的108位高管里，张默闻是他最舍不得的、最优秀的、最能继承AOBO先进价值观的高管，张默闻永远是AOBO的人，这一点在AOBO始终没有改变过。我的回答是，我是AOBO的人，这个烙印是永远不会改变的。张默闻策划集团只是我的爱好，一旦AOBO需要，我将立即穿上"军装"，"上阵杀敌"。在效命AOBO这个问题上我是无条件服从的，因为我热爱AOBO，热爱刘沭军先生。他的画像挂在我的办公室，位居正中间，是我每天都深情凝视、都深情祈祷、都深情感谢的生命贵人。

排在第四的是穆虹先生的画像。

穆虹先生是位女性。但是我要称她为"先生"，因为"先生"这个称呼才能支撑得起她的贡献。穆虹先生在中国广告界是风云人物，是那种激流奔腾的地下深层水，虽然看不见她的咆哮，却能感受到她的排山倒海、她的壮志情怀。在我一篇文章都发不出去的时代，她接纳了我，从此，我成功地活跃在中国广告界、中国媒体界、中国企业界和中国教育界。穆虹先生为我的文字开闸放水，于是我一发而不可收，著作突破30本，字数突破1000万，成为中国品牌书籍畅销书作家。

穆虹先生对我有双重恩情，第一重恩情是姐弟恩情。她是把我作为她的弟弟在疼的。我的生活小事、我的爱情小事、我的发展小事，她都像姐姐一样大包大揽，指点江山，使我在竞争激烈的广告界侥幸地得以幸运成长。第二重恩情是提携恩情。广告界壁垒森严，关卡重重，很难进入。穆虹先生在她的平台上，走到哪里就把我带到哪里，就像她的士兵。她推送我的文章，推送我的人品，推送我的策划能力，在她的大力提携下，我获得了没有让她失望的成功。可以说，没有穆虹先生，就没有我在品牌界的声音，就没有我在策划界的声音，就没有我在媒体界的声音。我是争议性很大的人，很少有人敢靠近我，穆虹先生敢，她做到了，我很感恩。

排在第五的是陈刚先生的画像。

陈刚先生本身就是中国几大广告先生之一，在中国广告界很有名的人物，他的"刚门夜宴"在广告界是一块金字招牌，一呼天下应。他说他最喜欢的两个家伙就是叶茂中和张默闻，他们都是中国广告界的奇才。我认为叶茂中先生是，我不算。陈刚先生是北京大学新闻与传播学院的教授、博士生导师，是中国整合营销传播之父，他的"创意传播管理"观点风靡全球，他所著的同名书籍是中国式传播的圣经般的书籍。

陈刚先生是我的精神导师，他对张默闻这个小角色给予了温柔的保护。他说，张默闻是中国梦的代表，是一个晶莹的家伙。最让我悲喜交加的是，他作为中国广告界的专家，竟然同意为我的新书作序，并且可以无限期地使用。当我的师姐、北大才女董婧把这个消息告诉我的时候，我潸然泪下，恩情滔滔，无以为报，便向北京方向深鞠一躬，表达对恩师的无限敬意。

每次遇见陈刚先生，他总是给我慈祥、慈爱、慈悲的感觉。他会让疯狂的广告人不要和默闻喝酒，因为他知道我心脏不好。他会告诉所有的人张默闻是个传奇，是个晶莹的人。我常常想，就是他对自己亲生孩子的深爱也不过如此。这就是真正的大师、真正的导师、真正的精神领袖。张默闻这厮在创意江湖上挥刀杀敌，陈刚先生总会在远处观战，他说,回去杀猪宰羊,这小子一定能打胜仗。陈刚先生是我的精神导师,他的肯定使我避免了很多冷箭和暗枪,是我终身的恩人、贵人、指路人。人生导师,当之无愧。

这些画像价值连城,画像中的每一个人都是我生命里重要的人。

他们都是我的救星。所以我爱他们。每次回到总部,我都会轻轻地打开门,轻轻地拂去画像上微微的灰尘,我会一个个地向他们拥抱并表达我对他们的思念。我会在极其安静的时刻为他们祈祷,希望他们在世界的任何角落都能完美无瑕,名扬中国。

窗外细雨,正是心灵柔软的最好时候。我静静地看着他们的画像,心里绽放出了朵朵桂花,香气满城。

谢谢你们,我爱你们。这些画像价值连城,恩情滔滔,我珍惜。

特别致敬陈刚：中国广告界导师的才与道，酒与歌

引言：成为老师的人很多但是成为导师的很少，陈刚就是中国广告界的导师。

一个人干净与否、清爽几何，古往今来都是其文明程度的重要标尺。借用俄国伟大文学家契诃夫的话说：人的一切都应该是干净的，无论是面孔、衣裳，还是心灵、思想。说一个人干净，其实就是说一个人晶莹，如今，这是个极高的评价。

特别是说一个男人干净，是说他为人坦荡，没有阴暗算计，没有背叛欺瞒，没有两面三刀，没有阳奉阴违，没有曲意逢迎，没有见人说人话、见鬼说鬼话的表演。但是陈刚先生偏偏把这样的评价给了张默闻：张默闻是个晶莹的人。

张默闻是个晶莹的人——这句话是陈刚先生为张默闻的图书《策划人手札》作序的标题。张默闻一辈子都要遵守陈刚先生的教诲和点评，成为一个干净和晶莹的男人。

写导师，是一件很难的事情，写得热情过度，别人会认为是恭维；写得不疼不痒，别人会认为是肤浅。遗憾的是，我没有福气成为陈刚先生的学生，也无法从他手里接过毕业证书，但是他必须成为我的老师，因为，他是中国广告先生。"广告先生"这个词很重，不是教授级人物是断断不能成为"先生"的。

所以每天我都在我的办公室对着陈刚先生的画像问好：先生，早。长年累月，已经成为习惯。所以，他是我的老师，于思想、于心灵、于榜样、于学识都是我高山仰止的榜样。师生关系就这样以我单相思的方式可爱地建立了，陈刚老师最后也默许了，活了四十岁的张默闻终于有了第一位教授级导师。

陈刚先生对我而言，就是导师，对广告界而言也是导师级人物。也许中国并不缺少导师，但是总是无法让人心悦诚服。我管不了这个世界的薄情寡义，但是我管得了自己的有情有义。陈刚先生作为中国整合营销传播之父，他配得上这个名号。

第一印象：广告导师陈刚的才。

世界上似乎没有比广告界更容易看见有才的人。他们都活跃在生活的水面上，都活跃在自己的圈子里。他们批评世界，打扮生活，他们创意而生，撞墙而活。这么多年，我走在广告圈里，发现我似乎没有真正融入他们，整整20年了，广告圈依然壁垒森严，门派林立，杀机重重，各自为政。

我就像个不知道投靠哪一方的士兵呆呆地站在圈子的门外，吃喝拉撒20多年，也没有找到组织，我爱的组织不爱我，爱我的组织我不爱，我有点怕这个行业。这就是有才的人的战场，比一般战场更恐怖。

感谢老天，在这个战场里让我遇见了一位盔甲鲜明、个性鲜明、才华鲜明的人，他就是陈刚先生，是中国广告界和教育界"创意传播管理"的奠基人，中国整合营销传播之父，北京大学博士生导师，是一位极具才华且能驾驭才华、极具才华且能营销才华、极具才华且能升级才华的人。

极具才华且能驾驭才华是陈刚先生的才华管理境界，他让才华存在，更让才华谦逊，他把才华这头狮子管理得非常温顺，醒着，不动，却震慑四方。极具才华且能营销才华是陈刚先生的才华售卖能力，他让才华变成商品，让喜欢他的读者在他的才华里欢呼雀跃，自生自灭。极具才华且能升级才华，是陈刚先生才华的先进思维。他让才华不断翻新，不断适应科技带来的变化，他的才华更具地气，更具底气，更具人气。

陈刚先生的才，你需要亲耳听到，你需要亲眼看到，你才能领悟。每次听他演讲，你会觉得他都不是准备得特别充分，甚至连PPT（演示文稿）的风格都不是与时俱进的。但是你会发现他的每次才华演出，几乎都没有按照PPT规矩来，而是一句话一个观点，碾压全场。

很多人和我说，陈刚先生的演讲，讲的都不是现在，而是你即将可以触摸的未来。他就是一个导师，权威地讲述他的才华和他的观点。无一例外，他，征服了全场，更征服了这个创新传播的时代。陈刚先生的预言很准，就像传说中的玛雅文化，这是他的才，更是他凌驾于才之上的大智。陈刚先生的才，如火，不燃，是满腔烈火；如燃，必然照亮天空。

第二印象：广告导师陈刚的道。

如果陈刚先生说"张默闻是一个晶莹的人"是对张默闻的肯定，我认为陈刚先生则是一位得道的高人。他的很多思想和思辨都非常人所拥有。我发现在他的思想体系里藏着光芒、希望、力量以及举起的勇敢和放下的坦然。

陈刚先生是个有道的人。他的道分为四个道：师道、世道、食道、市道。

师道，是说他为人师傅，一片丹心，桃李满天下。虽然在名校教书，却丝毫没有名匠恶习，敦厚纯良，心存善念，非常好地诠释了导师的角色，威严在，深爱在，让人喜欢得不得了。

世道，是说他上得了讲台，也入得了尘世。

食道，应是陈刚先生的最爱，他深谙养生之道，他没有像很多大咖一样限荤抱素，他的美食哲学精神让我尤为喜欢，食道之路，他也能玩得风生水起。

市道，就是市场之道。陈刚先生居于象牙塔的顶端，但是他绝对不孤陋寡闻地守候在未名湖畔，而是深挖市场潜力，追本溯源。他的诸多思想都会在市场得到检验，他遍访知名企业，他出席传播盛会，他主导两岸创意，他把市井文化搬运到他的教室，端详模拟，成为市道里的实战高手。

难怪，中国排名第一的策划人叶茂中和中国排名第二的策划人张默闻出新书写序都要请陈刚先生。看来，陈刚先生必是得道之人。世界与他无关，却又丝丝相连。

第三印象：广告导师陈刚的酒。

每次与陈刚先生在一起，都是要小酌几杯的。白酒、红酒、啤酒皆可。陈刚先生喜欢酒，就像喜欢广告，拿得起来，也放得下去。一杯酒，是他的誓言；三杯酒，是他的情怀；十杯酒，是他的义气；再多，他也就不喝了。我尊敬陈刚先生的见酒开心和见醉止步的功夫。

他告诉我，有些事，你必须去尝试；有些事，你必须去战斗；有些事，你必须去告别；有些事，你必须去悼念。我们不能远离酒，人生没有一点热烈怎么行？我们也不能过度靠近酒，人生没有一点清醒怎么行？导师陈刚总是在热烈和清醒之间和酒打交道，他驾驭酒，也驾驭自己。

每次桌上有酒，身边有客，他总是不忘嘱咐所有宾客，不要让默闻多喝，并亲自特别说明原因：默闻的心脏不好。他能记得我的痛苦并不断为我减轻痛苦。

他看得见我的懦弱，也看得见我的卑微，更看得见我的小心机。他如此待我，就像收养了一个在冰天雪地里找不到家的孩子。他知道广告行业的演出不是喜剧而是十面埋伏，像我这样只知道鼓掌的人，最后会被一些刀枪剑戟误伤和劫杀。

所以导师陈刚才会在兵器林立、杀声阵阵的"江湖"把我保护起来，为我写序，给我鼓励。他的出现就像印度电影《摔跤吧，爸爸》里的爸爸一样，坐在不远处观战，看着我如何夺取冠军，看着我如何应对强敌，他的一句话、一个眼神，就是我的方向。

他对我的保护，就是对无数和我一样从广告底层一点点爬上来的广告青年的保护，就是在门派森严的广告行业让我们可以有口饭吃。所以,每次想起陈刚先生说"张默闻就是中国梦的代表"的时候,我都热泪盈眶,这爱,穿越皇城,抵达杭州,落在我忐忑不安的内心,从此,这里温柔尽显,一片安静。

很想看见陈刚先生大醉的样子,很想知道大醉后的陈刚先生是什么样子。他会唱歌?他会跳舞?他会写诗?我不知道。但是我知道,大醉后的他,一定很有趣,一定会抱住你,就像抱住他的信仰和热爱。他一定会嘱咐你很多事,都是对你好的事。我很尊敬陈刚先生,他是我的老师。

第四印象:广告导师陈刚的歌。

我听过陈刚先生的歌,在北京。我发现是不是他的主场他都是主唱。他的歌声就是他行走广告界的姿势和爱。

陈刚先生唱歌时歌声嘹亮,有种能够刺破屋顶的美。他的歌声浑厚、有力,音响一见到他就哆嗦,所以,他的声音一出现就统治了整个唱将群,别人只能鼓掌,只能聆听,听听他十八九岁的情怀,听听他行走"江湖"的沧桑。你会发现,他的歌声里藏着他的故事、他的生活、他的向往。你慢慢听,再慢点,你会被他的歌声感动,他就像玲珑少年站在国家大剧院的舞台上,交代自己与生俱来的天真和可爱。

陈刚先生的歌有种跨越年龄、刺破心灵的美。我很好奇他的歌曲选择,刚才还在炮火连天的战场,一会儿就传来虎虎生风的双节棍;刚才还在驼铃声中送战友,一会就传来小鲜肉的肉麻小金曲,变化之快、和声之美,很出乎我的预料。这个时候,我都会放下酒杯,上去紧紧拥抱他,就像拥抱自己的父亲,就像拥抱自己的信仰。陈刚先生最可爱的地方就是他会暂停歌唱，紧紧地和你拥抱在一起，不说一句话，等你的感情释放得没有电了，他会再度开唱，并不断地向你传递"加油"的信号，你会突然想哭，为这样一个人性晶莹的广告导师，为这样一个心怀慈悲的广告导师，心如水，敬似潮。

每年见他一次已经成为我的生活小目标。

陈刚先生喜欢抽烟，喜欢抽很细的烟。大概是韩国品牌，清淡味道，价格不高。我喜欢看他抽烟的样子，一股股烟雾从他性感的嘴里旋转着来到人间，就像一幅画，很有艺术感。陈刚先生很忙，常年居于北京，我常年居于杭州，一个在北京大学未名湖，一个在天堂杭州的西湖，师生总是不得相见，所以特别想念。

好在每年我们都能见一次面，要么在别人的会上，要么还是在别人的会上。偶尔陈刚先生会在微信上和我打个招呼，然后就消失不见，他很少发微信，一旦发，都是学术气息很浓的微信，这是他的职业病，每时每刻都在教书育人。

每年见他一次已经成为我的生活小目标。他是我的导师，也是中国广告界的导师。我相信这个世界不只我一个人在想念他，而是很多人在想念他。好想移居北京和陈刚先生住得近一点，或者离北京大学近一点，可以经常利用跑步的机会和他相见，漫步在黄昏，师生联欢，该有多好。

导师说我是个晶莹的人，干净的人。其实也是在说他自己，不管世界如何看他，在我的世界里，他是晶莹的、干净的，就像一个古老的丛来没有人去过的海洋和森林一样,和这个世界并立地存在着、存活着。很多人以为他们很懂他,其实这个世界上最懂他的人就是他自己,因为他心灵的净土是不愿意被人轻易踩到的。他的高贵之处就在这里。

想念导师,就像在冬天里思念春天。

特别致敬偶像叶茂中：王和王的天下

引言：有人开玩笑说叶茂中的成功是世界第九大奇迹，张默闻的成功是世界第十大奇迹。

■ 张默闻策划集团董事长写叶茂中营销策划董事长

叶茂中：

中国著名营销策划专家和品牌管理专家，现任叶茂中营销策划机构董事长，清华大学特聘教授，南京理工大学工商管理硕士（MBA)研究生导师，中央电视台广告策略顾问。拥有自己的创意产业园，出版了第一本专著《广告人手记》，策划了"男人要对自己狠一点""地球人都知道"等诸多流传的广告语，是中国排名第一的品牌策划家，是张默闻的偶像和广告创意开发者。

张默闻：

就读于长江商学院EMBA。毕业于南开大学，毕业有点晚，是中国曾服务娃哈哈集团创始人宗庆后及地产集团中国恒大集团创始人许家印被称为"首富都在用"的策划人。现任张默闻策划集团董事长，北京大学广告系授课教授，安徽大学客座教授，天津财经大学特聘教授，连续六年蝉联CCTV广告策略顾问，出版了一套6辑《策划人手札》，创造了上市一个月就第二次印刷的销量奇迹。"北有叶茂中，南有张默闻""我们搬运的不是地表水""不管是老板还是太太都喜欢樱雪吸油烟机""10家高端电动车9家配天能电池"等广告语广为流传。

叶茂中先生，请允许我费尽全身力气写你。

我和我夫人说，2012年，我必须要在最黄金的岁月里写叶茂中先生，否则我都没心情再活下去了。夫人乐了，说："守着我这样一个貌美如花的老婆，你舍得为了一个男人放弃我？"我说："我和叶茂中之间的事是命运早已安排好的事，18年来我们兄弟一直是最远的距离，最近的友谊，一度成为最有争议的话题，最感人的命题都在我们之间发生过，所以我一定要写。"夫人笑我，如此，你便去写吧，看你能写出什么花样来。

我要写他，便要先洗净文字，他是值得我用干净的心、干净的笔、干净的时间来写的，所以我一不调侃，二不粉饰，三不爆料，我觉得叶茂中是个大家，对他的尊敬是对中国品牌时代的尊敬，无论我们如何评价他，他都是中国改革开放40年以来，在品牌与广告、营销与传播、艺术和故事、信仰和自由的浩荡历史里绕不过的标志性人物，你喜欢不喜欢，你鼓掌不鼓掌，他都在那里，帽子是帽子，脸是脸。我不想写别人写过的东西，那样，我对不起这个人。

有人说，我是山寨的叶茂中，他的什么都傍，就差贴一张和老叶一个模样的脸皮了。一度我都觉得自己特卑贱，好好的张默闻不做，偏偏把自己做成他，有时候很想抽自己，好在我坚持了，我把别人的取笑当成欢乐的曲子，不断地重复播放，直到我喜欢这个旋律，直到我能演唱这个旋律。

我想，每个人都有一颗自由和孤单的心，而且还有一颗追随伟大英雄的心，只是我选择了叶茂中。我相信我不是马戏团里的猴子，我也相信我一定会是最能身心合一的自己。"北有叶茂中，南有张默闻"不是单纯的广告语，它是故事、是营销、是力量、是传播、是友谊，是这个时代一本最温情的传播教材。

就在最近，我在中央电视台广告策略顾问会议上和叶茂中先生共进了一段浪漫的午餐，成了我想想都能笑醒的事。每年我们都因为这个活动约会一次，这种交集已经连续四年温暖上演。大哥茂中，鼓励我多吃点，并留下了一段滚烫的话："兄弟，我不关心你有多少钱，我关心你的身体，你已经很传奇了，我需要你健康地活着"。他就是这样一个看着很叛逆、想着很舒服、聊着特感性、靠近特完美的人。午餐时我告诉叶茂中大哥：五年内，张默闻将为叶茂中拍摄一部电影《叶茂中：王和他的天下》，我不为赚取他的谢意，也不为报答借他的美名，我只为他的传奇刻画出的深刻的记忆。条件是，我依然活着，活得不错。

他是王，他有王的全部资本和故事。

他的死党兄弟，也是叶茂中先生的"大爷"，刚门夜宴的掌门人，中国整合营销传播之父、北京大学陈刚教授这样评价叶茂中："如果说，拉斯克是现代广告之父，叶茂中可以被看作中国广告业的二大爷，因为广告圈的大爷太多，而二大爷只有一个"。这话有点狠，但是狠得有感情，不是刻骨的喜欢就说不出这种掏心的话，我认可。

我，则认为叶茂中是王，是这个时代里的王。他有做王的资本和性情：霸气和智慧。王是大腿和小腿都要硬的人，王是大事和小事都要爽的人，王是赞美和骂声都要多的人，王是著作和观点都要猛的人，王是粉丝和敌人都想念的人，叶茂中先生做到了，所以他是王。

他是王，他有他的天下。

叶茂中先生是王，因为他有他的土地。

在大上海，他住在创意十足、豪华夺目的叶茂中创意园，那不是空中楼阁，也不是从包租婆手里租来的天下，那是他自己的土地。自己建的房子，自己建的王宫，可以在里面享受创意快感，可以在里面和兄弟们在地毯上掰开茅台大醉一场。这种接地气的创举，叶茂中做到了，这是王应该做的事，是有种的人做的事，他成了。他是王。

叶茂中是王，因为他有他的信仰。

叶茂中信仰毛泽东，信仰奥格威，信仰自己；他更信仰创意，信仰品牌，信仰调研，信仰自由，信仰艺术，他认为这些信仰能带来幸福。他活在自己的信仰里，不装，没有那么多的贞节牌坊，也没有那么多的条条框框，他善于把自己的信仰变成更多人的信仰，于是世界就是他的了。我认为，他是个起点很低的人，却是创造了很高信仰的人，他的鬼才精神和浪人习性锻造了他的信仰。

他是王,因为他有他的"臣民"。

在广告圈子里混的男女,在营销界跑的神仙,在品牌森林里转的英雄,在艺术收藏里窜的腕儿,没有人不知道叶茂中的。人,活到这个份上,已经活到一定水平了。我们可以不知道大学里深不见底的教授和校长,但一定知道叶茂中。他的粉丝多到数不胜数。记得我去一个大学讲课,刚一出现,一位美女学生就闪电一样地几乎扑到我怀里,气喘吁吁地说:"叶叶叶老师,我终于见到你了。"我连忙道歉说:"我是假的,真的没来!"

我有时候真羡慕叶茂中大哥,有这么多的臣民,你不是王谁是王?

他是王,因为他有他的"王宫"。

我一直认为,一个男人不爱阅读也是不成功的。我相信叶茂中的王的生活也应该是丰富的,我相信这两点他做到了,而且做得很王牌。他特别喜欢读书,而且喜欢阅读硝烟弥漫的毛泽东传记,从里面学营销战争;喜欢阅读小情小调的小资文学,从里面体会小清新生活;喜欢读营销和广告大师的著作,从里面获得出拳的本事。我不知道他在浴缸里阅读是何等风情,但是,我能想象,在柔软的床上他的阅读是绝对的粉红,感性叶茂中和性感叶茂中只能在他的王宫生活里看到。

他是王,因为他有他的著作。

叶茂中先生的书我都有,一大摞。一直以来,我害怕读难懂的书,也害怕读太一本正经的书,老叶的书是那种让人读后非常痛快的书。一本《广告人手记》卖了30万册,被数次重新印刷,打破了正统大师们的书榜记录，这成绩是广告界用真金白银无法买来的荣誉，含金量很高。叶茂中先生的书气势逼人，销量压顶，他的著作已经不只代表营销和品牌观点，而是一个行业的参考，什么是贡献，这就是贡献。

他是王，因为他有他的贵族精神。

叶茂中先生的身体和话语、行为和观点一直是被追逐和被批评的，在世俗的并不温暖的目光里，他是一名口无禁忌、心无边界、行无规则的人。他封号很多，大侠、鬼才、大师、大家、痞子、混混，三千爱与恨，都是他一人。我觉得，叶茂中先生是孤独的，了解他的人很多，懂他的人却不多，大家看到的是一个从底层爬上来的豪杰，却不知道他天生具有贵族精神。

叶茂中先生的艺术鉴赏力、收藏气势、对设计和美术的敏感、对人生的嬉笑怒骂，折射了他的贵族精神，他具有贵族全部的激情。所以他豁达，所以他没有顾忌，一切都亮堂堂。

他是王，因为他有他的朋友。

叶茂中先生注定是孤独的，所以，他会说自己是狼。他的孤独是那种绝望和焦虑，是那种疯狂和绞杀，所以，他才有了"男人要对自己狠一点"的名句。老叶的兄弟和朋友现在很多，但是我相信，走进他内心的兄弟并不多。

上海首富是叶茂中的朋友，两人关系非常好。但是那么大的"角儿"，却心甘情愿地为老叶跑腿，这是兄弟，这是根本无关权力、地位、金钱的朋友，就是看着你戴着帽子行走在广告界就高兴，就愿意帮助你的兄弟，这说明叶茂中先生够意思，有派。

提到兄弟就不能不提到陈刚，这个靠爆料叶茂中来"寻欢作乐"的北京大学的广告大师，是老叶兄弟里很纯的爷们儿，他们之间不能正经，一正经就显得不正经。斗嘴，是他们友谊的符号。但是，一旦有个什么风吹草动，陈刚大哥总会一跃而起，用山东人的身体和北京人的嘴为老叶挡上一枪。

从这个意义上说，老叶不孤独，如果他依然孤独，那就是他玩孤独呢。

他是王，因为他有他的偶像。

叶茂中大哥喜欢"傍大款"。他的"大款"都是男人，从奥格威到毛泽东，从毛泽东到科特勒，从科特勒到阿尔伯特·拉斯克，一路"傍"下去，"傍"他们的学说，"傍"他们的方法，"傍"他们的视野，于是"傍"出了中国策划独行侠叶茂中。他的偶像大部分都驾鹤西去了，他也成为中国广告人和企业家的偶像，当然也是我的偶像。

他所崇拜的、所学习的，我们都在学，都在"傍"，却没有任何一个人把自己傍成偶像，傍成叶茂中。老叶最值钱的地方就是他的王者风范，他需要偶像为他星星点灯，他需要偶像为他红旗飘飘，但是他一定是超越偶像，打出了自己的江山。叶茂中先生是让中国广告和品牌走出国门的英雄，无论你怎么看都不能改变这个烙印性的事实。

他是王，因为他有他忠诚的生意。

21世纪的生意是最难做的生意，一切都太快、太透明。叶茂中先生很牛，企业家找他要排队、要预约、要等待、要挂号。要知道中国很多策划和广告公司根本没有生意，如此汹涌的客户，如此忠诚的品牌，在中国，叶茂中先生做到了。

他把中国企业家做成了学生，他把自己的品牌做成了奢侈品牌，他把自己的公司做成了创意基地，他的地盘成了你进来就不想走的地方。我没有去看过他的老巢，但是我相信那是创意的王宫，那里有豪华，有精神，有奢靡，也有你打不垮的创意精神。他有他忠诚的生意，而给他生意的人就是我们经常求助的企业家。就这样，我们伟大的老叶兄弟还拿着宝贝安慰别人说，太忙，太忙，鞭长莫及，鞭长莫及嘛。

他是王，因为他有他的脾气和阴影。

是王，就要承受比平常人更多的难受，哪怕这种难受可以革了你的命。我知道老叶有很苦难的过去，有惨不忍睹的童年和少年，有落魄到底的青年，他都咬牙撑了过来。我们可以想象他在运河上从这个船跳到那个船的顽皮和天真，也可以想象一个孤独的青年带着美术的梦追随一个剧团的惨烈，但是我们都不能忽视他内心的强大，他有过被很多正人君子、上层名流、广告先贤、名校巨匠骂的经历，那种骂是想把老叶拉出去毙了的那种狠骂，我搜集了一些骂他的东西，我都笑了，那是骂吗，那是无病呻吟，连我都能一笑而过的东西，老叶便更不当回事了。

叶茂中先生有脾气，但更有骨气，他要的不是嚣张气焰，他要的是策划人应该有的尊严，如同死，怎么死都是闭眼，他选择了最昂贵的死法，那就是被人侍候着和歌颂着死。但是，他活得很好。我想他应该走不出自己的阴影，那个时代，那个过程所留给他的影子以及我们看不见的迫害，他一定不愿意轻易走出来，纵然内心已经放弃，他也会留下一点给自己的孤单和勇敢的心,那是他最后的领地,他从那里汲取强大,感受生命,凝视自己脚印的是非曲直。

叶茂中,骑上你的战马巡视你的王国吧。

我和叶茂中先生的故事算是一个现代版的传说,而且这个传说具备了一切喜剧的效果,也具备了一切值得流传的童话般的话题。关于广告界"北有叶茂中,南有张默闻"定位故事的真相,有很多版本逼迫我做纠正,就以今天的为正版吧。

叶茂中是中国营销策划大师级人物,张默闻也从美国著名上市公司全球高级副总裁的舞台上跳下来成功拥有张默闻营销策划集团,两个在广告圈里摸爬滚打的人,两个难以传出绯闻的男人,却在策划界有了"分庭抗礼、北叶南张"的美好侠义故事。在这个新闻包抄的年代,我们的故事也没能幸免,被舆论抛到风口浪尖,万幸的是叶大哥原谅和支持了我的传播,成就了这个传说的美丽。

1994年的上海新闸路1111号到处弥漫着上海人生活的气息。我是一家临街小面馆的洗盘子伙计。叶茂中是我的客人,我第一次接待的客人就是叶茂中。他偶尔去暴吃一大碗面,那个小店在那个时代能迎接他那样的绅士已经是很门面生辉的事了。叶茂中当时的吃相已经很富豪化了,说明他已基本脱离了"贫困线时代"。当时我感觉这人很有人文气质和豪杰德行,和我骨子里的某种东西很逼近。于是我们的话便多了起来,我一贯喜欢与艺术气息浓厚的人纠缠。

他特会鼓励人,是个天才的演说家,他身上具有一种曾经被贫穷打击破碎的残忍美,正是这种气势与经历,他有了狼的凶狠与好战。他说，兄弟，你玩广告吧，你可以的。在那个年代能去鼓励你的人实在是太少了。我就是带着对叶茂中的一杆打进六个球的春兰广告创意的梦想，走进浩荡和创伤并举的广告战争中的。那时候，他在写书，我在洗碗，他在出版，我在流浪。

1998年，叶茂中先生在北京策划洁莱雅品牌。南京市场洁莱雅品牌的营销活动落到我的囊中。我把为洁莱雅品牌策划的活动做得风生水起，南京市场销量突破近七倍，让洁莱雅的掌舵人苏剑龙先生欢呼起来：一个区域市场，一夜的翻身仗打出了品牌的威风。龙掌门曾经神秘地对我说，张默闻，你和叶茂中一南一北，把你用在正确的地方能造福于民，用在不正确的地方一定是祸国殃民。这话有点狠，到现在听起来都害怕。"北有叶茂中，南有张默闻"这个经典词语就是从这个故事里移植过来的，它，已经成为中国广告界的最著名的广告语之一。

广告界也好，策划界也好，对叶茂中先生的感情是复杂的，爱者一大片，恨者也是一大片。在浩瀚的中国广告界，一个人能够让一个时代去把爱和恨都维系于一身，确非一般人能为。老叶改变了中国营销策划人的"狗头军师"的命运，第一次被真正地称为了"家"，接受企业家的集体膜拜，叶茂中先生是一个真正意义上的策划大家，改变了这个时代。

老叶已经过了那种算计别人的时代，他可以不为一个奖项幸福地晕过去，也不用再看谁的脸色生活。从一个耍水的孩子变成了一个完全属于自己但又属于这个时代的创意和艺术大师。

爱老叶的人把他当作神，不爱他的人把他当作混。爱他的人是爱他的仗义，爱他的智慧，爱他的经历，爱他的执着，爱他的传奇，爱他的性格，爱他的情商以及他身上天生具备的嗅觉和艺术气质。恨他的人说他小气，说他嚣张，说他苛刻，说他装，说他太江湖，说他是最会给自己炒作和传播的人。这都不重要，他都可以一笑而过，他，征服了自己。叶茂中变了，不再是个广告人或者说是个营销策划人，他现在很自由，可以自由地哭，自由地笑，自由地骂，自由地躲避到山里写生，一住10天用空气换肺，他有这个资本。

叶茂中先生是王，是独立王国里的王。

他总共给我写过三句话，一句是提笔写的："默闻弟，让我们做得更好，茂中，1998年"。另外两句是用短信发来的，一句是："叶茂中之后，中国策划史由张默闻书写，2011年"；另外一句是："兄弟，你已经是传奇，我为你自豪，2012年"。这三句话，鼓励的我收了，赞美的我不敢收，我永远也难以达到叶大哥的境界，广告界的地位天生确定，我仰视你，已经是我的福气。

叶大哥，我们的创意之王，骑上你的战马巡视你的王国吧，看看你的土地、你的楼宇、你的品牌、你的臣民、你的著作、你的朋友、你的精神、你的豁达、你的收藏、你的帽子、你的霸气和天真、你会那么毫不犹豫地爱自己，原来叶茂中可以这样撒欢，可以这样任性，可以这样生活，可以统治自己和别人的心。王国疆土波澜壮阔，创意旌旗迎风飘扬，你无法止步，因为你依然是奔跑的狼。躲过枪口，绕过山梁，攀越理想，就那么一直狠下去。

结束语：

夫人是个文笔很好的女子，她读完文章，说："叶茂中先生的确是中国创意的高地，你一气呵成这篇文章，我就知道，没有热爱是难以做到的"。王，有他的王国，有他的传说，我继续写，你们继续看吧，江湖不老，叶茂中总在。

（本篇文章刊登于《广告人》杂志2012年第8期）

友谊链接：
叶茂中写张默闻：很为这兄弟高兴
——叶茂中先生说张默闻先生

■ 叶茂中2012年8月8日来自北京

我已好些年没参加中国广告节的活动了，但一样有人说看见我了，我知道他看见的那小子叫张默闻。所以说，我现在是活在张默闻的阴影里了，到哪儿都有他罩着。因为张默闻一直宣称："北有叶茂中，南有张默闻"，对我产生了很强的心理控制，所以说现在我待在北京，基本上不去南方了。

二十年前，我在上海街边的一家只有三张桌子的小饭馆里，看见一个服务生忙完就在一边读书，令我肃然起敬，也很好奇。我说年轻人，送你一本《广告学》吧，作者是北京大学的陈刚，当年的服务生就是张默闻，所以说张默闻其实是陈刚的学生。

张默闻在江苏宜兴待过一阵，主要成就是娶了个当地的美人做了压寨夫人，要知道宜兴不光是出了徐悲鸿，也出了敢和徐大师私奔出国的大家闺秀蒋碧薇这样的奇女子。所以说，张默闻能娶到宜兴女子，离大师不远了。

我之前常对人说："在人生的某一阶段，对生命负责的态度就是——玩命。"张默闻就是一个这样对自己很残酷的人。他是令人敬佩的，有写策划案到吐血的经历。所以说我相信宗庆后之所以从那么多广告公司中选中张默闻，就是因为他看到了张默闻身上有自己的特质：认准一件事，然后拼命燃烧。娃哈哈的全部产品都交给张默闻策划，这不仅说明宗庆后和张默闻的气场很合，更说明张默闻的能力只适合策划年销售几百亿元的大企业，所以说张默闻是有限的。

张默闻活得很辛苦，也很肆意，很尽兴，一个安徽乡下少年现在住在杭州钱塘江边上千平方米的大宅子里，请吃饭都是喝15年的茅台。我很高兴看到这个当年的服务生实现了自己人生的财富梦，所以说张默闻的成功故事可以启发很多年轻人。

张默闻写了很多书，畅销得很，在大专院校拥有众多的粉丝，我想象得出他白天劳作晚上笔耕的情景，书里的记录也恰恰是他白天劳作的体验，这些书的价值也正在于此。所以说如果你当书看，倒不如想象是在和张默闻一起战斗，收获更大。

认识张默闻这么多年，见面极少，也许就五六次，且没深谈过一次，说话最多的一次大概也就二十分钟，但确实很为这个兄弟高兴，也担心他工作上太拼了，会伤了身体，所以说在此再提醒一次。前一阵张默闻写了一篇关于我的文章，写得激情四溢、荡气回肠，一口气看下来，就是没看出来是在写我，所以说张默闻确实是个做广告的天才。

——叶茂中对张默闻的"十点所以说"刊登于《广告导报》
2012年8月期

特别致敬命运摆渡人：我的老板刘沭军和我的伯乐李艳春

引言：我确定TONY和LILY是张默闻这厮人生中最重要的恩师组合。

每个人的生命里都有发光的人出现，他们照亮了整个世界，对我而言，他们就是TONY和LILY。

基本上每个人都有老板，不管大小；基本上每个人都有伯乐，不管高低。但是我的老板和我的伯乐是一种组合：一位是美国上市公司AOBO董事局主席刘沭军先生（英文名字TONY），一位是美国上市公司AOBO董事、首席运营官李艳春女士（英文名字LILY）。这种把董事长和总裁"一网打尽"的模式竟然发生在我身上。

毫无疑问，这种组合，阵容非常强大，正因为这种顶尖的"恩师组合"，才培养出了张默闻这厮这个桀骜不驯的创意人。对于我的成长，他们是有重大功劳的。

TONY先生非常绅士，穿衣戴帽非常美国范儿。TONY先生是横跨中美的企业经营管理大师，他创办的美国东方生物技术有限公司

（AOBO）是美国纽交所上市公司，是中国在纽交所上市的第一个中国医药企业，创造了多项中国第一。

TONY先生是"发现需求，实现价值，共同发展"核心价值观的提出者和传播者，是全球著名华商的杰出代表。最重要的，他是我的老板，是他把我从一个部门部长推送到全球副总裁的位置上，悉心传授商业思维，实枪实弹演练品牌，从战术到战略，从战略到战争，沙盘演义，炮火求生，历时八年，TONY先生厥功至伟。

LILY女士特别优雅，学贯中西，气质袭人。她不仅熟悉中国本土商业规则，更熟悉美国金融风云，她被称为美国华尔街最具传奇的资本运营操盘手杰出女性人物，并被推选进入美国哈佛大学女性领导力董事会，是第一位进入美国哈佛大学女性领导力董事会的中国女性。

LILY在华尔街金融领域有金融铁娘子的美誉。更加传奇的是她不仅在商场上呼风唤雨已经圈粉无数，在教育孩子上也彰显出了超级魅力，成为超级妈妈，将儿子培养成全美顶级高中的领袖型学生，成为中美教育家共同称赞的妈妈典范。她是我的伯乐，是把我从南京引进到北京的唯一推手，劳苦功高，可比日月。

从时间上论，我是先认识AOBO首席运营官LILY女士，再认识AOBO董事局主席TONY先生的。出于对老大的无限敬重，我把TONY先生放在前面写，我相信这也是LILY愿意看到的，她也一定会要求我这样做的。所以后面的文字就直接简称TONY先生或者LILY女士，这样更亲切，就像回到当年参加AOBO董事局会议现场一样，自然流畅，恰如其分。

回忆第一次和TONY先生交谈，极其顺利，他的温和、他的霸气、他的时尚、他的气场瞬间就征服了我。可能是LILY女士事先做了完美的铺垫，第一次见面的氛围好极了。

第一次见TONY先生，他的装扮和发型让我记忆深刻。第一次见面的地点就在北京雍和宫附近的那栋AOBO小楼的第三层，简称AOBO北京办事处。那天窗外微风习习，树枝晃动，时空很是优雅。结果也好，相见恨晚，酣畅淋漓，特想买醉。

企业家硬汉：我的老板TONY先生的"十宗最"。

TONY先生的"第一宗最"：滚滚商界最重发现需求。

TONY先生最重发现需求。AOBO的核心价值主张"发现需求，实现价值，共同发展"这十二个字是TONY先生最先提出的。我做了深度洞察，直到2015年中国的超级企业家才陆续提出需求理论，并在企业管理中全面应用。可见这位军人出身的商界大鳄、我亲爱的TONY先生的预见性是何等的远程化和精准化。

这十二个字对我的影响非常深远，站在需求这个概念的巨人的肩膀上，我开始研究我的需求，老板的需求、顾客的需求，合作者的需求、人民的需求、国家的需求等。我发现需求的大门一旦打开，没有人可以关得上它。TONY先生在不经意间就奠定了他在企业管理中导师级的地位。

TONY先生的"第二宗最"：滚滚商界最重无限执行。

TONY先生最重无限执行。无限执行这个词和一般执行的意义完全不同，无限执行有无限的想象空间，执行已经不是一个动词，而是一个庞大的行动纲领。这种战争思维和他的军人背景是密不可分的。我没有见过TONY先生的军装照，但是我能感受到他身上的优秀军人的基因。我仔细地观察过他的手，充满老茧，彰显着力量，明显是训练拳击留下的符号，但是放下钢枪、穿上商业导师外衣的时候，他的绅士风度立即满场亮彩。

特别是在企业管理中，我几乎每分每秒都能感受到他对执行力的迷恋。翻阅十二年前的AOBO执行清单，我发现TONY先生对工作速度的要求是非常高的，他提出的"速度比完美更重要"的诉求整整影响了我十七年。

TONY先生的"第三宗最"：滚滚商界最重超级公正。

TONY先生最重超级公正。谁是他的敌人，谁是他的朋友，谁是他的战友，在工作中，他有一本清账。他的公正在AOBO具有非凡的认可度。作为AOBO的一名战士，我受到了TONY先生的公正使用，所以获得了飞速的发展，并用生命的尊严捍卫了AOBO的品牌崛起。

对于我这样一个100%的草根，他力排众议，火线提拔，把我从一个部长直接晋升为全球副总裁。当年这种提拔在AOBO是地震级的话题，对于一个没有社会根基的青年来说，这种使用无论是对TONY先生，还是对我都是严苛的考验。但是，我没有输给这次提拔，我们都胜利了。

我没有见过他冲动决策的现场，我只见过他力排众议的公正，他说，我每天在AOBO走得很晚，但是比我更晚的却是张默闻，最具有意义的是张默闻都在做着超出他时间表的工作。他的公正保护了一大批AOBO的忠臣良将，捍卫了AOBO发展的铁血实力。

TONY先生的"第四宗最":滚滚商界最重致敬榜样。

TONY先生最重致敬榜样。TONY先生发明了两个著名的奖项:一个是AOBO罗文奖,一个是AOBO不可替代的领军人物奖。第一个罗文奖是奖励那些在重要决策部门不问艰苦只问结果并取得卓越成就的杰出人物。第二个不可替代的领军人物奖是奖励那些在关键岗位上具有极强的专业能力和管理能力并做出杰出贡献的无法被取代的人。很不谦虚地说,我是这个奖项的连续获得者。

这就是他致敬榜样的思维。他通过梳理榜样、塑造榜样、推出榜样、奖励榜样、传播榜样,将榜样的精神发扬光大,将榜样的力量变成力量的榜样。这种管理策略带有强烈的军事化符号,并赢得了大家的拥戴。作为连续两届美国AOBO不可替代领军人物的获奖者,我深刻地感受到,榜样可以改变世界。

TONY先生的"第五宗最":滚滚商界最重甄选战略。

TONY先生最重甄选战略。战略就是选择,战略就是业务。企业经营的最高水平就是不断选择出高价值的战略方向。TONY先生和他的董事会成员以高超性的决策艺术始终和这个时代周旋,不断地调整自己的经营战略:华丽转身,进军资本市场;凸显民生,并购医药企业,在中国市场和美国市场都有不俗的表现。

TONY先生的战略不是那种紧急调头的战略,他的战略是那种速度与激情并存的实战战略。作为他的品牌战略官,我始终在前线参战,在后方谋划,每时每刻都能感受到他的战略的浓浓硝烟和战略的雨后彩虹。

TONY先生的"第六宗最":滚滚商界最重核心文化。

TONY先生最重核心文化。企业文化是AOBO和TONY先生的命。我第一次接触完整的企业文化就是在AOBO。2000年时AOBO就极其大胆地、极其开放地、极其职业地使用专业咨询公司进行AOBO企业文化的设计,为企业的精神信仰寻找芝麻开门的窗口。由AOBO董事局主席TONY先生亲自提出的"发现需求,实现价值,共同发展"的核心价值观就是那个时期的产物。

《AOBO之歌》的曲作者是著名音乐家孟卫东老师,但是歌词却是亲爱的TONY先生亲自创作的。今天我作词的《闻名》就是得益于TONY先生的言传身教。TONY先生非常懂得核心价值观的挖掘和使用,可以毫无夸张地说,AOBO的发展史就是一部企业文化经营史,企业文化的核心价值指导企业发展的重要使命在AOBO得到了重要实践。我的大脑就是那个年代被影响、被开化的。

TONY先生的"第七宗最":滚滚商界最重基本国情。

TONY先生最重基本国情。我认为,TONY先生的国情观察力是一流的,是国际化的和精准的。作为企业家,他不仅能洞悉中国国情的走向,而且还能洞悉美国国情的走向。他说过,国情就是商情,商情就是国情,不懂国情奥秘,在商情世界里你是没有立足之地的。

TONY先生把国情变成商情,把市场变成战场,既要保证企业运营的安全性,又要保证战略调整的科学性,所以,他不但在历练自己的国家品牌思维,还在训练自己的国际品牌思维,在国情判断上显示了他非常卓越的洞察能力。我是他国情洞察背后的专家组成员之一,我能感受到他的经营战略是随国情而变的精彩大戏。

TONY先生的"第八宗最"：滚滚商界最重工作作风。

TONY先生最重工作作风。作风过硬一直是他顽强坚持和反复锤炼的内容。他的工作作风可以这样总结：速度比完美更重要，正确比速度更重要，机遇比正确更重要，愿景比机遇更重要。所以他的工作作风是速度和完美的高度结合。为他工作，一要快，二要好，缺一不可。一个世纪才能干完的活在他这里一年就要干完，最终一定红旗飘飘。

我是这个作风带上跑得最快的几个人之一。我知道这种作风的快感，不是一般人可以感受到的。TONY先生跑在最前面，LILY女士跑在我前面，我跑在很多人的前面。所以，我喜欢奔跑式的工作，这是命。

TONY先生的"第九宗最"：滚滚商界最重战火感情。

TONY先生最重战火感情。我惊奇地发现，AOBO董事会成员们从创业开始到今天的2018年没有任何流失，没有一个人掉队，没有一个董事哭哭啼啼，没有一条丑闻传出。他们都磁铁般地吸附在AOBO这口大锅上，怎么抠也抠不掉。如果TONY先生不善于经营战火感情，是无法做到这点的。我作为他的一个战友、一个部下，可以庄严承诺：TONY先生能把战火感情的温度调到让人潸然泪下却不会痛苦的程度。

有一次我的妻子去哈尔滨探亲，我们亲爱的TONY先生竟然带领董事会成员全员正装出席，隆重欢迎一个奔向爱情的小女生。这阵势让我的那只爱情鸟受到了惊吓，她说她就像去联合国大会现场逛了一圈，可见TONY先生在感情经营上是个伟大的操盘手。他知道，感情是一个企业最雄厚的资产。

TONY先生的"第十宗最"：滚滚商界最重火线拼命。

TONY先生最重火线拼命。2000~2008年是我在AOBO战壕里战斗的八年。但是当我在2017年再度见到TONY先生的时候，他依然没有改变他那拼命三郎的火线精神，还是满中国地跑，还是满世界地跑，依然是不要人接，不要人送，来无影，去无踪。

他的拼命不是一天，是每天。TONY先生的拼命精神对我的影响很大，就像父亲的态度深深地种植在我的血液里。因为具有同样的火线精神，所以在AOBO，我才有资格作为TONY先生重要的左膀右臂，和他一起建造AOBO企业帝国。我承认，我不是AOBO最伟大的员工，但是我是一名可以领取拼命勋章的员工，这一点我确认。

TONY先生的精彩远远超越我的笔所触及的范围。他身上的闪光点很多，每一个都可以成为一个案例或者一本书。也许有的读者会认为，我对于恩师的评价过多地灌入了个人情感的成分，我需要声明的是，他身上表现的魅力我根本没有能力全面消化，更不要说全部提炼出来了。

我愿意把TONY先生的事迹收录在我的书里，不仅因为我对他的热爱，更是因为他作为中国企业经营管理大师，理应受到尊重和纪念。我想本书会是一本畅销书，会是一本引起关注的书，我希望读者的目光更多聚焦在TONY先生的身上，他是一部长篇小说，他是我的老板，如果我的光彩可以点亮你们，那么是他点亮我的。请允许我谢谢我最亲爱的老板，时光最后会把我们变老，但是您永远是我的恩师，我的老板，我随时接受您的训话。我爱您！

华尔街玫瑰：我的伯乐LILY女士的"八宗最"。

LILY女士的"第一宗最"：全球职场最懂位置的女士。

LILY女士是我见到的最具有位置感的女士。她本身的能力和气场非常强大，强大到她完全可以拥有自己的商业帝国，但是她从第一天进入AOBO就再也没有离开。她的华美壮丽不是她在AOBO出任首席运营官的荣耀，而是她在AOBO始终把自己放在最佳的位置上，作为TONY先生最亲密的战友和谋划者，在任何场合她都永远把光辉留给TONY先生。

她知道自己的位置，她把自己的位置经营得很美。她成为中美商界无数人心中的最美玫瑰。作为LILY女士最亲密的战友和部下之一，我经常为她的"位置学"震撼。她说，知道自己的位置。找准自己的位置，是人生最重要的事情。

LILY女士的"第二宗最"：全球职场最懂赞美的女士。

LILY女士的重要能力之一就是她的赞美艺术。她非常善于赞美别人，她的赞美不是那种照本宣科的赞美，而是发自内心的、量身定制的赞美。她的赞美就像一杯温润的咖啡，就像一杯新榨的果汁，就像一杯略浓的小米粥，不管是入心还是入肺都能让人心旷神怡，笑颜绽放。

我不是一个情商极高或者智商超群的人，但是我的成长和她的赞美有非常直接的关系。她的赞美更像一种点拨，温柔之间答案已经开始呈现，批判之间拯救已经开始运转，赞美之间方法已经传达完毕。我不禁感叹：一个人真正的艺术造诣不是专业高度10000米，情商指数9999，而是不露痕迹、不染献媚、不变初心的赞美艺术，LILY已经是博导，我还在路上。

LILY女士的"第三宗最":全球职场最懂演讲的女士。

LILY的英文好是她给我的第一印象。不是因为她的北京工商大学英语系毕业的背景,而是她可以用英语征服整个美国华尔街,会英文的人很多,很多人只能糊口,但是LILY确实是一个商业的奇迹。可以这么骄傲地说,AOBO登陆纽交所,LILY女士功不可没,她的路演字正腔圆,引经据典,数字精准,专业用语叹为观止。难怪有个美国金融大咖说,LILY是华尔街的玫瑰,整个华尔街为她沸腾。

超级棒的口才加上一身无法抗拒的优雅,使她每次的演讲都令人着迷,仿佛她一出现,整个世界就会安静了,就会和谐了,就会能量化了。她的演讲能力没有因为岁月的推进而褪色,反而焕发出了更漂亮的声音和更感人的力量。我喜欢她的演讲,里面有爱、有观点、有信仰、有希望,容易醉。

LILY女士的"第四宗最":全球职场最懂中美的女士。

LILY女士不仅是中国通,更是美国通。有人说,真正融入美国是件漫长的、艰苦的、挑战性极强的事情。但是在浑身充满活力的LILY身上并没有遇到太大的挑战,她不仅成功地进入了美国,更成功地进入了华尔街,成为华尔街公认的来自中国的华尔街玫瑰。她用中国思维挑战美国思维,她用美国思维反哺中国思维,她将华尔街的金融巨头们的商业模式搬运到AOBO,使AOBO获得了全球投行的青睐和注意,取得了重要的国际影响力。

现在的LILY不仅是美国的中国使者，更是中国的美国使者，她活跃在中国和美国的商业中心，游刃有余。作为她的战友、她的老部下、她的兄弟，我深刻地感受到了她的蓬勃，她就像一个天使，在演绎着中美商业合作的全新明天。最近我们还在研究如何把哈佛大学的教育方式搬运到中国，我想，她想做的事，一定会成功。

LILY女士的"第五宗最"：全球职场最懂育儿的女士。

LILY女士不是一个简单的女人，她几乎是全能冠军。她不仅在商业上呼风唤雨，在教育儿子方面也取得了中美教育家的共同认可。这份成绩单不是一般的人可以获得和拥有的。他的儿子王丰源，一个只有十五岁的少年，出版了一本热销中国和美国的留学传记——《不负少年强》，这和LILY的教育是分不开的。

如果我没有预测失误，未来几年你将看见一个颜值和智慧都堪称完美的跨越中美商业的精英王丰源的传奇。这个传奇属于王丰源，更属于作为母亲的LILY女士。

卸下商业女精英光环的LILY是一位非常可爱的母亲，她和儿子之间的默契几乎到了一个微笑、一个眼神、一个姿势就能彼此心领神会的程度，令人赞叹。我有幸欣赏过他们母子之间的语音对话和文字互动，深刻地感受到母子连心这句话的完美演绎。

LILY为了孩子赴美的壮举在今天看来是她最成功的决定，我是《不负少年强》这本书的书名的策划者和书籍排版的设计者，我看见了LILY女士作为母亲的伟大，更看见了中国少年扬名美国的伟大。我终于承认，母爱创造一切。

LILY女士的"第六宗最"：全球职场最懂提炼的女士。

LILY有一种能力叫高度高速的双高提炼能力。她的提炼能力不是在很长时间内完成的，而是在一瞬间完成的。当伟大的TONY先生的发言还在继续的时候，她的提炼已经跃然纸上，等到TONY先生发言结束，她的应对策略已经逐条地排在了那里，整齐、震撼、实战。

在她身边多年，我眼睁睁地看她创造过无数次这样的奇迹。她的大脑就像一个超级计算机处理器，不断地给你惊喜，她的提炼能力不仅在AOBO，在中国甚至在国际都是一个无法复制的机器人似的超级大脑。作为一位优雅美丽的女性，她配得上完美这个词语。

LILY女士的"第七宗最"：全球职场最懂资源的女士。

LILY女士非常善于资源的整合。她是我唯一见过的从来都没有更换过手机的首席运营官。她的资源之广、资源之茂盛出乎很多人的意料。我们每个人的手中都会有很多资源，但是她却能把资源整合和扩展到很多倍。

在中美之间的商业运动中几乎没有LILY无法整合的商业资源，这就是她的魅力，更是她的整合驾驭能力的真实写照。在重视资源建设方面，我是得到她的真传的，在整合传播策划中得到了极大的收益。作为我的伯乐，她价值连城。

LILY女士的"第八宗最"：全球职场最懂着衣的女士。

说点柔情的LILY吧。LILY非常会穿衣打扮。她不仅能把中国元素穿得风生水起，也能把美国时尚穿得夺人眼球。她可以简，简到极致，却大气磅礴。她可以繁,繁到极致,却风情万种。职业起来,干净利索,连微笑都没有一丝多余。她柔情起来,无比优雅。

不靠近你无法体会她的衣着之美,每一次盛装,每一次简装,都是一幅画,很多人都沉醉过,就像走进意大利米兰国际时装周。我整整看了八年,遗憾的是,我的着装始终是不温不火,看来我没有着衣的天赋。

没有LILY,我想我还在南京那个多雨的城市里,慢慢地老去,慢慢地按部就班。

你不容分说就把我带走了,带到了北京,带到了一个我一直想走进去却没有力量走进去的世界。

从此鞍前马后,从此风雨同行,从此你成了我的领导,成了我的伯乐,成了我的导师。我该怎么谢谢你呢?一杯酒再浓也不够,一首歌再美也不够,一部书再厚也不够,我想,就把您留在我心里的样子写出来,让它变成书,变成更多人爱读的书,只有这样才好。

您常说,我是您孩子的舅舅,我觉得这是您对我最大的奖励,这种奖励是价值连城的。我想,我和您、我和丰源会再度重逢,那时候,请允许我热泪盈眶,告诉您,艳春姐姐,我们爱您。

山河壮美,飞机航班多如牛毛,你我经常擦肩而过,好想您再来杭州,当天不走,我们散步西湖,我们小饮一杯黄酒,叙叙AOBO的往事,叙叙那青春的战斗时光,叙叙那岁月不朽正奔流。

可好?

特别致敬赠我玫瑰的穆虹：叫声姐姐还好吗？

引言：穆虹来了，中国广告界就好玩多了，也端庄多了——谨以此文献给广告人文化集团总裁穆虹女士。

我的书里一定要有穆虹，这是我定的规矩，所以我必须遵守。喜欢穆老师的，我不是第一个人，也不是最后一个人，但是我是最喜欢穆虹老师的人之一。以前写过很多穆虹的文章，一个动情地写，一个动情地读，蛮美的情景。我一直在问，穆虹是我的谁呢？标准答案是：穆虹是我的姐姐，我的老师，我的朋友，我的贵人，我的亲人。连她亲弟弟穆本都知道他还有个莫名其妙、凭空掉下来的弟弟叫张默闻——第一次见面他就这样告诉我。看来我和穆老师的感情已经得到穆氏家族的承认。一段姐姐和弟弟的感情正式写入史册。

本书是我第一本自传性奋斗史，里面收录了和我无法分割的我的亲人和我的贵人，他们将会成为这个时代的故事主人公。穆老师是这些人中最生动、最感动、最心动的主角。所以请允许我把她请进我的书里，请进所有读者的心里。

从何写起呢？那就从穆老师和她的团队写起吧！

两小无猜：穆虹和她的导师战队

穆老师是个美女，这一点没有人会质疑。穆老师是个才女，这一点大家更无法质疑。说她是美女，有年轻时的照片为证，不然那个叫李文龙的画家也不会手捧鲜花娶于她。说她是才女，因为她是天津财经大学的中文系老师，绝对才女一位，朗诵，文笔，堪称一绝。

穆老师有"三有三掏"：三有就是有情有义有重量，三掏就是掏心掏肺掏钱包。据说，穆老师年轻的时候身材窈窕，天生妩媚，迷倒一大片男同学。后来创业，半夜加班加食，毫不收口，结果事业成功了，身体的重量也上去了。好在和先生李文龙同志已经生米煮成熟饭，子孙满堂，休也休不得，就这样幸福地被岁月推着朝前走。

穆老师有很多导师朋友，而且都是很铁的朋友，这些人组成了她的导师战队。我没有具体统计过穆老师战队的人数，但是有几个活跃导师我还是比较熟悉的。

中国广告协会电视委员会主任、中国电视人的主心骨金国强先生，中国广告协会报纸委员会主任、媒体界超级段子王梁勤俭先生等。

作为她的导师团队，她与他们保持着几十年的深厚友谊、商业友谊和学术友谊。导师团队成员个个性格鲜明，不是大咖就是教授；个个长得很帅，是中国广告界和媒体界的权威话语者。这样的导师阵容只有穆虹有，别人也许有，但是我没见过。

穆老师和她的导师团队是真正的哥们团，是志同道合的梦幻组合。

他们惺惺相惜，共同约定为中国广告做点有意义的事，在广告界硝烟四起的岁月里，他们不离不弃，做了许多挽救中国广告发展的良心事、专业事。虽然男性战队的战友们各自雄霸一方，但是总会在一个时间汇聚在天津，和他们的"野蛮女友"穆老师谈谈心、说说话、掰掰手腕、喝喝小酒，聊聊广告界的事，很感慨，世界上最浪漫的事就是带着老公和一帮子男性朋友喝酒聊天，彼此两小无猜，彼此相亲相爱。这才是我们最希望看到的中国广告界。

不让须眉：穆虹和她的娘子军团

穆老师有一个粉红娘娘团，也是闻名中国广告界的娘子军。以前我不太相信一堆女人在一起能干什么大事，现在穆老师让我相信女人干起事情来男人根本不是对手。有时候，女人撑起的不是半边天而是整个天空。

穆老师的娘子军中的几个代表人物我还算熟悉。袁健，手握一把削铁如泥的刀跟着穆虹打天下，不管客户有多大，她比客户还要大，斩获不少超级客户。

韩静主编，白白胖胖的就像大白兔奶糖一样温柔可人，但也是一员猛将和老将，一把飞镖百发百中，征服不少王牌客户，为穆老师挡风的玻璃。韩静是温柔和感性汇聚于一身的女子，老臣旧部，忠心耿耿十几年。

陈晓庆老师，典型的温柔杀手，一把销魂的琵琶，一曲下来客户全部缴枪不杀，从穆虹老师的小秘书开始成长为广告人文化集团副总裁，赶上了我当年的最好成绩。她的文笔一年一个台阶，天天出差连生孩子的时间都没有，带领一帮子年轻的将士征杀疆场，令人赏心悦目。

董颖女士，绝对才女一位，会主持，会写作，上得了台面，秀得了幸福，现在是广告人文化集团上市公司董事会秘书，位高权重但是不负众望，做得不错。

这些女子外表看起来人人温柔，个个感性，但是她们手里都有一把杀敌的枪，都有一颗忠诚的心。她们和穆老师在一起，攻城拔寨，开疆扩土，成为广告界一支令人叹为观止的娘子军。

以柔克刚：穆虹和她的诗与远方

参加过穆老师会议的人都会习惯性地对她有所期待，期待在会议上能听一听穆老师的诗朗诵，那宛如天籁的声音，那字句迸发哲理的感情，天女散花般地浇灌全场。

每一次她都是一袭红衣，一片丹心地上台，轻声细语，缓缓播撒，就像一位老师在传播着她的爱和力量。我的每本书都有穆老师的序，所以我知道她的文字功底。她是一个有文字洁癖的人，她不允许她的文字上落上灰尘，她不允许她的文字上长满青苔，她要纯粹，属于她自己的纯粹。

她是那种宁愿在洁白世界里起舞，也不愿在漆黑世界里歌唱的女子。她的精神、她的文字、她的诗歌，都是她的生命和符号，任何人侵略不得。

穆老师是柔美的，但又是刚强的。她以柔克刚，笑着与世界过招，用羞羞的铁拳打出了自己的一片江山。文字如歌，歌如文字，穆老师的精彩就在于能在刀光剑影的江湖读诗写字，果然非一般性情。

贩卖情怀：穆虹和她的创意生意

穆老师的生意是创意的生意。她们承办的中国大学生广告艺术节学院奖已经成为中国大学生广告创意最权威的奖项和最有影响力的奖项。作品总量已经突破每年40万件，成为中国大牌广告主的创意主战场。

创意的生意是最难做的生意。穆老师多年抱着一本《广告人》杂志求生，活活把它经营成中国广告杂志第一刊。在今天这个时代，这就是个奇迹。从这一点来说，穆老师是我的偶像。

创意的生意，除非你非常热爱它，否则没有几个人可以坚持下去。穆老师有强烈的学院情结，她一直致力于企业界、学界、广告界、媒体界的"四界联合"，想将创意经营成为中国最具活跃度的产业。这里面有她作为大学老师的情怀，有她作为广告人的情怀，有她对中国教育无限热爱的情怀，她醉倒在创意的生意上，一直不愿意醒。

在这个有无数暴利机会的时代，这就是她的坚守，她坚守规模才是大营销，她坚守教育才是大营销，她坚守创意才是大营销的经营哲学，将不景气的中国创意产业拉上了奔跑的快车道。

清水白菜：穆虹和她的上市红旗

穆老师创办的创意星球公司上市了。这在广告界立即就成了热门话题。她成了公众人物。大家没有想到一个大学老师竟然紧跑慢跑地一路往北把一个创意平台送上了资本的怀抱。她说，她一直倡导清水白菜般的生活，公司也应该清水白菜，营养健康。她把公司推到上市，也把那些跟了她多年的孩子们的后半生给安排好了。

她像一个大家长一样，开始思考员工们长大后的未来。她说，我一定会老去，就像天上的大雁，翅膀一定会衰老，从而降低飞翔的高度。那些年轻的大雁要自己搏击长空，笑傲江湖，从水灵灵的少女要变成广告界的领军人物，从朗朗少年要变成疆场战神，他们必须承担责任。上市就是他们责任的开始，我的舞台已经搭好，请他们开始他们的表演。

男人没有做到的她做到了，这个商业界的穆桂英，骑着白马，穿着红衣，就这样走在了我们的前面。

因爱伟大：穆虹和她的武林大会

广告界一直是刀光剑影，一直是门派纷争，一直是大压小、老压少，可以想象穆虹当年的开始何等艰难，成长的过程何等痛苦。但是穆虹就这样和天斗和地斗和人斗，慢慢地活了下来。

当年那些德不高望不重的广告界"名人们"没少对穆虹开火，试图把她打死在半路上。时隔多年，三十年河东三十年河西，有的人已经离开，有的人已经休战，就剩穆虹还在战斗，为自己的理想战斗。

面对那些又爱又恨的人，穆老师说了一番让我倍感震动的话，她说："我生在这个时代，我无路可退，我尊敬每一位前辈和后生，我敬仰每一位中国广告的贡献者和改变者。我的委屈是别人送给我的赞歌，我感谢他们，我爱他们，我要邀请他们和我一起唱响中国的广告赞歌……"

2017年9月2日，在中国大饭店举行的由穆老师总策划、总设计、总导演、总执行的"中国广告人商盟峰会暨ADMEN国际大奖颁奖盛典"隆重开幕。中国广告界的大咖名流悉数到场，朋友、战友、对手、亲人、贵人、英雄、领导，几百人喝了一次交杯酒，几百人领了一次人物奖，现场发布了中国最具规模性、最具权威性、最具代表性、最具实战性、最具公正性的《中国300位当代杰出广告人》系列丛书，让广告界的英雄们热泪盈眶，心暖意足。

本次大会震惊广告界，温暖全中国。北京大学教授陈刚老师说，没有想到啊，穆虹竟然致敬那些去世的广告界功勋人物，这个动作足以感动中国广告界，更加重要的是穆虹还为大学老师颁奖，这太重要了，对广告教育工作者颁奖是本次大会最伟大的创意。穆虹的胸怀是大海。

她组织了这次广告界的武林大会，她凝聚了广告界的英雄和人心，她辛苦了，我们要好好谢谢她。

大情小爱：穆虹和她的默闻兄弟

穆老师为张默闻策划集团写了一幅字，就五个字：默闻是兄弟。这文案、这书法都简单到极致。我一直在思考什么是兄弟呢？岁月大考，后来我逐渐地明白了，原来兄弟的真正的含义是"不相疑，不相移，不相遗"。只有做到了这九个字才能称得上兄弟，配得上情义。

我和穆虹老师的幸福片段之一：拿根打狗棒，面试张默闻。

见到穆老师之前，我已经是位高权重的美国上市公司AOBO全球副总裁了，虽然每天累得和狗一样，但是在人前还是人模狗样，道貌岸然的，所到之处被媒体包围，花天酒地，过了一段不知天高地厚的岁月。

2005年，我突然意识到对于一个企业的品牌总裁来说，没有品牌观点是非常可怕的，所以我的第一个动作就是要在专业广告杂志上发表张默闻的品牌观点。我先后致电多本著名广告杂志的主编，表达我想发表文章的诉求。结果是清一色的拒绝，似乎我是瘟疫携带者，都避之不及。直到最后一个电话结束，也没有一个主编给我文字出山的机会。

后来我去北京授领中国十大策划人的大奖，在现场遇见很多的媒体记者，其中就有貌美如花的《广告人》杂志的美女记者韩松霖小姐。我非常想打探《广告人》杂志社是否可以为我发稿，但是又羞于跪求，那一刻我正式宣布，发表文章的事情从此偃旗息鼓。

据说，韩小姐回去向穆老师做了汇报，说在北京被一色狼盯梢，此人名叫张默闻。还没有等穆老师打出自己的羞羞的铁拳，张默闻这厮自己竟然主动致电来拜见穆虹。穆老师何等角色，说，好，我正要会会他，看看这个人是何等的好色之徒，想发表文章得先过我这一关。

在天津的一个咖啡馆，穆老师策划了一个"拿根打狗棍，面试张默闻"的见面会，合者谈，不合者散。就这样两个心怀鬼胎的人见面了。原定的面试一个小时竟然变成了畅谈一个下午，走时竟然依依不舍，相谈甚欢。结果很简单，同意发表，有多少文章发表多少文章。穆老师说，默闻的文章含金量很高，未来可以影响中国广告界。

就这样我的第一篇文章刊登在了《广告人》杂志上。

所以后来很多人问我为什么对穆老师这么好，对《广告人》这么好，原因就在这里。

我和穆虹老师的幸福片段之二：一条红围巾，一世姐弟情。

母亲在2008年不幸患病，这是我有生以来面临的最痛苦的事情。母亲一生谨慎，几乎没有任何人与她为敌。母亲对我的庇护是远远超过她的能力范围的。在我面临失恋、面临贫穷、面临绝望的时候，她都用喂奶的姿势抱着我，让我在她的怀抱里重生。母亲的患病几乎打垮了我，在那段岁月里，我看不见天上的星星，只看见了漫天的乌云。

穆老师知道我母亲患病的消息，非常为我难过。她能感受到我和母亲的深情，穆虹老师告诉我：默闻，你对母亲的爱我感同身受，我们和父母就是彼此相迎和彼此相送的过程，爱过了，就好，如果她要远行，我们就好好陪她最后一程，孝心到了，也就放心了。

穆老师特别暖心地为我母亲寄来一条红色的羊绒围巾，暖暖的，软软的，就像一团希望的火。母亲很喜欢，她说，穆老师是好人，以后你要好好待她，不能辜负好人对你的好。后来二姐告诉我，母亲最后的时光每天都喜欢围着那条围巾，她问二姐，好看吗？二姐说，好看，俺娘围着最好看了。母亲满意地笑了。

在最后送别母亲的时刻，我把这条红得像火焰一样的围巾围在了母亲的胸前，我记得那红，记得母亲在围巾的映照下闪耀着的光辉。我哭着告诉母亲，那个世界很冷，你要暖暖的。就这样，母亲消失在我的世界里。

一条红围巾，见证一世情，谢谢穆老师。

我和穆虹老师的幸福片段之三：别走张默闻，别怕有我们。

在母亲离开的那段岁月里，我的身心已经疲惫到极限，软得就像一只奔袭了一千公里的豹子。我特地从安徽老家奔赴天津《广告人》杂志社当面感谢穆虹老师赠母亲围巾之恩。见到穆老师的瞬间我百感交集，扑通就跪在地上给穆老师规规矩矩地磕了三个响头，这是老家的规矩，也是母亲的嘱托。穆老师眼圈一红扶起了我，姐弟之间泣不成声。

别离穆老师后，我从天津火车站赶赴北京和夫人团聚，我人生中最大的一次危险发生了。在高铁上，我突然前胸后背大汗淋漓，感觉呼吸就要停止。我带给夫人的鲜花还怒放在货架上，我绝望地和身边的人说，叫列车员，然后就完全昏迷。短短的几十秒，我就从人间走向了地狱。醒来的时候列车员和我说，是一位北京的医生救了你，她喂你服了救心丸。我虚弱地想表达谢意后再度眼前一黑昏迷过去，至此，短短的四十分钟两次严重昏迷，小命危在旦夕。

再次醒来的时候，我已经躺在北京同仁医院的急救室。第一个映入我眼帘的就是穆老师，然后依次是她的主要战将，她们都围在床边，助力我和死神的斗争。那一刻，我流下了泪水，那一刻我才知道穆老师得到消息连夜从天津开车来北京。

她说，此刻默闻身边没有亲人，我们就是他的亲人，马上杀向北京，救人要紧，不惜一切代价抢时间。在我睁开眼睛的时候她们也到了，她们就像夜行军一样鞍马劳顿，眼睛里写满温温的泪和暖暖的情。

那一次，我看见了穆老师眼里的泪花。她说，默闻，你的命真大，医生说万分之一的希望，你挺过来了，真好。这就是穆老师，每次都在我最危险的时候出现，扮演钢铁侠的角色。人生有这个大姐，何等幸运。

我和穆虹老师的幸福片段之四：要上上跨版，要做做十年。

我在美国上市公司AOBO奋斗八年，累成重伤员。虽然斩获连续两届的不可替代领军人物奖，但是身体的极度消耗让我再也无法坚持，在医生的一再警告和威胁下，我含着眼泪和AOBO董事局主席辞职，拒绝到第五次，最终签字，TONY主席说，AOBO的大门永远为你敞开，绝不关闭，任何时候想回来就回来吧。我说，好的。

在江南宜兴的和桥小镇，我终于像一匹征战受伤的老马开始了慢慢地调养。那一阶段是夫人最高兴的日子，她说，你在家真好。后来我决定自己创业，从宜兴这个江南名城开始，那时候广告界门派林立，大咖云集，策划公司星罗棋布，创意大师神出鬼没。我的加入立即遭到很多亲人朋友的抗议，他们语重心长地说，张默闻，你已经混到上市公司全球副总裁，却两手空空。就是创业也要从北上广开始，选择从宜兴开始，太危险了……

我坚持了我的想法。我知道，我除了热爱什么也没有，就一个张默闻营销策划有限公司的营业执照孤零零地挂在那里，就像卖身契。我问穆老师，可以在《广告人》杂志上打广告吗？穆老师说什么内容？我说，北有叶茂中，南有张默闻。她说，行。我说，跨版，她说行。我说，没有钱，她还是说，行。我说要打很多年，她说，行，行，行。

穆老师在我最困难的时候温暖了我，很暖，很暖，很暖，就这样我从冰天雪地的小城创业走到了杭州CBD的星光大道。谢谢穆老师多年的肝胆相照的支持。

我和穆虹老师的幸福片段之五：你用真实力，证明你自己。

这些年我的日子稍微好过一点，就有很多人开始过度关心起我来。他们以非常客气的赞美挖苦我，他们以拒绝和我同台演出讽刺我，他们叫我叶茂中来羞辱我，各种声音蜂拥而至，我站在风口浪尖竟然不知如何回击。

这个时候任何聪明的人都不会站在我身边为我遮风挡雨，只有穆老师，她说，默闻，这个世界就是这样，你软它就强，你强它就软，害怕是没有用的，大姐虽然也不强大，但是我看不起那些欺负你的人，谁要伤害你，我就伤害谁，这年头，打仗也是过，和平也是过，我们讲的是个道理。

穆老师为我解围很多次，每一次都披肝沥胆，我都无以回报。现在那些习惯说我坏话的人住嘴了，那些视我为洪水猛兽的人罢手了，那些对我道听途说质疑不断的人松口了，我知道穆老师在背后做了很多工作，有的我知道，有的我不知道。广告人文化集团副总裁陈晓庆女士说，我一直被你和穆老师交叉感动着，你们姐弟，绝对佳话。

结束语：

很久没见穆老师，我的姐姐了。挺想的。每次写她都写不完整，因为她的进步太快，刚进入最佳写作状态，她已经又到达新的境界。这样好，她一直进步，我一直写。本书收录这篇文章，主要是纪念穆老师为我做的千万件事，也是告诉大家一个逼真的穆虹，我希望大家都爱她，因为，她受得起。

美国已经深夜，哥伦比亚这个城市静得就像一个古墓，我打开窗子，呼吸着窗外的气息，特别想和穆老师说，中国天气变冷，望御寒有方。身体略显肥胖，瘦点吧，我的姐。

儿子叫我，他说，明天赶飞机，早点睡。我说好，马上来。

友谊链接：
我写给母亲的信和穆虹大姐回给我的信

张默闻：
2007年12月18日23:00 世界上最疼我的娘，就要远行：我的娘

娘，您问我您今年到底多大岁数了，您说您记不清楚了。娘，我计算过，您76了。我是您最小的儿子，是您把我带到这个世界上的，从此幸福地生活在您的目光和牵挂里，已经三十多年了。

按照您的意愿，我为您带出了一个新的三口之家。娘，您别老说您今天不知道明天的事，悲观可不是您的习惯，我知道其实您知道我们未来的事，您知道，您的孩子一定可以按照您的嘱咐幸福地生活，一定可以继承您所有的美德，可以成为您心目中的英雄。

娘，来，让我给您洗洗头吧，看您这花白的头发，有点乱了。您别再拒绝了，儿子只是想把您身上的烦恼和疾病洗掉，只是想看看娘的秀发是否如年轻时一般乌黑滑亮。当您顺从地让清水从您的发间流出时，我读到了您满足的表情。娘，真的，您的表情很可爱，很单纯，很善良，温顺得像个孩子。当梳子一遍遍地划过您的银发，我的眼泪不小心滴到了您的发间，您问，你哭了？我说，娘啊，那是没有擦干净的水珠。您低声说，你又骗我。

我如此贪婪地看着您，我的娘，您知道您是多么慈祥，娘啊，您永远都是把疼藏在心里，把爱给我们，今天，我们却没有力量把您牢牢地拴在身边，娘，您离我那么近，却又那么远，娘，我轻轻地拥抱您，

我恨自己，浪费了那么多的时光，却给娘留下了牵挂，早知道拥抱可以安慰娘，我何必为这一次那么内疚。娘，听我给您说说世界以外的事好吗？您答应了。我的讲述您一直配合我笑着，我知道娘没有懂她没有看见的世界，只是为我的见识高兴。

很晚了，娘，还没有睡吗，我问她。

为什么不休息。娘说，我等你先睡。我听话地躺下了，转过脸，无声地哭了。夜很安静。

医院里到处充满着不幸和阴郁的气息。

我和娘夹杂在一群等待就医的人群中，以少有的淡定微笑地看着对方，仿佛我们不是在生离死别的医院，而是在一个阳光明媚的下午，在家的院落里进行着一次母子之间最温暖的家常。娘慈祥的目光停留在我的眼睛里，我突然感到这种眼光那么珍贵，温暖以从来没有的热情抚慰着我漂流的心灵。

其实，娘何尝不是一年365天，天天如此地张望呢？只是我忽略了，我忽略了她的眼神，忽略了那份永远不退休地等待我回家的脚步。

我拉着娘消瘦的手，用尽我全部的温柔喊了声，娘。人都说我长得像您，您看像吗？娘笑了，她说，你更像你父亲，我可没有你的心眼多，你看你浑身上下没有一点不像你的父亲，简直就是一个模子刻出来的。她笑容里竟然充满了羞涩和对自己作品的满意。

娘，微笑地看着人来人往，也许这种热闹和喧嚣使她意识到了什么，突然不经意地问我，我的病很严重吗？我快速地躲避了娘的眼睛，很自然地编造了排练多时的台词：娘，您没有事的，您一生做了那么多平常人难以做到的善良事，您一定会平安的。您不活到99，别想走的事。然后我给了娘一个不容怀疑的表情，表情里充满了心酸的味道。

娘满意地笑了，我发现那种眼神是对生的渴望，是对未来的希望，虽然所有的牙齿都没有了，但是我依然能读懂她岁月洗礼后的青春心灵和对子孙后代生活现状的绝对满意。不幸的是，我的口袋里却装着娘的肝癌的医院检验证明。

我说，娘，您等我一下，我去取个报告。走到她的视线外，我终于控制不住自己所有的疼，低声地、压抑地痛哭起来，我在内心用刀子把自己的心脏扎得疼痛，我想到了我在不久的将来有可能失去娘，我用什么填补我一直以来天高地厚的母爱。娘，我的白发亲娘。

孩子，你怎么了？娘推着轮椅无声地在我背后停下，我慌忙转过身，蹲在娘的身边，娘，我觉得我和您生活在一起的时间太少，总感觉内疚，娘，我们再也不分开了，好吗？

娘说，既然医生都说我是健康的，你就安心的工作，娘不能拖你的后腿，娘，还要活到99呢。

娘，我的亲娘，我抱紧了娘，泪水从眼里拼命崩溃，我说，娘，好样的，您是一位伟大的母亲。娘的手，拍了拍我的后背，我感觉很轻很轻，一瞬间，我成了她怀抱里的婴儿。

娘，我在心里深情地呼唤着。娘，我善良的娘，我一生辛劳的娘，我不幸的娘啊！

穆虹：

2017年12月22日　我以为我不会再哭：写给默闻

我以为我不会再哭了，但是，默闻的这篇"世界上最疼我的娘，就要远行：我的娘"，在短短的一瞬间，粉碎了我已经修炼了十年的坚硬的心，我哭了——

我的心，被那纤细的情感温柔而残酷地刺痛着，如针般，滴滴见血。那尘封已久的记忆，那同命相怜的体恤，那不可战胜的软弱，那个遥远的夏天，滚滚而来……

那个夏天，是我十年来不能触摸的痛，多少次，当我提笔想去写这个世界上最伟大的字"父亲"时，我都无法卒笔，从那个夏天开始，我无数次地命令自己坚强起来，命令自己舍弃那个叫情感的东西，舍弃那个叫文学的东西，舍弃那个叫思念的东西。

因为，我三岁后的每一个春节，记忆里都是父亲在漆面斑驳的墙上挂上一幅崭新的书法作品，那里面不仅蕴含着父亲在书法上的巨大功力，行云流水般的字里行间都是关于文学的内容，关于情感、关于诗，于是，我便有一个理想在心里诞生：要成为一名文学家。殊不知，实现这个理想要忍受的太多的是对灵魂的深刻反省和对肉体的残酷折磨。

拉着童年记忆中遥远但十分清晰的永远温暖的父亲的手去军粮城兵营，在星光熹微的每一个傍晚，我都骄傲地和来自天南地北的新兵们围坐在寥廓的草场上聆听父亲讲《三国》、谈《水浒》、说《聊斋》……然后我又拉着那双永远温暖的手走进文学系，然后我就努力地去写字、写诗，所有的努力就是为了让父亲骄傲和满意……

但是，那个夏天，父亲走了，临走时，我拉着他因为发烧而滚烫的手,他说的是"夕阳无限好,只是近黄昏"!父亲死在他七十七岁七月初七的生日当天,按照伊斯兰的礼仪被埋在故乡的公墓里。我记忆中的葬礼是漫天的白衣白帽,我随着阿訇诵经声向天空望去,仿佛父亲真的和天空融在了一起,那瞬间,我仿佛看到父亲在天上向我笑。

于是,生命的过程就这样真实和残酷地展现在了我的面前,心,在被巨大的伤痛撕扯以后进入了宁静的虚无里,于是,明白了什么叫"痛彻心扉"、什么叫"身心俱碎",为什么按伊斯兰教义,称"死亡"为"无常"。很久很久,我不敢和人握手,很久很久,我不敢念诗,很久很久,我不敢去摸笔,很久很久,我不敢看见老人的衣服,很久很久,我不敢面对母亲的眼睛……痛如刀,念如斧!

"十年生死两茫茫,不思量,自难忘,千里孤坟,无处话凄凉"——苏轼,苏东坡,你太深刻,太睿智,太残忍,太狠毒,你为什么将痛研究得如此彻底?心,痛中被撕咬和蚕食着,慢慢地变得坚硬和坚强,我拼命地工作,拼命地成长,因为,我知道,再也不会有一双永远温暖的手牵我走,路漫漫,我必须自己走,自己走……

罢罢罢!孔子认为"孝大于天",将父母誉为最大的佛,于是,我释然了:"为人子女送父母远行是我们的责任和使命,也是我们的幸福"只要我们珍视了和父母今生的缘,不负他们的希望,真心地敬过这个天,这尊佛,我们就应该用充满感恩的心,送他们走好,不难过了,因为,我们都是好人,都是永远的亲人。

当我将我出版的书祭在父亲的坟前,我真的感到我仿佛又回到久远的童年……默闻,我劝你好好地哭一场,哭过后赶紧去握住妈妈依旧温暖的手,牵她走,走过人生中最深刻的一段路程。

特别致敬伟大客户宗庆后：
我的第一位领袖级客户

引言：张默闻"首富都在用"的个人标签就是来自连续三年服务宗庆后先生后降临的幸运。

宗庆后，中国经营管理大师，杭州娃哈哈集团公司创始人，现任娃哈哈集团董事长兼总经理。2010~2013年四年间三次问鼎《福布斯》富豪排行榜，中国内地富豪榜首富宝座。宗庆后先生二十五年来将一个只有三个人的小学校办企业发展成为中国最大、全球第四的饮料企业，跻身中国企业500强，在中国民营企业500强中，娃哈哈营业收入位列第十二位、利润第八位、纳税第五位。其创建的"娃哈哈"品牌享誉国内外，被业界称为市场网络的"编织大师"。而张默闻作为首富御用的策划人连续服务娃哈哈三年，创造了广告界全案合作新奇迹。

仰望篇

仰望，我发现了伟大的光芒。仰望星空，我们可以看见星辰的闪耀和圣洁；仰望雪山，我们可以体味山尖上雪莲的芬芳和神秘；仰望信仰，我们可以坚定自己的脚步和飞翔的高度；仰望伟人，我们则可以找到以下东西：爱、热情、执着、善良、公益、进步、勇敢、正直、职业、榜样、宽厚、简朴、同情心、爱国等，宗庆后先生就是这样的人。

当我决定写娃哈哈集团公司掌舵人宗庆后先生的时候，我的精神是仰望的，我的笔触是仰望的，我的视线是仰望的，但是我的心却是平的。因为，平静流出的文字才和他的伟大精神与魅力相映。许久地思考，大量地阅读后，我决定要写他，这是我文字生涯里最有意义的事情，我可不愿意错过。春天里我和夫人说，宗老板是本书，一本可以影响世界商业经济和商业模式的书，写他，需要提高对他的崇拜和对娃哈哈的深度热爱。夫人笑着说，对我，你也没有这么热爱。

我想，写他一定要从他的财富开始。我始终认为他的财富和其他企业家的财富不同，其他企业家的财富积累更多是机会主义，而他的财富积累更多的是一种艺术，不从这个角度开写，他浩瀚的人生画卷，将令我不知如何铺展。

730天的时间推动并没有使我们忘记2010年3月，宗庆后先生以70亿美元资产荣登2010年福布斯中国富豪榜榜首。春去夏来，时隔6个多月，"2010胡润百富榜"发布，宗庆后再次以坐拥800亿元的财富问鼎首富。从此"双料首富"这个滚烫而艳羡全球的美誉成了他人生重要的标签，也成了他财富人生的最美风景。在他的身上折射出中国企业家的首富力量和首富精神，也是中国企业家最需要丰富的经营力量和人文精神。

解读中国"双料首富"宗老板,我认为他身上有"五种力量和十种精神"。只有深度体验他的魅力和传奇,才能从他伟大的精神世界里破土而出,来见证一个时代商业英雄和民族商业豪杰的通灵人生。我夜不能寐地通读了20万字关于他的介绍和人文传记后发现:

他一团和气,却简单有力;他善于思考,却彰显神秘;他敦厚天然,却勇敢锋利;他意志坚定,却满怀柔情;他严厉有加,却父爱如山;他智慧出众,却低调含蓄。他具有领袖的迷人气质,更有大佬的朗朗英气,的确妙不可言。如果香港的李嘉诚是海上的商业风帆,杭州的宗庆后就是大地上的商业苍松。如果一定要给宗老板一个定义,那宗庆后就是——中国原创现代商业领袖。

力量篇

世界上总有一种力量让你惊喜,总有一种力量让你鼓掌。宗庆后先生的力量就是属于这种完美的力量。宗先生的力量是生龙活虎的力量,更是深厚于胸的力量。他不是一个完全的商人,他更是一个具有浪漫主义人文情怀的思想楷模;他不是一个完全的战士,他更是一个指挥能力和管理能力超级精彩的常胜将军。他的力量属于他自己,他可以驾驭现在,更可以不断变革未来。

第一种力量:淡然财富的力量

面对财富人生,他很淡然,淡然到好像那些财富和他没有关系一样。正是他的淡然风骨才使得他和财富更近,更具有财富艺术,充满性格。他这样描述自己对财富的淡然力量：

"娃哈哈创办二十五年来，一贯老老实实、勤勤恳恳地经营企业，我和娃哈哈员工都一直牢记着我们的工作职责：那就是办好企业，凝聚小家、发展大家、报效国家。娃哈哈一直以来受到了员工和社会的肯定，也得到了大大小小的荣誉和头衔，我认为财富的力量就是能实实在在为国家、社会做点事情而已。"

第二种力量：中国元素的力量

宗庆后先生是一个充满中国元素的中国企业家，他是把管理艺术和管理力量融合得最完美的人，商业直觉、商业经验、商业文化、商业执行以及商业故事都在他的手里充满神奇和魅力。我们没有办法抗拒他给我们带来的一次次胜利享受。他是这样描述自己运用中国元素文化力量的：

"娃哈哈在管理上成功的原因有以下几个因素：对市场情况踏踏实实地调查研究是基础，对中国文化的深刻理解是根源，多年来积累的管理经验是法宝。创办娃哈哈以来，我大部分时间都是在一线跑市场，除了我，娃哈哈的销售团队也是长期下到最细的市场了解最及时的一手情况。我们的管理通道非常短，信息交换很高效。娃哈哈是土生土长的民族品牌，我们坚持走中国化的管理路线。我们的管理和经营源于对中华文化的理解和热爱。事实证明，我们中国完全可以有适合自己国情的企业管理模式，娃哈哈的成功亦引起了海内外对于中国式企业管理的研究。"

第三种力量：控制机遇的力量

一个时代可以造就一个人的传奇人生，一个善于把自己从平凡转为传奇的人也会造就一个属于自己的时代。宗老板就是一个能把历史机遇和自身观念结合得很好的商业才子，人生为数不多的戏剧时刻，都被他很好地征服和控制了。于是，中国有了关于他的传说。他是这样描述自己控制机遇的力量的：

"改革开放之后，国家对于所有制形式、市场经济的培育、财富观的解放等一系列政策的转变，给中国的经济创造了良好的发展环境。那时候是紧缺经济时代，所谓时势造英雄，中国也涌现出了许多屹立潮头的企业家，我也是从乡下回到了杭州，从一个草根成为有机会施展抱负的企业家之一。"

第四种力量：积极比赛的力量

宗庆后先生是个天赋异禀的伟大策划家。他有商业目标，他不愿意让自己沉默在中国，更不愿意让中国沉默在世界。于是，他设计了自己的理想，让自己骄傲地站在斗争的中央，以挑战者的姿态给自己交了答卷，给中国交了答卷。他是这样描述自己的比赛心态的：

"我的人生目标是办好企业，养好员工，为国家创造利税，努力向世界500强行列挺进，希望成为中国企业的'国家队'，与世界上其他的优秀企业比一比，赛一赛，证明我们中国的民营企业也可以培育出货真价实的世界500强企业。"

第五种力量:多元同举的力量

娃哈哈在宗老板的带领下不甘寂寞,在产业格局上写下了美丽篇章,又稳又好地发展了新的产业,这不仅见证了他商业视野的开阔,更见证了他商业棋局的给力。他是这样描述他的多元同举力量的:

"一个企业在有需要、有能力、有机会的前提下尝试多元化。娃哈哈没有负债经营,银行还有大量的存款,因此在做好饮料主业的同时,也在逐步探索进行多元化发展。希望通过主业和多元化的携手共进,让娃哈哈更进一步。"

我认为,在这个世界上,成为首富很难,成为一个兼具理性和艺术性的首富更难,他从淡然的财富心态,从中国式的文化管理,从对每个机遇的绝对控制,从积极进入战斗竞赛的性格,从多元商业走棋五个方面展示了他的商业力量,心态、本土、机遇、竞争、多元成了他无可复制的独特力量,在首富世界里自然走动,清风悠扬。

精神篇

一个企业家的守富精神就是一个企业家的精神大典,通常守比攻更艰难。今天,娃哈哈集团已经全面进入企业家精神管理时代,这个时代才是他和娃哈哈集团最需要的美好时代。

第一种精神:25年来中国具有创业典范精神的创业大师

宗庆后先生42岁白手起家艰苦创业,25年挣了1000亿元,成为中国最有创业典范精神的创业大师。他的创业不是简单的创业,而是一次中国商业模式与中国式管理的创业,25年,他创出了一个中国双料首富,更创造了一个商业时代的精神偶像。

第二种精神：25年来中国具有独立精神的商业才子
娃哈哈商标如果不在宗庆后先生的手里，它只是一个商标，而在他手里，却成了一座宝藏。25年来，他成了中国最有独立精神的商业才子，他的才能几乎不可复制，他成了世界商业教材和商业人物的经典案例。

第三种精神：25年来中国具有顽强抵抗外来商业侵略精神的企业领袖
25年来，娃哈哈一直和"列强"较量，作为领袖的宗庆后一直奉行"你不伤我，我不伤你，你要伤我，我必伤你"的商业宗旨，成为25年来中国具有顽强抵抗外来商业侵略精神的企业领袖。

第四种精神：25年来中国老板行列中具有加班精神的勤勉老板
有人说，宗老板辛苦是应该的，但是他功成名就后依旧奔波和加班，加倍辛苦，那就是一种道德与修为，是一种守富的能力。25年来，名义上他生活在城市，其实他生活在市场一线和旅途中。他把最该享受的生活给了消费者和员工，他是中国加班最多、最勤劳的老板。每天7:00到公司，23:00离开，这样的规律竟然保持了25年。

第五种精神：25年来中国具有节俭精神的双料首富
娃哈哈有几百亿元资金在银行睡觉，宗老板可以比任何人都穿得名贵，住得豪华，吃得优雅，行得潇洒，但他却过着最简单的生活，简单到一年的消费和一个刚毕业的大学生差不多。简单的品牌香烟，简单的科学饮食，简单的生活心态，当之无愧地成为中国具有节俭精神的双料首富。

第六种精神：25年来中国具有全面商战精神的全能军事指挥家

娃哈哈其实每天都在被对手包抄，都在战场的最中心地带。宗庆后先生作为总指挥，他最善于打仗。最可贵的是，他内能歼灭内乱，外能抗衡"列强"，攻守全能，成为25年来中国具有全面商战精神的全能军事指挥家。

第七种精神：25年来中国具有家文化精神的文化制造大师

有消息说宗总在企业里是最严厉的父亲，又是最开明的爹。他的家文化打败了西方的企业管理，成就了娃哈哈1000亿元的商业帝国。在娃哈哈他说了算，25年来一直在管理最前沿，把娃哈哈带到了繁荣昌盛的新天地，他也成了中国企业和学院派共同认可的25年中国具有家文化精神的文化制造大师。

第八种精神：25年来中国有情义精神的大当家和娃哈哈第一号男人

有情有义，说起来容易，做起来困难，但是娃哈哈做到了。他把中国商道的义与利演绎得无人可敌，他的全员股份化，实现了大家好才是真的好的美好生活愿景！他说，爱国更要爱家，爱家就要把生活过得让自己满意。所以每一个娃哈哈人都在这种幸福生活里阳光灿烂，欢天喜地。宗老板被员工称为25年来中国有情义精神的大当家和娃哈哈第一号男人。

第九种精神：25年来中国具有开拓和务实精神的商业大鳄
宗庆后先生虽然功成名就，但依然斗志昂扬，其核心饮料业务笑傲全球，却雄心不减，逐鹿多元商业领域，建筑娃哈哈商业帝国。无论他遭遇何等抉择，依然睿智而坚定，所以他被媒体誉为25年来中国具有开拓和务实精神的商业大鳄。

第十种精神：25年来中国具有实用精神的慈善家
他的慈善理念就是埋头把企业做大做强，让3万名员工安居乐业，让13亿消费者幸福地使用娃哈哈产品，用实际行动做慈善。外界评论：这种慈善才是真慈善，宗庆后先生被亲切称为25年来中国具有实用精神的慈善家。

写意篇
宗庆后先生那双和我交汇过的眼睛充满善意。我无法描绘出这个伟大的企业家的全部轮廓，我也无法奢望这篇文章为我带来掌声，从2011年幸运地和娃哈哈集团密切合作以来，我便更幸运地经常和他接触，这种撞击心灵的美好和无限流畅的善意改写了我对中国企业家的担忧和猜想。我想，与宗庆后先生一起激荡创意和分享营销观点的岁月是一种幸福，更是一种永恒。

我的眼睛里永远也看不到他的白发，永远也看不到他的困倦，我看到的是他年轻的斗志和奔跑的速度。无论在前进的路上有多少故事可以记载，有多少情感值得悠悠阅读，我都记得那双眼睛，充满善意和温暖，直达我坚固的心灵。人生就是如此戏剧和惊喜，一路上，和他握手过，便荣耀。

我崇拜他的精神和力量，我愿意一直支持他，为他站岗和放哨。毕竟有这样的精神和力量的企业家太少，你、我、中国、世界都应该加倍珍惜，如果世界真有一种东西可以让他再活500年，世界都会帮他。在2011~2012年的冉冉时光里，感谢宗老板把娃哈哈的策划交给我们，让我们历练、燎原、大爱、心中燃烧。

也许，这个伟大的企业家此刻正走在战场上，正在骏马奔腾，正在指点江山，正在笔走字飞，我和我们，在后面紧随，任凭一路硝烟在身后。

第四部分

敢想,思想也会发光

创业前夜,我做了一个决定和十一个定位

引言:那一夜,我坐在岳父家院子里的板凳上敲定了我的创业蓝图。

反对我创业的人很多,甚至我自己都反对。好好的美国上市公司的全球副总裁不当,非要在宜兴这座小城市里开始创业,他们说我的脑子进水了。1991~2008年,我一直在北京、上海、哈尔滨这样的大城市工作,突然决定在宜兴这座小城市里创业,连自己也觉得有点不甘心。很多人不解,更多人惋惜,太多人开始看我的笑话。看看摘掉上市公司高管桂冠的张默闻如何逆袭?我的新生活到底被贴上了什么标签?我不知道,但是我知道,人生大考再次来临。

2008年,北京奥运会的运动光芒照耀全世界,我却离开了北京,躲避战乱般地畏缩在一个叫和桥的江南小镇的一座宽阔的别墅里。那里是我岳父的家,那里没有商业味道,没有车来车往,只有满院子的蔬菜和水果,过度劳累的身体在那里得到了最佳的修复。那些日子我丢盔弃甲、休养生息,每天按时吃饭、按时睡觉、按时写、按时听、按时运

动，实实在在地体验了一把宜兴式老年人的生活模式。算起来那段时间竟是我经历的最美好的生活时光之一。

但是好景不能太长，再美的生活也要屈服于现实，在肉体和神经一点点好起来时，我知道，我该上战场了。因为心中的那匹战马已经引颈长鸣，四蹄蹬空，渴望出击了。但是激动之余我突然惊醒，我已经从美国公司AOBO全球副总裁的高位上解甲归田，我和我的战马要去哪里厮杀？去和谁厮杀？我竟一无所知。

如果我就此沉寂于江南小镇，对不起我的理想，这不是我的天堂。如果我重新投入AOBO的怀抱，我的身体一定泪流满面加以抵抗，那里也不是我的天堂。如果我接受中国最大的广告公司的邀请，我难以洗清关联单位的骂名，那里也不是我的天堂。正在犹豫，心里突然有个声音清脆地传来："起义"吧，张默闻先生。我心里一惊，谁透露了我的秘密？谁看透了我的理想？

最终，我放弃了所有远程出征的道路。我避开北上广创业成本过高的焦虑，选择在宜兴这个不大不小、不快不慢、不急不躁的城市作为根据地进行创业革命。我屏蔽了所有朋友的建议，我删除了所有好友的信息，我要一意孤行，将张默闻策划的品牌进行到底。我告诉自己，活要活得精彩，死要死得壮烈，一个人的耻辱，不用全世界都知道。

2008年8月8日是我创业战略形成的前夜。那一夜，月光如水，蟋蟀齐鸣，整个别墅的院子就我一个人。世界给了我一个最安静的考场，看我如何做出创业这道题。从那一刻，我的思考开始狂风暴雨般地被撕裂开来。我把索尼随身听里播放的歌曲音量调到最大，循环播放，让我的耳朵里充满爆炸的声音。后来我的耳膜受损、听力下降和那一夜的疯狂有直接的关系。

我知道，明天就要行动，今夜做好决定：确定好我的方向，确定好我的定位，确定好我的行动，确定好我的圈子，确定好失败后如何结束。那个深夜我为自己做了一个重要的决定和十一个定位。这是我第一次为自己做定位，转眼已经九年。我把自己一半交给了努力，一半交给了运气。我信命。

我做的第一个定位是：做一个永不借钱的创始人。

这个定位几乎违背商业原理，但是这个定位对我非常重要，绝不更改。我给自己定了三个永不借钱的条件。第一是：创业过程，保持稳健，宁愿缓慢，永不借钱。第二是：亲戚的银子堆成山，绝不去借一分钱，宁愿吃饭没有盐，宁愿缺钱不过年，永不借钱。第三是：高利贷就是断头台，更是一个无底的深渊，岁岁年年，永不借钱。

我不想和我父亲一样被那些道貌岸然、毫无同情心的债主们逼债，终身扮演电影《白毛女》里杨白劳的角色。我不想看到母亲为此无助垂泪的样子，我更不希望我的妻子未来也变成我母亲的模样，成为抵抗逼债的战士。那样对家将是极大的伤害。我虽然不能给家一个华美的世界，但也不能让家遍地狼烟。我的第一个定位指导了我的创业路线——基本不借钱的发展方向。所以，我的成长是缓慢的。

在这个问题上母亲曾经和我说："默闻，娘不保守，也不反对你父亲做生意。只是我一直建议他不要冒险，做做小生意就好，不要去借高利贷，更不要和亲戚们借钱，最后一定会反目成仇。只要简单地生活，只要你们兄弟姐妹平安长大就好。但是你父亲完全背叛了我的劝告，最后导致债主堵门，亲戚反目，到死他都没有解除被逼迫还债的命运。我害怕那种日子，生活苦一点没有关系，我实在不想你将来和你父亲一样打着为家造福的旗号为家造祸，虽然他的出发点是好的……"

我说，娘，放心，我争取做一个永不借钱的人。

我做的第二个定位是：做一个闻名天下的品牌策划家。

我知道，在乙方我是创意人，在甲方我是策划人。我用乙方的烈酒灌过甲方，我用甲方的米酒醉过乙方。未来我要做谁，是我必须定位清楚的。坐在出征的战马上，我问了自己四个问题：我是谁？我能做什么？我做过什么？我做得如何？答案很简单，我是策划人，我能做品牌的全案策划，我做过美国上市公司全球副总裁，我把金鸡胶囊单品做到中国妇科药第一品牌的位置。有人说我是一把创意之剑，擦一下就会寒气逼人。也有人说我是孙悟空，喜欢大闹天宫，中国不会再有第二个。所以我的第二个定位自然出现——做一个闻名天下的品牌策划家。

我一直坚信一句话，自己都不能把自己推销出去的人，自己都不能成为天下闻名的人，怎么能有能力把客户的品牌推到全中国呢？所以我要做闻名天下的人，做闻名天下的策划家。我要自成一派，不要师傅不要爱，杀出血路冲出来。我谢绝了所有高手对我的辅导和纠错，我一直固执地按照闻名天下的思路走。我不敢想象结局，但是我必须走进这个局。2017年9月，我成为中国当代杰出广告人，算是对这一定位被认可的祝贺吧。

非常戏剧的是，2015年由张默闻作词、陈伟作曲、冷漠演唱的《闻名》成了著名的流行歌曲。《闻名》这首歌就是2008年我创业前夜的真实内心写照，名字也是创业前夜早就定好的。据说这首歌现在很流行，登上酷狗音乐排名前五，在KTV里都可以点到这首歌。我特意去测试了一下，是真的。这首歌已经成为张默闻策划集团和张默闻商学院集团的官方励志歌曲。闻名的理想终于闻名了。

我做的第三个定位是：做一个最受中国企业家尊敬的贵宾创意官。

我做了八年美国上市公司董事局主席特别助理。八年的经验告诉我，一个真正伟大的品牌创意官必须具有甲乙双方的品牌操盘背景，更要具有大师级的实战经验，否则你会被你的客户所抛弃。无数案例证明：决定策划人命运和策划公司命运的是中国企业家，他们的掌声、他们的点头、他们的认可、他们的盖章、他们的点赞，才是品牌创意官的不二价值。

我的第三个定位就是要做一个最受中国企业家尊敬的贵宾创意官。我必须用自己的智慧、自己的战略、自己的创意征服一座座企业家高山，让我成为他们的贵宾，成为他们的贵宾创意官。我相信，没有尊敬就没有机会，没有机会就永远成不了企业家的贵宾，不能成为企业家贵宾就不能成为中国真正的品牌贵宾创意官。

在我所有2008年创业前夜的定位里，这是最冒险的定位，也是最刺激的定位，但是，也是我最喜欢的定位。这个定位从2010年开始就得到了验证，张默闻作为娃哈哈集团宗庆后先生和中国恒大集团许家印先生的贵宾创意官受到业界的深度关注。这个定位获得了它应有的荣誉和光荣。

我做的第四个定位是：做一个充满话题的人和打不倒的广告人。

我一直在思考一个重要的问题，在广告界我要做个什么样的人？绝对的好人，人人可以宰割我？绝对的坏人，人人都会害怕我？不行，这两个极端角色都不是我，我不能踩雷。我要做的必须是别人都不愿意做的，做不好的，做不出品牌的事情。

其实我要做一个充满话题的人，我就是话题，话题就是我，我在这个圈子多少年就要成为话题多少年，但是我必须控制话题、主导话题，我不能成为话题的俘虏和傀儡。虽然成为话题，但是我要能承受住话题的打击，不能被轻易打倒。我可以投降，但是投降的前提是进行更大的反攻。

任何一个圈子里都有黑色的老大，他们文明地统治着一个行业或者一个阶层。没有门票的我无法进入，但是我一定要进入，不管里面何等的壁垒森严，何等的高手如云。只要我在创业的道路上迈出一步，我就会向权威靠近一步，用话题的钥匙，用打不倒的精神，让自己活着，获得让别人夹道欢迎的机会。

我的第四个定位是冒险的，说实话，我的内心是恐惧的。这么多年过去了，每天我都背负着话题生活。正如命运安排，我如愿地成了广告界的话题人物、故事人物、实战人物和励志人物，成了被打倒无数次还站着的人，我正在被吸引力法则带领着，一步步走到我设想的地方。2008年创业前夜的这个定位，原来是高危定位。如果再选一次，也许我会放弃。

我做的第五个定位是：做一个真正的全案策划公司领导者。

2000~2008年，我担任AOBO整合营销传播中心全球总经理期间，中国最著名的有排名的策划机构都在轮流为AOBO提供品牌策略服务，但是很少有公司服务到善始善终。我无数次研究和破解其中的奥秘，终于发现服务中国企业品牌需要的不仅仅是创意、是媒介、是传播、是营销，这些只是企业发展的重要元素而已，更加重要的元素则是隐藏在企业家心里的顶层设计和暴露在组织系统里的体制体系，企业需要的不仅仅是一家创意公司或者媒体公司，更需要的是一个真正意义上的全案策划公司。

所以，在创业大船尚未起航的时候，我要将未来的张默闻策划集团定位为中国真正的全案策划公司领导者。只有这样，才有胜出的可能，才有继续讲故事的可能。企业经营的本质是盈利，是品牌，是产品，是服务，这都没有错，但是企业经营最本质的核心是经营人。全案策划最核心、最机密、最伟大的地方就是帮助企业经营愿景，经营信仰，最后还是经营人。

2008年的这个定位是反传统的定位，是挑战一般策划公司的最高级别的定位。那一年我三十五岁，我为我的超级定位感到自豪，因为今天我所有的成功都得益于我的全案策划实力。现在我可以肯定地说，张默闻的全案策划能力是无法复制的，除非第二个张默闻诞生。

我做的第六个定位是：做一个最能写、最能说、最能想、最能做的策划人。

做策划人其实很简单，只要做和策划有关的事情都可以叫策划人。但是我给自己的第六个定位就比较复杂：我要做一个能写、能说、能想、能做的策划人。能说，就是能沟通，能把悲事沟通成喜事，把坏事沟通成好事。你说的每一句话都是金口玉言，你说的每个观点都是金科玉律。这个世界上能说的人很多，但是能说得成功的人却很少，我要求自己的第一个指标就是能说。

能写，就是能写全案，能写文案，能写执行案。手里的一支笔要能抵得上千千万万的士兵，要把春天写得柳条能走路，要把冬天写得雪花会唱歌。你的文章像刀子，可以划开最美的包装；你的文章像绣针，可以绣出最美的山河。你心里怎么想、你能怎么写，写出来，就是经典，这才是最美的。

能想，全案者要能想，企业家想到的你要想到，企业家没有想到的你也要想到，你要想到的更顶尖。你的每一个想法，都要闪光，你的每一个想法，都要落地，你想到的就是别人想要的，这样最好。

能做，最为关键。世界上所有的事情都是一个"做"字在统领。做事、做人、做梦等，世界因做而美。我有"张默闻五做"：第一是做得到，第二是做得好，第三是做得久，第四是做得妙，第五是做得省。能做，不仅仅是行动，还有战术，这是全案策划的基本能力。创业这么多年，我一直在做上下功夫，因为我怕我能说能写能想而不能做，那样我会输掉全世界。2017年，我总结一下我们服务的全案客户，就四个字：做得漂亮。

我做的第七个定位是：做一个有偶像感的、排名第二的著名品牌策划人。

我想，创业是件不知道死活的选择。也许你今天刚注册公司明天就关门大吉了。成为一家什么样的公司和公司的创始人这个定位很关键。在中国，品牌界有三怪，一是喜欢偶像比喜欢家人热烈；二是喜欢个性比喜欢规矩热烈；三是喜欢案例比喜欢理论热烈。所以我决定在创业的道路上让自己成为偶像，就像叶茂中先生是我的偶像一样。我要做个有偶像感的策划人。

2008年创业前的那一夜我做出了更加接地气的定位，就是无论张默闻策划集团未来做成何等规模，何等家喻户晓，何等意气风发，只做中国策划界的老二，绝对不去染指老大的位置。老二的美是那种别人能看见却不妒忌的位置，老二的美是那种别人可以欣赏却不鄙视的位置，它，紧紧地跟在老大的后面幸福地生活着。我的第六个定位就是要做一个有偶像感的、排名第二的著名品牌策划人。在2017年，我发现，这个目标也达到了。第一，有人喜欢我们，第二，有人恨我们，第三，全世界都知道我是策划界的老二，低调得很可爱。

我做的第八个定位是：做一个和叶茂中大师齐名的策划人。

院子里静得出奇，一个人的定位大战激战正酣。我想，一个打着策划创业者旗号的没有任何门派的、没有任何护法的年轻人要杀向壁垒森严、高手云集、门派林立的策划圈，广告界一定是一片笑声，认为张默闻这厮疯了。初步盘算下来，一身盐分很重的大汗湿透了后背。放眼全国，北京已经被占领，上海已经被占领，广州已经被占领，各个城市也被大学老师开的策划公司和广告公司所占领，2008年在策划领域创业，活的可能性很小。我懵圈在路上，不知所措。

我拼命地抽烟，一支灭，一支燃，在忽明忽暗的时间里，我的思考出现了转机——我要在中国找出真正策划公司第一品牌。翻箱倒柜，翻江倒海，最终只有一个人入选，这个人就是叶茂中。他的策划功夫可以说是中国第一、没有人会有反对。我决定我要和叶茂中大哥比翼双飞。面对自己的偶像，面对自己的信仰，我诞生了在中国广告界最有影响、最有话题、最有动销能力的一句广告语：北有叶茂中，南有张默闻。

夜越来越深，心情越来越轻，这是我为自己做的创业前的第八个定位，这是最有幸福感的定位，我隐约感觉到我听到了春天的节奏，听到了噼里啪啦的鲜花盛开的声音，我唯一不能确定的是这个定位能不能成功，能不能成为张默闻广告的第一句话。我不敢想，至少在那天的那个夜里，我是兴奋和绝望交替出现的。佛祖保佑，这个广告语一直使用到今天。谢谢叶茂中大哥，谢谢叶茂中大师。感恩成全，果实累累。

我做的第九个定位是：做一个把公司开在最美、最有创意感的地方的创始人。

把公司开在宜兴，主要的原因是没有钱，第二个原因是如果失败丢人也丢不远。宜兴很美，有很多水，最著名的是宜兴的东氿和西氿，碧波荡漾，让人神魂颠倒。这是我选择创业基地最重要的指标之一。如果不能做到令人尊重，那就做到江山如画吧。我坚信在风景里工作是一件幸福的事。

所以我的第九个定位是做一个把公司开在最美、最有创意感的地方的创始人。这一点我做到了。后来搬迁到无锡，那里有美丽的太湖，一首《太湖美》唱得人晕头转向，浑身酸软。一眼望不到边的青山绿水，醉了我这个农夫级品牌创意人。最后胜利大逃亡到杭州，这里竟然有个更美的西湖，岸有垂杨柳，水有人泛舟，我决定就在这里了，再也不走了。北京很大，与我何干？上海很大，与我何干？广州很大，与我何干？我就要水多人美的地方，善待自己对美的向往，才是最大的策划。

所以，到现在，我们的官方网站上永远有一句话：张默闻策划集团，总部杭州。一听，就是长在风景里的公司。我做到了。

我做的第十个定位是：做一个能服务最大企业客户的策划公司领航人。

我一直告诫自己，你和谁在一起就决定着你的高度。所以，创业前的那个深夜，我给自己定了一个小目标，就是一定要和中国最大的企业合作一把，看看自己的水平上不上得台面，是骡子是马必须在操场上跑两圈。我被自己的想法吓到了。

感谢中国首富许家印，感谢中国首富宗庆后，两位贵人轮流和张默闻策划集团展开合作，一干就是好几年。你们满足了我2008年的那个定位、那个梦想、那个目标。后来马云说了一句流行语：梦想还是要有的，万一实现了呢？就是我2008年的真实写照。

我做的第十一个定位是：做一个著作等身并且能站着挣钱的策划人。

在黎明的时候，妻子从楼上披着衣服下来找我，她不明白大半夜一个人坐在院子里神出鬼没地抽烟、听音乐，是神经出现故障了，还是遇见什么痛不能语的事情了。我说，我正在规划我们的未来。她说，白天也可以规划，为什么要在深夜规划，身体要紧，刚刚恢复就开始破坏，限你10分钟回房间，否则你就睡在院子吧。说完，独自上楼去了，她穿的拖鞋吧嗒吧嗒一直向楼上延伸，在深夜特别响亮，就像贝多芬的交响曲。

我在想，未来我最大的希望是什么呢？我选择了一个目标，就是著作等身。我一定要出很多著作，最后和我的身高一样高。我被自己的想法吓了一跳，一个连大学的门都没有进去过的人做这个定位有点无耻，但是，我知道，我会去做，因为我决定做。如果在著作等身的成绩单上能站着把钱挣了，那是更美好的事情。

后来这个目标竟然开始慢慢实现，著作已经30本，字数突破1000万，客户对我们都很好，我们出售智慧他们出钱，我们收获尊严他们收获满意。看上去和和美美。

我做了一个无法更改的重大决定。

天亮的时候，我的烟还在拼命燃烧，脚下已经横七竖八地躺着六七十根香烟嘴。耳机还在咿咿呀呀地唱，就像为了钱做垂死演出一样。岳父每次都是第一个醒来，他的出现宣告新的一天已经到来。他看着我的样子，说，小张，起来这么早啊。我说是。岳父客气地打完招呼就去烧水了，他的习惯是，每天早上起来一壶水、一杯茶、一支烟、身体好得和十八岁的少年一样，任意生长。这位曾经叱咤风云的商业人物还原了他的温情，生活就是这样，你强它就弱，你弱它就强。后来，他特意跑过来告诉我，很多事，不要放在心上。他知道，我一定没睡，我的样子他一定经历过。

天亮的时候，我做了一个一生对我而言都很重要的重大决定：创立公司。我决定从宜兴起步，从五万块钱起步，和几个志同道合的年轻人一起。一开始公司的名字叫火种，寓意星星之火，可以燎原。慢慢活下来后，我就按部就班地把公司改名为张默闻营销策划有限公司。2010年，张默闻营销策划公司真正意义上在杭州正式挂牌，2015年，坐落于美国纽约的张默闻策划集团正式挂牌。

宜兴这个城市是我的福地，创业的福地，爱情的福地，我热爱这个城市。

独家发布：一个人要活就要活成一个超级品牌

引言：我生存的最大动力就是活成一个超级品牌。

美国学者彼得斯说过一句很著名的话——"21世纪的工作生存法则，就是建立个人品牌。"这句话对我的刺激最大，也奠定了我创立张默闻品牌、成就张默闻品牌的最大决心。有人说，个人品牌只有大人物才可以拥有，其实错了，阿猫阿狗都可以成为品牌，关键看你的品牌野心。张默闻不是一个伟大的个人品牌规划师，但是，我知道个人品牌制造的点滴辛酸，今天和大家分享，愿你的品牌响亮，成长为一个超级个人品牌。

第一：建立个人品牌要把自己的"品"和"牌"分别建好。

个人品牌分为"品"和"牌"两部分。"品"是指持续输出你的高质量形象，坚决不能让自己的形象在公众面前失分；"牌"是指有识别度地、有策略度地、有温度地去影响更多的人。所以衡量个人品牌威力的大小，网络上有个简化公式：品牌＝提供的价值×影响的人数×频次。仅仅有"品"不行，仅仅有"牌"也不行，品牌就是"品"加"牌"，苦无良药，就此一方。

第二：建立个人品牌先要把自己的标签设计好。

打造个人品牌最好的方式就是把自己浓缩成个人标签去传播。在注意力稀缺的时代，一定要主动给自己打标签。你的标签有特色、有话题、有内容，就能自带流量，就能扩大影响。不管是个人的名片、会议的发言，还是自我的介绍、微信的签名，都是强化自己标签的地方。你是风吹杨柳，还是大漠晴空；你是多情儿郎，还是温柔少女。标签，必须成为你个人品牌的第一名片。

第三：建立个人品牌先要把自己的视觉符号固化好。

这个世界很奇怪，大家记不住太多的名字，但是大家记得住独特的符号。肯德基大爷、麦当劳大叔，都是靠符号影响了世界。所以打造个人品牌首先要设计一个具有传播和识别力的超级个人符号，这要满足三个原则。第一个原则：绝对差异化，在人海之中鹤立鸡群；第二个原则：绝对要坚持，要做就做一辈子；第三个原则：绝对要和自己的主业相关联。张默闻就是按照这三个原则设计了自己，戴一顶一辈子也不取下来的帽子，留一片一辈子也不刮掉的胡子，穿一条一辈子也不改变的牛仔裤。就这样，个人品牌的符号战略获得了成功，我一旦拿掉帽子、刮掉胡子、脱掉牛仔裤，我就不是我了。

第四:建立个人品牌要把公司名称和身份证名字统一就好。

关于这一点,我和叶茂中叶先生的观点和做法都是一致的,他成立了叶茂中策划机构,我成立了张默闻策划集团,把名字都当成商标贡献出去了。这个做法虽然极端,但也是常理。国内外这样做的人比比皆是。个人品牌就是和个人有关,与世界无关。但是个人名字公司化,需要个人的优点、优势很多,而且要像爱护自己的生命一样爱护这个品牌,否则,一旦遭遇打击就会粉身碎骨。

第五:建立个人品牌最好把你的个人品牌和业务类型连带性地捆绑好。

个人品牌制造最好在个人品牌的后面加上你的职业,这样个人品牌就变成了生意,就变成了你和世界沟通的语言了。就像陈幼坚设计工作室、范冰冰电影工作室、张默闻策划、叶茂中策划,这是最简单的品类传播法则。如果只是单纯地传播个人品牌,那么导致的结果是大家知道你,却不知道你是干什么的,你的个人品牌效果就会大打折扣。所以个人品牌必须和品类结合起来,使 $1+1>3$。

第六:建立个人品牌要利用一切机会把自己的名字和价值反复传播好。

推广个人品牌就是不断重复营销。不管进行任何规模的会议,在任何场景下,都要抓住一切机会主动传递自己和自己能提供的价值。总之,要高频次地强化自己的标签。要么不出现,要么重复到让所有人都牢牢地记住你,不管是喜爱你的,仇恨你的,鄙视你的,崇拜你的。所以张默闻无论在什么场合演讲都会用20页PPT把自己再卖弄一遍，要让所有的参会的人再记忆一次自己。这种重复很昂贵，但是效果很好，重复是传播的最伟大的卖点。

第七：建立个人品牌要把自己变成一个优势产品或者一个领域的代言人。

建立个人品牌就是要把自己的能力封装成一个外界可以体验的产品或者某个领域的代言人。毫无疑问，在这个时代，朋友圈是推广自己观点的最好平台，喜马拉雅也是推广自己的最好平台，只要你把自己经营成一个产品，一个品牌产品，或者一个品类品牌，一个圈子的代言人，你的个人品牌就会成为一个伟大的个人品牌。

第八：建立个人品牌要给自己提一句永不过时的口号才好。

什么力量最有效？时间。世界上有没有东西可以抵抗始终如一？时间的力量。个人品牌制造一定要坚持，一定要用时间来证明。就像一本书，就像一部电影，就像一种宗教，只有时间才能证明它的光华。张默闻从创业的时候就开始了自己的口号：北有叶茂中，南有张默闻。这个口号已经喊了十年，十年间每个日日夜夜就这样坚持，时间终于给我回报，现在中国广告界和策划界都在传播这个口号，而我已经很久没有再提这个口号了。这就是坚持的力量，时间的力量。

各位看官：

打造个人品牌最核心的是传递你的核心价值观，就是为什么你要做这件事情。乔布斯是为了改变世界，马云是为了让天下没有难做的生意，张默闻就是用策划报国，来实现中国品牌的伟大腾飞。一个人要活就要活成一个超级品牌，不管我们的起点多低，没有关系，只要我们想成为品牌，就会成为品牌，这个世界只要心想到达，路就会趴到你脚下，为你的个人品牌迈出第一步。

个人品牌，大有希望。

夜深人静的时候,我和弟子们说的三十句话

引言:一个策划导师最想和弟子们说的三十句话。

弟子们叫我张老师已经很多年了。少年时期的老师梦破灭,没想到创业后竟然实现了张老师这个称谓的梦想。可见,这是命。面对弟子们,我一不要钱,二不要物,三不要赞美,四不要探望,就是希望弟子们将来别砸了我的牌子,更不能砸了自己的牌子。弟子们来来去去很多,也没有办法一句句地嘱咐和祝福,就在这本书里写出一篇文章,把我想说的话说了,了了这个心愿:

第一句话:你怎么对待你的老师和你原来的老板,未来别人就会怎样对待你。

第二句话:做策划的本质是做人,做人都不成功,策划终究你是做不成功的。

第三句话:一定要记得企业文化就是老板的文化,老板不认可的文化是没有办法真正成为企业文化的。

第四句话：没有调查就没有发言权，不调查不见得没有发言权，调查是把双刃剑，不要过于相信。

第五句话：最好的文案不是文字，而是对人性的洞察、对产品的洞察和对对手的洞察，洞察不清无文案。

第六句话：忘恩负义的人都是自命清高的人，他们做不出伟大的创意，也写不出感情浓烈的文案。

第七句话：老板是这个世界上最辛苦的工种，在你准备成为老板的时候，先准备好随时成为一无所有的人。

第八句话：做大事业最好能找到能力、品德都无可挑剔的合伙人。

第九句话：真正的全案策划必须量身定制，任何形式上的模仿和创意上的模仿都是死路一条。

第十句话：不要把别人的作品说成是自己的作品，这是一件很羞耻的事情。

第十一句话：不愿意给你钱和不按照合同约定付钱的客户心里根本看不起你，你不用再玩下去了，会受伤。

第十二句话：无论在哪里工作，最好别拿不该拿的钱，你拿多少，你就会从其他地方丢掉多少。

第十三句话：做策划就是做企业首脑的策划，他不认可，下面的人你都摆平也没有用。

第十四句话：做策划想成功，好好研究毛泽东。

第十五句话：企业营销没有基本法就没有做强做大的可能，所以企业品牌营销首先要根据营销实际去立法。

第十六句话：听不见前线炮声的策划和创意都是放屁。

第十七句话：提案是策划最难的部分，把几个月的奋斗集中在几个小时推销，没有足够的价值不要提。

第十八句话：世界上所有成功的公司都会加班，所以抗拒加班的人可以立即辞退。

第十九句话：不要轻易写书，除非内容都是你自己做的。

第二十句话：策划就像下棋，赌的是结局。赌注越大，你付出的代价越大，所以这是危险的职业。

第二十一句话：做策划工作的人要先给自己做策划，利用任何人都要获得别人的认可，这是职业道德。

第二十二句话：世界上最厉害的兵法是根据自己的状况和敌人的状况设计兵法，根据人性改良兵法。

第二十三句话：超级品牌就是超级老板+超级重构+超级单品+超级符号+超级传播+超级体验。

第二十四句话：不要过度迷信所谓的大师，真正的大师就两样东西，无二的天赋和谦卑的品德。

第二十五句话：感恩的最好方式是创造价值，其余的都是空洞的口号。

第二十六句话：企业文化首先是物质的，然后才是精神的，最后才是共同的。

第二十七句话：一个一边和你合作一边挖你的人的公司去不得也服务不得。

第二十八句话：没有人给你的创意和策划提意见的时候，你的作品离死已经不远了。

第二十九句话:没有一个老师是不可以被超越的,但是没有一个老师是完全可以被超越的。

第三十句话:玩策划者就是玩计谋者,如果可以不干这个工作最好。

话不多,就三十条,能记得几条就几条吧。张默闻不愿意倚老卖老,只是这个夜深人静的时刻,想对弟子们说几句话,该说的都说了,觉得自己做了一件大事。但愿有用于弟子们。

为什么朗朗乾坤，我要当中国策划界老二？
引言：一个不会当排名老二的公司不是一个好公司。

每次张默闻出去演讲，都会播放自己的PPT，去向观众表白，去推销自己光鲜亮丽的核心思想。每次大家看见张默闻策划集团——中国排名第二的策划公司的内容时都会报以热烈的掌声。甚至有人会冲动地打断我发言，举手问我，为什么要说自己是中国第二？你能告诉我们谁是中国第一吗？虽然问题来势汹汹，我还是毫不犹豫地回答了他，叶茂中先生是中国第一。大家的掌声更激烈了，我不知道是我说对了，还是真的说对了。反正，我一这样回答，掌声就噼里啪啦响不停。

事实告诉我，把自己定位在老二的位置上需要超大勇气。

在中国，做咨询管理公司，做营销策划公司，做广告创意公司，都是贩卖智慧的高级工作，虽然相对搬运工高级一些，但最终都是服务业，都是看别人脸色吃饭的行业。所以给自己做好定位非常重要。张默闻根据自己的实际策划水平，根据行业的整体水平，根据自己被社会精英评价的水平，给自己的定位是：张默闻策划，中国排名第二的策划公司，从此将自己钉在了"中国老二"的柱子上。因为这个定位需要很大勇气，远远超过20年流浪的最高目标的总和。

这一刀切下去，要么小身板粉身碎骨，要么广告界笑声一片，怎么办？这个定位出去之前，我犹豫了很久，我不知道迎接我的是西红柿炒蛋，还是砖头石块。最后我靠着流浪路上练就的"不要脸"的功夫，就把中国排名第二大声地喊了出来。随着时间的推移，越来越多的人承认了我是中国第二，更多的人说你应该做中国第一。我婉言谢绝了大家让我冲击第一的建议，每天早晨醒来我都用一句小幽默告诉自己：天地芳草，老二挺好。

事实告诉我，把自己定位在老二的位置上需要绝对本事。

做老二其实比做老大更难。这是个最危险的定位。老二，决定着你的水平必须和老大差不多，而且要比老三强很多才行，做老二更需要真本事。

第一，要有老大的战略水平，老大会做的你都要会做，老大不会做的你也要会做，而且你的本事必须是真材实料，不能水分太大。第二，总有一天别人会用老大的标准来给你制定标准，如果你没有真本事，你很快就会被扔在沙滩上，成为鲸鱼干。第三，做老二的要有忍辱负重的本事，最先要学的不是高高在上地站在那里，而是温柔地趴在那里，必要的时候还要跪在那里，因为有很多大咖、大师都要踩在你的背上上马，你不但不能生气，你还要微笑，感谢足下生辉，被踩之恩。

我深深地明白：世间真正有本事的人都是把自己放低的人，你低了，天空就高了。

事实告诉我，把自己定位在老二的位置上需要甜美口碑。

有人说，张默闻把自己定位在中国第二的位置上，太阴险，因为广告法明文规定不准说第一，你的第二就太有竞争力了；还有人说，谁给你的标准？谁给你颁发的证明？谁来确立你中国排名第二的地位是权威的呢？这个问题问得好，好就好在张默闻策划集团的办公室有一张来自美国的认证书，是由美国加州塔梅拉市市长 Jeff Comerchero 先生为张默闻颁发，在美国出席颁发仪式的还有美国劳工部部长赵小兰女士，级别应该够了。

证书说，已经确认张默闻是中国排名第二的策划公司，有图有真相。其实张默闻也非常好奇这个证书的评价标准，中美企业峰会的主席沈群说，通过我们调查，在中国，叶茂中先生是第一影响力，张默闻是第二影响力，您具有非常好的口碑，这一点是我们评价的重要指标。所以，您得到了我们的认可。就这么简单！我一直以为好口碑离我很远，但是此刻又感觉很近。好口碑，不仅需要具有行业良心，需要成为行业名片，更需要光大创意精神的超级能力。没有好口碑，你把自己定在排名第几都没有用。这世上最难的就是排位，因为这个问题从来就没有标准答案。说实话，我根本不在乎这张纸，更不在乎排名，我更在乎的是我客户的成功和客户给我的一个奖励性的拥抱。

事实告诉我，把自己定位在老二的位置上需要超级作品。

不管你是中国排名第一，还是中国排名第二，你都需要一样东西，那就是你的超级作品。你需要用超级作品来证明你的行业地位。没有作品，再好的理论也没有用。但是你拥有的作品必须满足五大条件，而且这五大条件必须是你全盘操控的，100%原创，100%执行，100%参与，否则沽名钓誉，一旦暴露就会死得很难看。

第一个条件：必须是全案策划。全案策划不是一条广告语、不是一条广告片、不是一个包装、不是一场活动、也不是一个代言人的问题，而是从企业的顶层设计、战略制定、战术执行，从后方到前线，从车间到终端的全境式服务。第二个条件：必须能提升品牌影响力。你的作品必须对你服务的企业品牌影响力有较大的提升，品牌的知名度、美誉度、动销度和口碑度都要同期提升。第三个条件：必须要提高销量。销量是全案策划之本，也是企业最梦寐以求的结果。作品的伟大与否取决于你对销量贡献的大小。第四个条件：必须能建立符号。在品牌升级的道路上，符号非常重要，建立品牌符号、传播品牌符号、管理品牌符号、应用品牌符号，是你操盘超级作品的重要能力。第五个条件：必须要引领品类。你的作品就是让品类更伟大。伟大的品类就是伟大的品牌。

所以，作品决定你的地位。看一家策划公司的实力不要看它的办公室装潢的人性程度，也不要看办公室的豪华程度，而要看它作品的伟大程度以及掌舵人在策划上的投入程度。这些年，张默闻就干一件事：作品、作品、作品、销量、销量、销量。两者相加才换来广告界排名第二的位置。真材实料，来之不易。

事实告诉我，把自己定位在老二的位置上需要爱戴老大。

越来越多的人问我，谁是中国排名第一的策划公司？越来越多的人告诉我，我可以成为中国排名第一的策划公司！一阵一阵的迷魂汤向我泼来，好在我提前喝了忘情水。谢天谢地谢谢您，愿望是好的，但是我的定位是不会改变的。不管是善良的东风，还是邪恶的西风，我都会始终保持冷静。因为在我心里已经种下种子，叶茂中先生才是中国真正排名第一的策划公司。这是原则，这是真相，这是认同，这是科学，这也是立场。叶先生是策划大家，我曾经在一次演讲中总结过叶茂中先生的"十宗最"，按照这个标准，如果他不是中国第一，那谁也没有资格成为中国第一，我更没有资格。

叶茂中叶先生的"第一宗最"：广告界最懂艺术的人，艺术界最懂广告的人。

叶茂中叶先生的"第二宗最"：最会创意卖货广告的人。

叶茂中叶先生的"第三宗最"：《冲突》奠定了他是中国本土方法论最佳代言人的地位。

叶茂中叶先生的"第四宗最"：最讨漂亮女生喜欢的创意大师。

叶茂中叶先生的"第五宗最"：最会运用毛泽东军事理论帮助企业营销的人。

叶茂中叶先生的"第六宗最"：最懂收藏的品牌策划人。

叶茂中叶先生的"第七宗最"：最有尊严的策划人，全款必须先到账再干活。

叶茂中叶先生的"第八宗最"：最会做自我形象包装的人，帽子、胡子外加八块腹肌。

叶茂中叶先生的"第九宗最"：最会联合媒体资源免费为自己讲品牌故事的人。

叶茂中叶先生的"第十宗最"：中国广告界出书最多的人。

在中国，看不懂叶茂中先生，说明你还没有看懂中国广告界、中国营销界、中国媒体界和中国企业家。

后来《广告人》杂志社的副总裁陈晓庆老师也总结了我的"十宗最"。看完之后觉得很有意思，就一并写出来，作为本书的一个小看点：

张默闻的"第一宗最"：中国策划界里唯一在美国上市公司做到全球副总裁的策划人并成为美国杰出人才。

张默闻的"第二宗最"：张默闻最会演讲，基本上一个小时的演讲获得的掌声高达三十多次。

张默闻的"第三宗最"：张默闻是原创出版企业全案书籍最多的策划人，每本都是畅销书。

张默闻的"第四宗最"：张默闻是策划界长得最感性的男人之一，还是文案写得最好的策划人之一。

张默闻的"第五宗最"：张默闻是唯一服务中国两任首富许家印和宗庆后高达三年以上的全案策划人。

张默闻的"第六宗最"：根据我们的观察，张默闻的全案水平最高，在中国绝对排名第一。

张默闻的"第七宗最"：张默闻是策划界第一个给企业写歌曲的人，能做到旋律和歌词双绝。

张默闻的"第八宗最"：张默闻最牛的地方是所有策划都是亲自调研、亲自策划，令人钦佩。

张默闻的"第九宗最"：张默闻是中国策划界第一个也是唯一一个将他的恩人画像挂在办公室的人。

张默闻的"第十宗最"：张默闻是中国策划界最拼的人，一年"366天"都在工作。

（转自陈晓庆老师的私人微信，特此表示感谢）

虽然张默闻有很多粉丝，甚至有很多"粉条"，但是我却是叶茂中叶先生的粉丝，他能让我始终变得谦卑，变得宽容，变得更爱这个世界。他是我的偶像。因为我就是在他的宽容里慢慢苏醒过来，慢慢走出森严壁垒的门派大门，走进喧嚣无比的策划行业的。虽是老二，心甘情愿。再次谢谢叶茂中叶先生。

我要当中国策划界老二的原因很简单。

有人喜欢当老大，我也喜欢当老大，但是我更喜欢当老二。当老二多好啊，有榜样可学，有偶像可拜，风险也小。老二，可以犯错，最大的灾难就是没有机会做老大了。但是老大的位置不是一般人的屁股可以坐上去的，老大的位置下面有把刀，没有金刚一样的屁股是不能坐在第一位置的。这一点，我不是神，我是人，我知道自己的斤两。

叶茂中叶先生是可以做中国第一的。我服。做中国排名第二的策划公司，是我流浪生涯里最好的定位，不咸不淡，不高不低，不骄不躁，不偏不倚，不冷不热，感觉挺好。

张嘴就卖货:张默闻的现象级广告语赏析

引言:做品牌创意总要为这个世界留下十五句经典的广告语。

这年头,做创意,真的很烧脑。我把三十岁的面孔烧成了五十岁的面孔,把四十岁的面孔烧成了七十岁的面孔。1973年出生的张默闻搞得像1937年出生的一样。用尽二十年的功力做创意,脸上的皱纹是一道比一道深,但是创意作品倒是一个比一个年轻,一个比一个泼辣。我认为,世界上似乎没有比创意更能加速衰老的工种了。

我实在没有办法反抗创意,一是我非常热爱,二是不做创意我就会饿死,因为除了做创意我什么都不会。但是,这个观点我的学生们可不买账,他们听到这个说法都一窝蜂地冲上来抵制我的想法。一个说我会写歌词可以当词作家,一个说我会做演讲可以做演讲家,一个说我会设计可以开设计公司等。上帝啊,原谅我吧,原来我还有这么多优点和本事!我竟然不知道。

张默闻创意二十多年,一不小心诞生了数量不少的颇具代表性的广告语。虽然不是风靡全球,但是在中国,在中国市场却被称为张默闻现象级广告语。因为每句广告语都带来了极高的销量,每句广告语都为企业走出营销困境立下了汗马功劳,每句广告语都成为被模仿被抄袭频度最高的广告语,每句广告语都成为相关行业争相研究的创意热点。到底它们是哪几句呢?

第一句:恒大冰泉,我们搬运的不是地表水,是三千万年长白山原始森林深层火山矿泉。

这句广告语在中国影响甚广,几乎人人皆知。有一个山泉水品牌用一句"我们不生产水,我们只是大自然的搬运工"占据中国瓶装水的大片江山,恒大冰泉想成功出击品牌瓶装水非常困难。恒大冰泉在找了很多策划公司未能解决愿望后,两度找到张默闻,命题就是解决恒大冰泉的动销问题。

张默闻果断地提出了"中国地表水"和"中国深层水"的差异化竞争策略,将恒大冰泉定位为不是地表水,而是高端深层矿泉水,终端一夜之间全面动销,竞争对手毫无反击之力,恒大冰泉在两年内销量攀升四十亿元,最后以五十六亿元的品牌价值成功拍卖。康师傅的华中区董事长张百清先生赞叹:恒大冰泉是品牌创意的奇迹,更带动了中国矿泉水全部价值的崛起,张默闻为行业立了大功。张默闻凭借此案例获得中国品牌三项金像奖,真是奇迹。

第二句:全国前10的高端电动车9家配天能电池,天能电池,中国高端耐用电池创领者。

张默闻接手天能电池全案的时候,天能正在被另外一个强大的对手步步紧逼,对手以"每卖10块电池就有7块"的诉求紧紧地压制行业电池真正的第一品牌天能。张默闻接手后提出高举杀威棒,干掉对手的广告就是拯救天能品牌的竞争主张。既然对手玩数字,那么就玩个更高级的数字,于是一句全新的数字化广告语横空出世——"中国前10的高端电动车9家配天能电池",通过权威卫视的海量传播,一个月后竞争对手的广告销声匿迹,天能在消费者心目中重新占据了第一品牌的位置。

这句极富创意的广告语得到了天能集团董事局主席张天任先生和天能全国代理商的积极拥护,现在这句广告语已经变成数以万计的天能专卖店门头广告,出现在中国九百六十万平方公里的土地上,熠熠生辉。张默闻凭借这句广告语摘取了中国广告主长城奖营销案例金奖,并出版了案例专著《数字是盏灯》,销售一空。

第三句:不管是老板还是太太都喜欢樱雪吸油烟机,因为樱雪重专业更重感情。樱雪厨电。

樱雪厨电是张默闻连续服务三年的厨电客户。三年的精心打造将樱雪从三线品牌直接晋升为一线品牌,销量连年增长,被厨电界称为"樱雪创意是梦幻般的创意"。张默闻接盘樱雪的时候,厨电品牌已经进入老板和方太的统治时代。为了打破僵局,张默闻将樱雪等同于油烟机,提出了樱雪吸油烟机——中国高精尖油烟机一线品牌的定位,特别提出了著名的广告语"不管是老板还是太太,都喜欢樱雪吸油烟机",一夜之间,这句广告语传遍大江南北,樱雪代理商全面复活,终端动销速度全面加快。

这句广告语一出台立即遭到油烟机统治者们的反对,但是最终还是胜利通过,接受市场检阅,证明非常成功。这句广告语被很多中国著名大学广告系收录为教材,成为诠释借势营销的传播案例。张默闻凭借这句广告语斩获中国广告主长城奖和中国品牌年度大奖。

第四句:久诺外墙,豪宅都在用。久诺集团,只为中国墙。

久诺集团是做高端建筑外墙装饰的大型企业集团。中国很多著名地产公司的楼盘都是使用久诺产品做外墙的。但是久诺集团一直没有找到一句可以诠释自己品牌的核心广告语。张默闻接手久诺全案后,历经数月的产品研究,运用建筑产品快消品化的思维,为久诺找出了品牌的核心话术,首先将久诺集团进行品类设计,提出了久诺外墙,解决了不知道久诺是干什么的困惑。

久诺的广告语则被定为"久诺外墙,豪宅都在用"。久诺集团的广告语则被定为"只为中国墙"。这两句广告语的诞生,快速地提升了久诺的销量和品牌影响力,成为中国外墙领域第一品牌并成功上市。特别是"久诺集团,只为中国墙"这句话,更是风靡中国建筑界,久诺集团董事长王志鹏先生就是带着这句话自信地走进央视大楼大话久诺品牌的。只为中国墙,当之无愧已经成为中国品牌广告金句。

第五句:极白氨基酸白茶,比一般绿茶的氨基酸含量高2~3倍。极白,谢天谢地谢谢您。

有人说,都是一样的茶叶,张默闻就能卖出不一样的味道。极白氨基酸白茶就是张默闻的登峰造极之作。极白品牌的商标原创者就是张默闻。接手极白品牌的时候，极白一无所有，没有商标，没有包装，没有广告语，只有两三个拿着菜刀闹革命的茶叶英雄。张默闻果断地接下了这个全案，进行了商标起名、包装设计、核心广告语提炼，还为极白写了《谢天谢地谢谢您》的歌曲，好听到想哭，风靡全国。

极白是浙江安吉的白茶品牌，但是张默闻没有遵守别人的老路前行，而是杀出了一条全新的定位之路，将极白白茶定位为极白氨基酸白茶，直接功能化，让政府和消费者吓一跳，但是后来证明非常成功。特别是为极白提出的广告语更是杀伤力极强：极白安吉氨基酸白茶，比一般绿茶的氨基酸含量高2~3倍。一下子就抓住了消费者的心，第一年茶叶销量就突破1亿元，实现了行业新品牌、新营销的奇迹。

特别是极白氨基酸白茶——谢天谢地谢谢您这句话，已经成为大家送礼时情绪表达的首要金句。极白氨基酸白茶的广告语诉求明确，动销力强，连续斩获中国广告品牌年度大奖和中国广告长城奖。

第六句：妇科炎症别担心，金鸡胶囊照顾您。金鸡牌金鸡胶囊。

金鸡胶囊是中国妇科用药的著名品种，是广西灵峰药业的当家品种，被美国AOBO公司收购。张默闻作为美国AOBO全球副总裁，进行金鸡胶囊的全面品牌创意。研究发现，女性得了妇科病非常烦躁和自卑，非常不安和担心。张默闻用情感疗法替代生硬说教，提出了"妇科炎症别担心，金鸡胶囊照顾您"的经典广告语。得到了广大妇科疾病患者的超级喜爱。

这句广告语淡化了妇科病的难堪，解决了妇科病患者的心理压力，广告语就像一股春风吹来，吹开了女性心理湖面上的那朵涟漪。这句广告语通过中国著名表演艺术家、节目主持人倪萍老师的演绎，已经成为中国妇科用药的心灵良药和治病良药。张默闻凭借这句广告语获得了诸多创意大奖，在中国，只要一提这句广告语，大家都能在第一时间想到金鸡胶囊，这就是伟大创意的力量，这就是广告语的力量。

第七句：晾霸不怕坏，谁用谁喜爱，晾霸高端智能晾衣机。

晾霸晾衣机是电动晾衣机的开创者，但销售额始终在2~3亿元徘徊。老牌的手摇晾衣架依然牢牢控制这个市场。张默闻接手晾霸智能晾衣机全案后，立即制定了颠覆性的创意战略，要把手摇晾衣架的劣势放大，要把智能晾衣机的优势突出。为此，张默闻进行密度非常高的市场调研，发现最容易坏的不是电动晾衣机，而是手摇晾衣架。这个被消费者误解了多年的真相被张默闻揭开。

张默闻为晾霸智能晾衣机进行了三大改革：第一，确定晾霸智能晾衣机是家用电器；第二，确定晾霸智能晾衣机具有"十万小时不变芯，六十年后照样用"的高端品质；第三，确定芯是晾霸的核心科技。基于卓越的产品和核心的科技，张默闻为晾霸提出了全新的广告语：晾霸不怕坏，谁用谁喜爱。在晾霸年会上一经发布，现场订货连翻五倍，创造了现场订货新奇迹。张默闻为晾霸智能晾衣机写的歌曲《永不变芯》也获得巨大成功，在KTV都能点播到，可谓热度激增。

第八句：米素壁纸，上墙更美。米素，大牌正年轻。

米素壁纸是天猫壁纸品牌的第一品牌，在80后和90后群体中有非凡的影响力。米素壁纸的创始人在全国遴选策划公司，最终选择了"策略准，创意狠，地位稳"的张默闻。张默闻接手米素壁纸全案后，首先思考了一个最急迫的问题，米素品牌的基因到底是什么？最后锁定米素品牌的基因就是年轻。"大牌正年轻"这句话作为米素的品牌主张呼啸而来，定位成功。

张默闻发现，在家居建材界，真正有用的广告是买方思维，你的广告诉求必须紧紧绑架消费者，否则就无法获得消费者的青睐。张默闻根据用户思维提出了米素壁纸的超级广告语"上墙更美"，一下子就把消费者的痛点紧紧抓住，广告一上线，就带来了巨大的动销。

"上墙更美"这四个字解决了米素长期以来的困扰的问题。第一，解决了我们不仅好看而且上墙更好看的效果承诺。第二，满足了消费者选购米素的心里期待。米素壁纸凭借这句广告语一举斩获中国广告主长城奖实战金案奖。这句广告语成为年轻消费者最喜欢的年度广告语之一。

第九句：中国排名第二的策划公司。张默闻策划集团。

三十年来中国策划咨询行业竞争激烈，门派林立。北派南派相互争风，学院派实战派相互吃醋，各种方法论层出不穷，各种策划思想让人眼花缭乱。个别策划大师自己都没学好就开始开馆收徒，就像民国时期的大小武馆一样，一堆弟子唱赞歌，自娱自乐。张默闻始终保持高度冷静，站在圈外看圈内，不说话，不评价，不攻击，不称霸。最后默默地给自己做了一个定位：中国排名第二的策划公司——张默闻策划集团。

没有想到这个定位一下子就火了，别人都问谁是中国第一？正如张默闻预料，没有一个人敢称中国第一。这个定位不但没有削弱张默闻策划集团的地位，反而获得了更多的关注度。有人说，《中华人民共和国广告法》明文规定，任何广告里都不能说第一，大家只能关注第二了。张默闻这厮的策略就是准。对此，张默闻这厮就一句话回应：做老二，才能做得久。这句广告语已经成为中国策划界最流行的一句广告语之一。

第十句：正宗营养花生酥，好吃不过黄老五。黄老五花生酥。

黄老五花生酥真的很好吃。张默闻第一次吃就被黄老五的嘎嘣嘎嘣、又香又甜的味道所吸引。接手全案策划后才发现四川做花生酥的企业很多，一抓一大把。作为四川威远县一个偏僻山村的企业，要想成为全国性的品牌，必须要有出色的品牌创意和独特卖点。

张默闻洞察发现，黄老五花生酥面临的不是一个问题，而是三个问题：第一，谁是四川正宗的老字号花生酥？第二，黄老五花生酥到底有什么功能？第三，黄老五花生酥最大的卖点在哪里？必须用一句话解决三个问题才能把黄老五花生酥从竞争中解放出来。

最后张默闻这厮开出的药方是："正宗营养花生酥，好吃不过黄老五"，一炮打响。正宗，解决地位；营养，解决功能；好吃，解决痛点。三大问题，一句广告语解决。黄老五花生酥就靠这句广告语获得了超高人气，一跃成为川渝两地花生酥第一品牌。

第十一句：北有冬虫夏草，南有霍山石斛。九仙尊7S霍山石斛，九仙尊，贵在真。

霍山石斛是石斛中的极品和贵族，是一般石斛无法比拟的。但是九仙尊始终找不到自己独特的卖点。自身的品种光芒和历史荣耀完全被一个叫极草的品牌夺得。在极草5X冬虫夏草被限制后，九仙尊似乎迎来了自己的曙光。但是依旧无法突破，最后找到张默闻。

张默闻研究发现，首先品牌名字不行，就创意性地将九仙尊霍山石斛改为九仙尊7S霍山石斛，完全和一般的霍山石斛区别开来。并成功借势冬虫夏草，提出全新广告语："北有冬虫夏草，南有霍山石斛"，一夜之间将霍山石斛和冬虫夏草紧密地联系在了一起。冬虫夏草用10年打造的品类资产被九仙尊完全继承，成为保健品界的神话。

张默闻为了使九仙尊7S霍山石斛更具商业价值，提出：九仙尊，贵在真。将九仙尊和一般的霍山石斛继续拉开距离。现在九仙尊已经成为继冬虫夏草以后的著名保健品牌。中央电视台广告经营管理中心吴丹华老师说，张默闻老师的全案和创意太震撼了。这句话，在中国保健品行业已经成为著名定位和广告语。

第十二句：我们只做真化肥。施可丰复合肥。

施可丰复合肥是山东翔龙集团的控股企业。施可丰好几次想"翻身农奴把歌唱"都没有成功。经中央电视台代理公司推荐，企业找到了张默闻。董事长解永军先生用他的农业情怀、农民情怀、农资情怀感动了张默闻，特别是一向霸道的董事长竟然给张默闻母亲的画像磕了三个头，这三个头敲开了张默闻的创意大门，也和解永军董事长成了莫逆之交，并收解家大千金解若君为关门弟子。

张默闻踏遍千山万水，访问憨厚老农，洞察化肥行业的真正乱象和农民需求。他发现，价格并不是农民购买化肥的障碍，毕竟质量是要靠价格来维护的，而假化肥和含量不够的化肥充斥整个农村市场。如何才能让施可丰品牌崛起呢？张默闻大胆创意，做了施可丰的三大改革：第一，换掉使用多年的标志，让商标更亲切；第二，换掉多年使用的满眼绿色的包装；第三，建立终端生动化，用做快消品的方式搭建销售化肥的场景。更重要的是，为施可丰复合肥提出了一个让施可丰人都浑身冒汗的定位和广告语："我们只做真化肥——施可丰，中国真化肥"，经过张默闻的苦荐，这句话终于获得使用，取得巨大成功，销量一路狂升，连续三年销售都以125%的速度激增。

原来被竞争对手快要消灭的施可丰终于站起来了。在东北，老百姓会说，买化肥，我们就买施可丰的真化肥。张默闻感动之余，特别为施可丰出版了一本专著《较量先较真》，这本书已成为化肥界的教科书。

第十三句：北有叶茂中，南有张默闻。张默闻策划集团，首富都在用。

北有叶茂中，南有张默闻这句话是近10年来中国广告界最流行的广告语之一，是整个中国广告界的热门话题，更是被认为中国最经典的自我品牌营销最成功的定位之一。

张默闻因为病痛的原因从美国上市公司AOBO全球副总裁的位置上选择离职，抱着AOBO颁发的连续两届不可替代的领军人物回到岳母家——江苏宜兴和桥小镇休养，最后在妻子和孩子的请求下决定在宜兴这个风景如画的城市里创业。创业就像上刑场，每一步都让张默闻胆战心惊，最害怕的是：我是谁？我能做什么？我做过什么？我要给谁做？

这时候，张默闻想起了在上海新闸路1111号认识的叶茂中先生，此刻他已经是中国品牌创意大师。出于对叶茂中大师的敬仰，出于强烈的求生欲望，出于解决自身品牌微小的痛点，就大胆地使用了"北有叶茂中，南有张默闻"的广告口号。

从一个上市公司全球副总裁转化为一个创意和策略服务商，戴上了帽子，留起了胡子，就这样被流言蜚语、被冷嘲热讽夹裹着在风雨飘摇的广告界一步步活了下来。这句话在一个有争议的背景里成为经典广告语。谢谢叶茂中大师，谢谢您的宽容和度量，谢谢您给碗饭吃。

第十四句：真材实料真功夫，皇玛能坐三十年，皇马梦丽莎，高端沙发真专家。

皇玛梦丽莎的沙发很优秀，年销售10亿元，是中国二三线市场沙发领导品牌，以布艺沙发为主。皇玛梦丽莎的老板，古灵精怪的叶晓亮先生从叶茂中策划一路南下来到杭州张默闻策划集团，最后一咬牙选择了张默闻。

他的痛点很精确，就是品质好，却不知道如何表达。张默闻全面诊断调研后，认为，皇玛梦丽莎沙发要解决四大问题：第一，终端场景必须升级为一线品牌的销售场景；第二，用好代言人陈国坤先生，重新建立功夫代言人符号；第三，加大品牌传播力度，让皇玛梦丽莎成为真正的国民品牌；第四，采用明星见面会的营销模式推动二三线市场的追星特色，建立品牌轰动效应。

对此，张默闻根据皇玛梦丽莎的进口木材、进口拉链、进口布料等一系列高端原料的现实，根据代言人的特色，根据皇玛梦丽莎超级耐用的特点，提出了皇玛梦丽莎的广告语：真材实料真功夫，皇玛能坐三十年。广告语六十秒之内就获得通过,现在,在中国二三线市场有皇玛梦丽莎的地方就有这句动销力极强的广告语。鉴于卓越的动销能力,这句广告语获得中国广告主长城奖品牌创意案例金奖。

第十五句:提神不伤身,娃哈哈启力功能饮料。

张默闻为娃哈哈集团诞生了很多的广告金句,被称为创意的天才。今天就收录娃哈哈启力功能饮料的广告语作为纪念。娃哈哈启力是一个比一般功能饮料更健康的健字号功能饮料。如何异军突起?如何快速成功?张默闻认为,娃哈哈要打好两张牌。第一张牌是提神牌,这是功能饮料的刚性牌。第二张牌是健康牌,是区别于其他竞争对手的牌。所以,需要几个字就能把娃哈哈启力的产品优势创意出来。张默闻经过数次提炼和总结,最后浓缩成五个字,就是著名的"提神不伤身"。

这句广告语投放市场后,立即取得了惊人的效果,第一年启力的销售就突破10亿元,成为功能饮料的上市新传奇。启力的创意获得了中国广告年度创意大奖。

世界上所有的经典广告语的目的都是一样的:为了销售。

世界上所有的经典广告语的做法都是一样的:策略准才能创意狠。

很多人问我,如何才能创意出一句经典的广告语,有时候,我觉得很难回答这个问题。但是也很简单。就是拼命地找产品的优势,拼命地找竞争者的劣势,拼命地找能给顾客带来的好事,创意就这么简单。

创意是件很严肃的事情,我很敬畏创意,因为它是武器,要用来打仗的,如果这个武器没有特色、没有杀伤力,就是犯罪。那么什么才算现象级的广告语呢？张默闻认为：现象级的广告语有四大特点：第一是广告语被广泛地传诵，做到街头巷尾人人知道个个会说；第二是广告语被客户采纳并花大量的银子去传播；第三是广告语具有非常出色的动销功能并带来了惊人的销量；第四是广告语必须是原创性的，没有版权纠纷。张默闻遴选的这几句广告语基本达到了以上四条原则。

这年头，正是因为有一批还能坚持做创意的人，创意才如柳叶弯刀，广告语才会如花似玉，正因为如此，品牌创意才能百花盛开、争奇斗艳。我是其中一个，是采花大盗，是创意浪子，没有规矩，没有约束，才能口吐莲花，才能创意香火袅袅。

张默闻营销36计

引言：天下所有的营销有这36条就足够。

"张默闻营销36计"的广告语：每月学三计，销量翻十倍。

本书的大部分内容都应该是故事，不管是发生在路上还是发生在车上和飞机上。因为故事才是这本书的特色。而"张默闻营销36计"只是一篇专业文章，为什么要登上这本充满年代感、充满自传性、充满苦难史的纪实性著作？原因很简单，就是因为这篇文章是由一个个故事组成的，每个故事都是一个计谋，每一个计谋都是一个故事，都是可以攻击的招式，都是可以消灭品牌敌人的子弹。

但是这些计谋不是名门正派的理论大作，全是张默闻的大计大谋。这些计谋来自于战场，应用于战场，胜利于战场。"张默闻营销36计"在张默闻的流浪生涯里站过岗，流过汗，是计谋里的小棉袄，是策划里的搏击术，所以写在这里天经地义。张默闻提醒大家：把这些计谋当成故事读，你就会有意气风发的感觉，就能找到营销下嘴和出拳的地方。

张默闻营销第1计：找大将。

张默闻发现，每一个企业家都是疯狂的造梦者、追梦者和筑梦者。他们拼命地燃烧自己，也拼命地点亮别人。特别是每一个想做营销的人都是喜欢战争，喜欢炮声，喜欢子弹呼啸而来呼啸而去的感觉。

所以，营销这个词浑身上下充满了野心、欲望和战斗的气味。有人说，如果你找不到战争的快感，你就加入营销吧。因为在营销的世界里，每一天都在打仗，每一仗都声势浩荡，每一仗都无比精彩。但是，在营销的世界里你要记住，虽然梦想很重要，虽然产品很重要，但是懂得营销的大将更重要。

企业做营销一定要先找到一员大将。这个大将就是刘邦手下的韩信先生，刘备手下的赵云先生，朱元璋手下的徐达先生。古往今来，所有的商业战争都是老板和老板的战争，所有的军事战争都是大将和大将的战争，而世界上所有的战争也都是100%的营销战争。

企业创始人最应该关注的是，谁是你的营销大将？他将担负什么伟大的军事战争？找不到这个大将，你很难在朗朗乾坤里找到一片营销落脚的地方，在你争我夺的市场里找到一个合适的战场。"张默闻营销36计"第1计就是找大将，这个人必须是有勇有谋的英雄。

有人问，大将在哪里？张默闻告诉你：大将就在不甘心成为小角色的营销队伍里。

张默闻营销第2计：选政委。

大将好找，政委却不好找。天下大乱，唯有谋士奇货可居。他们躲在深山、躲在森林、躲在城市的角落里。其实他们很寂寞，很无聊，一天不打仗，一天不出"坏主意"都浑身不自在。他们早上等，晚上等，就等一个懂事的老板，有理想的老板，可以让他们的条条大计得到施展的老板来到他面前。

老板有了大将，只能算有了一条胳膊，加上谋士，就是我们的"政委"，才是两翼齐全。

"政委"是最难选的，也是老板最头疼的。不聪明的不行，太聪明的也不行，所以老板和"政委"之间都是一边合作一边斗智斗勇，这就是刘备与诸葛亮，这就是刘邦与张良。但是，这个角色你必须要有，否则老板累死，三军战死，也挣不下万里江山。"张默闻营销36计"第2计就是选"政委"，这个人如果没有，什么企业帝国都是竹篮打水一场空。

张默闻营销第3计：树对手。

张默闻一直主张一个观点：营销不仅是买卖，更是强者取代强者成为更强者的游戏。任何营销都需要有一个好对手，没有对手的营销是孤独的，是无趣的，是没有活力的。

张默闻认为：对手越强大，我们越快乐。虽然可能会被捏扁、会被打死、会被消灭，但是也有可能干掉对手成为第一。没有对手的营销我建议不要做，做得没有快感，只有和对手不断地竞争，你的营销才能崛起，就是打个平手，你也赢了。"张默闻营销36计"第3计就是树对手。

张默闻营销第4计:定心。

这些年定位火得不得了。几乎大企业没有人能够幸免。如果说一个企业不谈定位,不做定位,那你就是落后分子,你的品牌和你的营销就是老气横秋的退休干部,似乎定位已经成为高于一切的最高营销思想。我认为定位不是万能的,但是没有定位却是万万不能的。在定位大战中有的企业被定活了,有的企业被定死了。张默闻认为,定位已经进入新时代,新时代的定位就是定心。

心,就是企业的心,品牌的心,品类的心。定心就是定住心,定住老板的心,定住顾客的心,定住产品的心。定心就是一切围绕营销的核心业务和核心品类做文章,如果偏心,如果违心,营销就会遭遇重创,找不到出口。

张默闻发现:在营销的战争中战略要定位,战术要定位,战斗要定位,战机要定位,战局也要定位。每一个关键点不做相适应的定位,你就无法支撑一个伟大卖点的定位。定位虽然只是一个点、一句话、一个聚焦,但是为了这个点,你需要很多定位的点来辅佐它,否则定位就无法真正的解决营销问题。"张默闻营销36计"第4计就是定心,定位先定心,心不定,品牌不稳,所以定心很重要,因为世界需要有心人。

张默闻营销第5计:符号牌。

在营销战争里,品牌的塑造是最重要的。但是在品牌的塑造里,符号塑造又是最重要的。符号牌,有时候是一张决定胜负的牌。只要我们注意观察就会发现:警服是警察的超级符号,男女头像是厕所的超级符号，宝马标志是豪车的超级符号，星巴克咖啡的味道是咖啡的超级符号，叶茂中的帽子是叶茂中的超级符号等，所以，品牌的建立首先就是品牌符号的建立。所以，做营销，做品牌，你先找找你的符号在哪里，是弄丢了，还是从来没有过？

张默闻二三十岁的时候是没有自己的品牌符号的，现在张默闻却是有符号的。因为，我有帽子，我有胡子，这是我的形象符号；我有著作，我有代表客户，我有行业话语权，这是影响力符号，而且这些符号一直坚持了很多年，最后变成张默闻的超级品牌符号。

所以营销最先建立的应该是符号，符号包括：老板的符号、标志的符号、吉祥物的符号、单品的符号、文化的符号、管理的符号、渠道的符号、色彩的符号以及买点的符号。没有符号就没有品牌，没有符号就没有识别度，没有符号就没有卖点，画个符号给自己，让别人顺着符号来找你，你就成功了。符号的力量是考验企业品牌影响力的第一课。"张默闻营销36计"第5计就是符号牌，符号画好了，品牌就成功一半了。

张默闻营销第6计：找冲突。

找冲突，是我们发现需求的第一步。我们每个人都是矛盾的，都是冲突的，都是有两面性的。所以，营销就是找到消费者的冲突，找到消费者的自我矛盾并且瓦解掉。这就是解决消费者需求的第一步。

消费者的需求需要洞察，但是成功的洞察就是找到消费者的冲突。一个企业，成功的营销至少要找到四组冲突：第一组冲突是老板和营销团队的分享冲突，第二组冲突是市场部和销售部的功能排位的冲突，第三组冲突是消费者的买点和品牌卖点的冲突，第四组冲突是企业品牌和竞争对手品牌的渠道和创意冲突。这四组的每一组冲突都要解决，单独解决某一个冲突是不会对营销有太大帮助的。

成功的市场营销要解决掉全部冲突，品牌卖点和消费者买点的冲突不解决，产品就无法动销；老板和营销团队的分享冲突不解决，企业就无法做大；市场部和销售部的功能排位冲突不解决，工作就不能高效；企业品牌和竞争对手品牌的创意冲突不解决，产品就无法颠覆对手。这就是冲突的力量。发现冲突、制造冲突都很容易，关键是消灭冲突。

企业品牌营销一定要找到冲突，并且彻底解决冲突。"张默闻营销36计"第6计就是找冲突，让冲突变成感冒冲剂，治好营销的感冒病，营销才能成为"赢销"。

张默闻营销第7计：使命派。

营销最终的裁判是企业的老板。所以，老板才是企业的营销总经理，才是营销的真正元帅。但是老板一个人的力量，一个人的智慧，一个人的眼界是没有办法完成这个艰巨的使命的。怎么办？很简单，老板要成为使命派，就是要为营销部队制造梦想，设计使命，唤醒大家的集体信仰和奋斗目标。

老板的个人魅力往往大于信仰的力量和使命的力量，但是老板必须要把自己的信仰和使命变成全员的信仰和使命。真正伟大的老板都在营销自己的信仰和使命，最终变成万众敬仰、万民崇拜的企业家。

每个老板都要清楚地知道，企业的人才越高级，造反的可能性就越大。唯一能解决问题的就是建立共同的信仰，共同的使命，共同的利益。如果你能做到，你就能获得成功。特别提醒：最能见证企业品牌和企业营销成功的就是你的产品的成功，因为营销就是产品，品牌也是产品，企业也是产品，员工当然也是产品。用营销产品的方式去营销你的使命，去营销你的员工，你一定会活成世界上最伟大的老板。

"张默闻营销36计"第7计就是使命派，就是作为老板要为企业全员造梦，为营销将士设计使命，让大家万众归心，成就企业营销大美。

张默闻营销第8计：讲故事。

所有的产品都是有故事的。所有的产品都值得你为它讲故事。张默闻发现，越成功的品牌越会讲故事，而且是把一个故事讲10000遍，而不是把10000个故事讲1遍。产品的故事有四个：第一个是产品的商标故事；第二个是产品的体验故事；第三个是产品的买点故事；第四是产品的口碑故事。

我们要牢记：我们不需要多么伟大的产品，我们要把产品变得很伟大才是最重要的；我们不需要把一个产品包装成不食人间烟火的东西，我们要从营销的角度把产品包装成一个故事性很强的产品。这是硬道理。张默闻是一个出身很一般的"低端产品"，没有人给他花钱包装，也没有人愿意投资让他在商海游弋，他就靠自己讲故事，让客户首先爱上的不是他，而是他的故事，所以他赢了。

"张默闻营销36计"第8计就是讲故事，如果老板不会讲故事，就尽快找一个会讲产品故事和品牌故事的人。故事很重要，不管是《史记》还是《资治通鉴》，都是故事传承，就连《知音》《读者》《故事会》都是讲故事才被亿万读者接受的，不可不做。

张默闻营销第9计：找价值。

有人说，产品摆在你面前，要先定价格，因为价格定生死。但是张默闻认为，首先应该找价值。你的产品有什么价值？能为消费者提供什么价值？这两个问题比价格还要重要。价值问题是机会问题，是感情问题。企业一定不要做没有价值的产品和需求价值不高的产品。如果你的产品在市场上有和没有都没有多大的关系，那么建议你别做，因为再伟大的营销也救不了无法提供独特价值的产品。

产品的价值之美就在于你的产品的功能价值和产品的需求价值，找到了产品的价值你就找到了消费者，找到了需求价值，你的价值就越高，你的机会就越大，所以找价值比定价格更重要。价值到了，价格也就到了。"张默闻营销36计"第9计就是找价值，就是请你弯下腰，看清产品的价值，定好产品的价值，卖好产品的价值。

张默闻营销第10计：定价格。

很多产品最后失败不是产品本身的问题而是定价的问题。很多老板太迷恋自己的产品，不顾一切地乱定价，草帽非要定出皇冠的价格。很多老板看不出产品的价值，把人参定出了青菜的价格。价格制定不是你说了算，是市场说了算。你的竞争对手，你的顾客，你的产品本身的价值，你的市场位置都决定了你应该定位什么价格。该定高的，就高得离谱；该定低的，就低得到位。敬畏定价，科学定价，是营销特别重要的功夫。

许多老板是产品定价的直接决定者。他们愿意卖多少钱就卖多少钱，根本不听市场的。他们会把价格建议贴上封条，价格就按照权力的想法杀向了市场，结果是出去有多凶猛，溃败就有多惨烈。"张默闻营销36计"第10计就是定价格，把价格定在消费者的心里，让消费者非常满意，才是你的本事。价格是把双刃剑，合适最关键。

张默闻营销第11计：狼图腾。

张默闻认为，在进攻方面没有谁可以和狼群相媲美。营销战争中最重要的是把队伍的每个人变成狼，把军队变成狼群。怎么变？给钱，给信心，给爱，给舒服。钱到了，杀敌的力气就来了；钱不到，手臂再粗也举不起刀。心里舒服了，战马跑得就快；心里不舒服，战马就是跑不动。

所以，每个老板的心里都要有一副狼图腾。一定不能犯下这样的错误——让狼冲锋，还不给狼吃肉。狼的最大动力就是可以吃到猎物，这个本性和人一样。所以真正的营销模式是激发大家的战斗力，让大家上阵杀敌的激励制度要足够诱惑。否则，你很难成就伟大的营销。

让营销军团的每个人成为狼，是每个营销统帅的使命。如果一个团队没有成为狼群的机会，这个品牌就离死不远了。张默闻阅读了大量的战争管理书籍，就发现了一个能赢的理由，就是将士杀敌有所得，有所大得。否则，什么管理模式都是一件破棉袄，挡不了风，避不了雨。

作为老板一定要算清楚这笔账，老板的最伟大的使命不是自己过得金碧辉煌，而是让很多跟着你的人过得一样金碧辉煌。营销是一场双面战争，一面和敌人打，一面和自己打，和敌人打的是生死，和自己打的是分享的决心。这才是营销的魂魄所在。"张默闻营销36计"第11计就是狼图腾，用人的智慧，用狼的凶猛来打几场闻名天下的营销战，生意才有戏。

张默闻营销第12计：打胜仗。

营销将士需要钱，但是更需要的是激励。对真正的营销军团来说，一场漂亮的胜仗胜过所有的激励。将士们不怕吃苦，就怕没有一场胜仗激发继续战斗的心。每个士兵的心都是勇敢的，但是最害怕的是勇敢的心凉了，凉了，就失去进攻的力量了。所以，在营销的战争中不惜一切代价打一场漂亮的胜仗比什么都重要。一场漂亮的胜仗胜过所有的激励，胜仗就是品牌故事，是故事就有人听，就有人讲，这就是品牌的力量。

胜仗有毒，只有你打一场胜仗，就会有很多胜仗，就会有很多英雄跟着你。士气一旦起来，就像决堤的黄河，无法阻挡。乘胜追击这个词就是最好的证明。营销打了胜仗就可以掩盖营销团队很多败仗带来的羞耻感和失落感，所以，打胜仗是最好的团队补药，这一碗，很过瘾。"张默闻营销36计"第12计就是打胜仗，这是改变现状，振兴君威的最好方法。仗，是用来胜的，不是用来败的，就像房子是用来住的不是用来炒的一样。

张默闻营销第13计：卖买点。

马云的一句新零售把中国的传统营销模式搅得七零八落，很多企业都睡不着了，半夜起床开始弄电商，要么是线上线下同款同价，要么是线上线下乱款乱价，但是谁也找不到芝麻开门的真正钥匙。电商卖得欢天喜地，一看利润哭天抢地。似乎这个时代传统的营销已经无路可走，对电商也是爱恨交加却毫无办法。事实真的是这样吗？

其实，不管电商闹得多欢，我依然认为传统营销很有效。相对于新零售，我更愿意相信新营销，真正的新营销玩的是买点营销。作为企业的营销，我们卖的不再是产品的痛点、企业的痛点，我们卖的是消费者的买点。卖痛点、卖冲突、卖定位、卖符号，都不如卖点实际的，那就是卖买点。什么是消费者的买点呢？买点就是消费者买你的产品的最重要的理由。你要从解决自己的痛点转化为解决消费者的买点才是买卖的黄金宝典。

你离消费者的买点越近，消费者被你抓获的可能性就越大。消费者的思考逻辑是：买谁？为什么买？为品牌买？为品质买？为包装买？为广告买？为口碑买？为价格买？为情感买？为创意买？等等。千奇百怪的买点需要你思考，最后销售一个真正的买点，你就成功了。"张默闻营销36计"第13计就是从卖痛点到卖买点，从消费者的买买买入手，就是剁手，也不逃走，找到买点，营销的问题也许就被轻轻化解掉了。卖买点，很划算。

张默闻营销第14计：手机控。

现在对一个人最大的惩罚不是让他失去多少钱和失去多少地位，而是让他失去手机的使用资格，他会第一时间疯掉。没有手机，就没有了世界，没有手机，就没有了信息，甚至连正常的生活都无法进行。手机像空气，轻轻控制你。

可以这样说，这个世界正在被手机绑架，而且还是无罪的绑架。但是对于营销者来说，手机控，就是营销的最大机会。张默闻可以断言，未来的营销就掌握在那帮玩手机的人的手里。二维码的入口，就是手机的机会，掌握了二维码，掌握了手机，你就掌握了营销。作为营销策划人，我喜欢全世界的人都沉浸在手机里不能自拔，只要我们从买方思维做好手机营销攻坚战，就能获得营销的半壁江山。手机营销已经成为新营销的最大工具。

"张默闻营销36计"第14计就是手机控，就是控手机，控制玩手机的人，营销才能真正发生质的变化，手机越沉沦，营销越快乐。

张默闻营销第15计：创意战。

营销工作里最重要的一项内容就是创意。创意不是单纯的产品创意，而是包括了企业创意、企业家创意、传播创意、管理创意、文化创意、品牌创意、产品创意等。但是更多的企业把创意理解为广告创意，需要请大家注意的是，广告创意是最深不可测且难以驾驭的。

伟大的广告创意有三个规律：第一个是人性的规律，第二个是竞争者的规律，第三个是买点规律。人性规律强调的是对人性里的冲突进行发现，解决和制造，把人性了解清楚是做伟大创意的基本条件，世界上最伟大的广告创意大部分都是来自于对人性不断地解剖和升华，让人性和人性离得更近，创意就来了。

竞争者规律强调的是创意一定要围绕竞争者展开，打竞争者的软肋，用创意实现对竞争者的进攻并消灭他或者限制竞争者的成长，让创意抵得上千军万马。买点规律就是找消费者的买点，买点越赤裸，你的药就越好卖，拳打不到心口上不疼，盐洒不到伤口上不疼，对着买点出拳，效果真的不错。创意，就是卖货的话术，不会说话的人，永远都没有机会。

创意是一场战争，是每个品牌都必须面对的战争。创意战，是一个企业营销的档次证明，更是一个企业营销管理的最高水平。"张默闻营销36计"第15计就是创意战，就是让品牌独特起来，高级起来，动销起来。事实证明：不会创意的品牌，就是没有未来的品牌。

张默闻营销第16计：建场景。

企业品牌营销已经进入场景营销时代。每个企业都面临着五大场景的建设。

第一大场景是总部场景，总部的场景很重要，代理商一到总部就会决定是否和你们合作。所以总部场景就是要卖气势，卖文化，卖信心。你有一座宫殿才会有朝拜者，否则，基地不狠，营销不稳。

第二大场景是服务场景。企业营销的两个服务区都需要高端的情感服务场景，一是总部对代理商的服务，二是总部对顾客的服务，这两个场景卖态度，卖品质，卖信任。

第三大场景是广告场景。广告场景的营造很重要，要么靠规模取胜，要么靠创意取胜，广告场景卖品牌，卖性格，卖利益。

第四大场景是终端场景。终端场景是考验企业营销和企业品牌形象的最佳阵地。一个好的终端场景就是一个特别有力的动销场景，好的场景有五个特点：一是超级符号，二是超级色彩，三是超级服务，四是超级产品，五是超级空间。就像奢侈品的LV、油烟机的方太、餐饮的肯德基、恒大地产的样板楼，它们的终端场景就是销售力，就是品牌力，就是影响力,就是营销力。

第五大场景就是参会场景。每一次参会你呈现给别人的场景就决定你的实力,你的形象力,你的产品力。展会场景是品牌和品牌实力的真正较量,是品牌营销间的真正对打,要求企业的参会场景要凸显四大能力:一是行业风范的能力,二是伟大单品的能力,三是形象档次的能力,四是待人接物的能力。参会场景做好了身价倍增,做不好赔了夫人又折兵。

"张默闻营销36计"第16计就是建场景,建场景就是建卖场,每一个场景的作用都是卖,会卖,才是真本事。

张默闻营销第17计:建口碑。

互联网时代什么最重要?口碑最重要。谁招惹了口碑谁就会输得一塌糊涂。所以企业营销在一定程度上就是做口碑。口碑是看不见的,但是它们始终存在,只要你的品牌一出问题,它们就像一群有毒的蝙蝠向你飞来,吸干品牌的血液,把你的尸骨抛弃在荒郊野外。很多品牌遭遇口碑的危机,有的活了下来,遍体鳞伤,有的直接被弄死,死不瞑目。

企业营销要做好口碑的预防和公关工作,要有专门的口碑营销部门。在未来的营销里,口碑营销是最重要的,抓好口碑工作就是抓住了最主要的矛盾。如何建立好的口碑呢?做好五件事就行:第一是做好产品、第二是做好体验、第三是做好创意、第四是做好粉群、第五是做好服务。口碑问题是企业的发展战略问题,不是一件小事,要上位、上心、上团队,把口碑营销作为头等大事来抓。

"张默闻营销36计"第17计就是建口碑,口碑是品牌是否可以延续，是否安全延续，是否百年延续的重要作业。让口碑辅助营销，你的品牌就是野百合也有春天。

张默闻营销第18计：三张网。

中国的经济高度发达，中国的产品不计其数，中国的品牌如雨后春笋，中国的营销千军万马，中国的渠道深浅不一，中国的媒体碎成颗粒。一切都显示，在中国做营销，比以前更难了，不是资源不够，而是资源太多，不知道怎么玩了。

张默闻根据自己的营销经验，认为在中国做营销要建好三张网。第一张网是人网，企业营销一定要有人，有人就有营销，有人就有市场，人海战术是你夺取胜利和地盘的重要力量。第二张网是地网，你的产品铺货要铺得深、铺得广、铺得准，产品的网建不好，你就很难实现营销的突破。第三张网是天网。天网是媒体，是声音，是影响力。营销就是买卖，买卖就是生意。企业做生意就是要建好三张网，天网地网人网，三网合一，你就能所向披靡，玩个翻天覆地，玩个大获全胜。

"张默闻营销36计"的第18计就是三张网，解决团队、渠道、媒体的问题，你的网有多大，你的营销后劲就有多大。

张默闻营销第19计：玩包装。

包装是大事。包装就是广告，包装就是销售文案。日本企业非常注重包装，几乎到了痴迷的程度。但是中国的产品包装大都局限在中低端水平，材料用得高大上，品位做得中低下。而且包装设计和品牌内涵根本不统一，无法造成消费者的追捧。这些年虽然很多著名的设计公司都诞生了很多好的作品，但是毕竟有限，大部分还是上不了台面。

张默闻认为，包装有四大方法：第一大方法是把中国元素用好，可以中国化到底；第二大方法是把色彩用好，100年就用一种色彩，统一、规范；第三大方法是把符号用好，强化识别，强化差异，强化竞争；第四大方法是用文化包装，把产品文化积极地融入包装里，使它焕发生机。

玩包装，就是玩品位。一个品牌的包装就可以看出一个老板的品位。农夫山泉的钟睒睒先生就是一个包装狂魔，从它的包装就可以看出农夫山泉的情怀，真是一看一个准。包装，是一个企业最值得花钱的地方之一。

"张默闻营销36计"第19计就是玩包装。玩包装，就是包装要好玩，要让人喜欢，包装即时装，需要企业大力弘扬。

张默闻营销第20计：样板戏。

营销就是唱戏。唱戏就要唱样板戏。中国企业营销要深刻地研究新时代中国特色的社会主义市场营销模式，要把营销国产化、民族化、群众化。我们太注重西方的营销理论而淡化了我们自己祖先的营销才能。我觉得中国的营销要回来，要回家，要回头。

在营销里，我们要认真学习样板戏的经验。什么是样板戏？样板戏就是革命的戏。一场戏里体现了十个特点：1.主题鲜明；2.表演到位；3.情感充沛；4.视觉完整；5.情绪共鸣；6.掌声雷动；7.统一思想；8.诉求简单；9.可以复制；10.绝对好看。再回头看看，我们今天的明星活动，或者说营销的路演，简直是入目不安。我们的营销到底缺什么？我认为缺精神，缺信仰、缺爱、缺诉求。只知道卖货卖货卖货，那就是个江湖郎中的水平。

学习样板戏，就是培养我们的营销精神。这种精神就是与消费者一起欢乐的精神，就是把一场活动变成一场运动的教育精神，就是把视觉、态度、文案、表演融合的艺术精神。如果我们的营销每一场活动都像样板戏一样精彩，如果我们的每一场活动都像样板戏一样被复制，被标准化、我们的营销就很简单，很快乐。

"张默闻营销36计"第20计就是样板戏，就是营销要演好每一场戏，标准化、复制化、情感化，只要你深刻地体会营销就是演戏给顾客看的道理，只要你全情投入地出演，你就是营销艺术家，而不是江湖的杂耍艺人。

张默闻营销第21计：基本法。

被中国企业家奉为圣经的《华为基本法》从1995年萌芽到1996年正式定位为管理大纲，再到1998年3月审议通过，历时数年，成为中国企业管理思考的巅峰之作。

张默闻认为，每个企业都应该有自己的"营销基本法"，要明确自己的营销价值观、营销管理观、营销传播观、营销发展观、营销创意观、营销执行观等。中国企业最大的营销问题是没有自己的"营销基本法"，几乎每来一个营销高管都会自己建立一套混乱杂交的所谓的营销基本法，靠权力推进，靠经验推进，靠习惯推进，不是盲目学习中国500强，就是盲目学习世界500强，根本不和企业实际相结合，所以营销大部分都是不成功的。

张默闻服务的娃哈哈集团的营销基本法就是宗庆后的营销思想，谁都不能改变。恒大集团的地产营销就是许家印的营销思想，也是谁都不能改变的思想。娃哈哈的联销体，恒大的开盘必打折，都是被写进企业营销基本法的核心营销思想。所以，两个中国首富的企业营销都非常稳健和持久。如果你的企业营销还没有建立"营销基本法"，没有遵循"营销基本法"的战略思想，你就要开始行动了。

"张默闻营销36计"第21计就是基本法，就是企业营销基本法，就是建立营销的信仰、营销的方法、营销的思想、营销的模式，高举企业特色的营销思想纲领，把企业的营销推向更伟大的明天。

张默闻营销第22计：广告战。

营销战就是品牌战，品牌战就是广告战。所以营销的竞争，一定程度上就是广告的竞争。张默闻一直认为：一个国家的文明程度就看这个国家的广告文明程度，所以，一个企业的广告水平就是一个企业的营销水平。广告战，是最难打的战争。

第一，要有钱，没有钱就发动不了广告战。第二，要会花钱，混媒时代，碎媒时代，有钱不会花，花不到点子上，都是一种罪过。第三，要掌握广告的点与网。点是爆破点，网是媒体网，两者缺一不可。广告战已经上升到企业最高决策层面，所以，传统的广告战已经没有市场，新的广告战已经拉开帷幕。

那么什么是新广告战呢？新广告战就是广告的规模战+创意战+口碑战+精准战。没有这些元素的配合，就没有真正的广告战。"张默闻营销36计"第22计就是广告战，就是广告式的营销战，这才是这个时代营销的主旋律。这一战，有机会更有风险，关键就看企业如何雄关漫漫闯出关，广告打出艳阳天。

张默闻营销第23计：销售军。

销售队伍一直是营销战争里最重要的内容之一。无数的案例表明，你有什么样的销售队伍，就有什么样的营销结局。张默闻认为，应该将销售部变成销售军，要用军队的思维来完善和武装销售团队。销售军这三个字，代表的含义很多：第一是军事化的管理；第二是具有超级战斗力；第三是具有完备的指挥系统和完备的作战系统；第四是具有军人的野性和纪律性；第五是责任非常明确的前线化军团。我们要用建军的方式建设营销团队，建设销售团队。

销售军的概念就是要求销售岗位上的每一个人都要有牺牲情怀、阵地情怀、目标情怀、像军人一样存在、像军人一样能打，把企业营销战打出水平、打出经验、打出成绩。我们知道销售军苦苦作战也未必守得住战场，更何况那些散兵游勇。

我们只要看看娃哈哈的营销军团，看看恒大的营销军团，就会知道真正的销售军团是什么状态，就会知道真正的中国销售军团是怎么做销售的了。

"张默闻营销36计"第23计就是销售军，就是要把团队变成军队，用军队的手法武装团队，你就拥有了不可战胜的资本。人民军队为人民，销售军团为销售，销售强大，品牌才能真的强大。

张默闻营销第24计：间谍战。

我们都很喜欢看谍战剧，几乎每部谍战剧都会捧红几个明星，说明间谍这个卖点很好。在企业的营销里，是否需要间谍呢？是否需要进行间谍战呢？张默闻根据自己的经验认为，太需要了，每个成功企业都需要打一场看不见硝烟战争的营销间谍战。

任何一个伟大的品牌都有一个分量对等的竞争对手，所谓的营销就是第一和第二的竞争，这个竞争就包括信息的竞争、决策的竞争、战斗力的竞争。所以，了解你的对手，获取他们的情报，摧毁他们的情报网，在今天依然非常重要。间谍战事实上一天也没有从我们的视线里走开过，而且愈演愈烈。

我们看到的苹果和华为的竞争，加多宝和王老吉的竞争，娃哈哈和农夫山泉的竞争，恒大地产和碧桂园、万科的竞争，格力和美的的竞争，与其说是数据战，不如说是间谍战，你中有我，我中有你，所以，我们不但要看谍战剧，而且还要自己导演谍战剧，这种斗智斗勇的游戏好玩也好用。

"张默闻营销36计"第24计就是间谍战，就是企业在营销的过程里和竞争对手进行间谍大战，比竞争敌手快一步，你就赢得了整个世界。没有间谍能力的品牌还算不上大品牌。

张默闻营销第25计：会借鉴。

张默闻一直坚信，不会借鉴的品牌就无法超越。在美国、在韩国，我都看见了和中国一个不生产水只搬运水的产品包装长得很像的产品设计，我一下子就记住了这个品牌，这就是现实，这就是智慧，这就是能力。

借鉴不是照搬,是吸收其精华,整合创新后变成你的东西。

"张默闻营销36计"第25计是会借鉴,就是告诉大家在营销战争里,会复制精华,提炼精华,主导精华。只有这样你的营销才会破壳而出,诞生新的生命。

张默闻营销第26计:话术美。

每个产品都有生命,每个产品都有特点,关键是你是否有本事把没有特点的产品提炼出特点。靠什么?一靠创意买点,二靠话术。

话术最显著的特点有两个,一个是说实话,是话术实,表达准确、实在、实际;第二个是说好话,是话术美,简单、好听、理由到位、不容怀疑。话术美最核心的一点是产品必须要好,不好的产品叫欺骗,好的产品叫话术。你的话术有多美,你的销量就有多大。

这个世界任何时候都需要话术美。评价朋友需要话术美,批评孩子需要话术美。话术美,不仅仅是文字的游戏、语言的游戏,更是真诚的力量。最美话术里,真诚是排在第一的。

"张默闻营销36计"第26计就是话术美,就是让企业营销学会说话,学会讲故事,用动听的语言去满足消费者的购买需求。

张默闻营销第27计:建模式。

每个企业的每个品牌的营销模式都不一样,即使大的方面一样小的方面也不相同。正因为世界上没有完全相同的营销模式,才成全了营销百花齐放的美。营销模式的建立非常重要,模式不是最新的就好、最强的就好，而是最适合的就好。

营销模式的建立有三大条件：第一大条件是必须结合企业营销实际，不能脱离企业营销资源的现实；第二大条件是营销模式必须和营销团队的性格相适应，和老板的营销情怀相适应，否则就会出现水土不服；第三大条件是营销模式必须不断调整，与时俱进，跟得上变化。

建立自己独特的商业模式，就是建立自己的高效的营销管理系统。检验营销模式的成功与否靠四个指标：第一是品牌的影响力，第二是品牌的渠道力，第三是品牌的场景力，第四是品牌的成交力。你的模式如果不能解决这几个问题，请你开始调整你的模式，一直调整到市场满意和运作流畅为止。"张默闻营销36计"第27计就是建模式，就是让你的模式更适合你的生产力和销售力，模式就是体制，体制决定未来。

张默闻营销第28计：慰问团。

市场营销里有一种服务叫慰问。慰问谁呢？当然是慰问六大人群：慰问的第一个人群是区域经理及其服务人员；慰问的第二个人群是代理商，是那些日夜都想得到总部爱抚的前线合作伙伴；慰问的第三个人群是市场活动推广部人员，他们更需要火线慰问；慰问的第四个人群是消费者代表，慰问他们就是联系情感，联系买点；慰问的第五个人群是终端销售的营业员，慰问他们就是推动成交的最大鼓励；慰问的第六个人群是企业商学院的培训人群，慰问他们就是检阅我们的营销思想是否传达到位，慰问他们就是了解我们的营销培训是否落地。

现在很多企业的营销都是冷冰冰地打鸡血。左一针，右一针，把人都打残废了。而慰问之美就很高妙。慰，是使人心安。问，是慰问。张默闻可以负责地说,不会慰问的营销是打不了胜仗的。慰和问要结合好才能达到慰问的疗效。"张默闻营销36计"第28计就是慰问团,就是一方面让人心安,另一方面在"问"上大做文章。慰问二字,实在精妙至极。

张默闻营销第29计:巡视组。

企业的营销一定要有巡视组,就像明朝的东厂和西厂。巡视组的最大功效就是发现问题,它和慰问团不一样,巡视组是企业特设的市场营销监察机构,不受任何部门的影响,直接向企业老板或者董事会汇报。巡视组主要解决营销组织里最突出的矛盾和最危险的倾向。对营销组织是具有威慑性的和警示作用的顶级营销督促部门。

巡视组的工作内容主要体现在四个方面:第一方面是营销组织里的廉洁自律和官僚主义作风的巡视;第二方面是营销组织的效率和执行力的巡视;第三方面是客情方面的巡视;第四方面是上报情况的抽查和核对的巡视。企业营销巡视组是独立的、公正的,是能代表企业最先进生产力的管理小组,对整个营销工作进行巡视、帮助和改进,促进营销的快速发展和生态发展。

"张默闻这厮营销36计"第29计就是巡视组,就是营销组织头上的尚方宝剑,是为营销保驾护航的重要伙伴部门,企业的营销巡视组的诞生必将对企业的营销产生重要的效率革命。

张默闻营销第30计:商学院。

越来越多的企业开始办商学院,也就是企业大学。企业如果没有商学院就会觉得很不好意思。张默闻为很多企业设计和规划了商学院,并亲自参与其中，取得了不错的战绩，为企业的营销发展带来了巨大的红利。

企业如何办好商学院呢？张默闻认为，要做好八大关键的事：

第一，老板必须心甘情愿地投入商学院的建设和运行中，商学院不能成为摆设，更不能成为没有顶层设计支持的边缘组织。

第二，企业商学院必须有自己的院训、课程、讲师、歌曲、信仰，必须有非常规范的毕业仪式和晋升通道，一定不能成为一个没有仪式感和成就感的短期培训班。

第三，企业商学院的培训对象分为四大板块：营销板块、管理板块、研发板块、文化板块，而且要对各个板块的关键口进行培训、考试、结业。

第四，企业商学院的院长尽量聘请中国大学的教授担任，企业董事长作为战略院长就好。要利用好大学资源为企业商学院镀金和开发，实现商学院的价值感和荣誉感。

第五，企业商学院要有自己的讲师团，讲师团要经过培训考核才可以上讲台。严禁话都说不清楚的人、不具有感召力的人作为讲师。企业商学院是企业发展的百年大计，应该上升到企业的战略层面来运营。

第六，企业商学院要把教育的触角伸到我们的合作伙伴里，只有建立强大的商学联盟才能建立真正的合作生态圈。要把合作伙伴作为同学，要把合作伙伴作为我们的价值观共同体、命运共同体和财富共同体。

第七，企业商学院一定要办成一个收费的商学院，这个世界很奇怪，免费的没有人会珍惜。所以，你构建一个什么样的商学院平台，就决定你的商学院的未来，商学院的未来就决定你的价值观是否成为企业全员价值观的最佳阵地。

第八，企业商学院要变成企业版的长江商学院和企业版的中欧商学院，要按照他们的模式和方法运营，使商学院成为员工渴望、伙伴翘首的理想商学院和学习平台。

"张默闻营销36计"第30计就是商学院，就是建立企业基因，稳定企业性格，传播企业价值，特别是要让企业的营销在其中汲取更多养分，获得更多权力，得到更快发展。

张默闻营销第31计：短视频。

趋势观察专家认为，短视频已经成为品牌的一种新的表达方式。短视频是移动互联网用户自我表达的革命，代表着表达方式的进化，是一种新的社交语言。

对品牌而言，这种全新的社交语言，将为品牌打造出一个和消费者相互链接的情感平台。互联网时代，如何让品牌平等化地与用户对话是品牌最为棘手的问题之一，短视频作为具有爆发性的娱乐营销载体，为品牌提供了除大型综艺、电视剧品牌冠名外的内容分发新阵地。

短视频的崛起和深度成熟，会成为企业品牌营销的新工具。中国企业营销从现在起要紧紧抓住短视频的机遇，构建陪伴消费者从早到晚的全场景短视频营销。短视频是全场景营销的重要平台，营销也需要去匹配用户短视频观看场景。品牌可以伴随消费者的不同时间场景，制定出全场景的短视频营销计划，让品牌随短视频浸入消费者的生活中。

在移动互联网时代，每一个人都是一个独立的世界，然而，有了智能化的算法和技术，每个人的节点都会形成重聚的多元化细分族群，这也让很多垂直化短视频营销的价值凸显。如何挖掘这些垂直领域的短视频的内容营销价值？首先，要找到场景的关联，比如说美食和家电之间的关联、汽车和旅游之间的关联、化妆品和美妆短视频的关联等；其次，要诉求一种生活方式。品牌除了塑造品牌形象外，还要能够应用短视频打造一种让用户都愿意去追随的生活方式。例如，很多人会说："若我不在星巴克，那我就正在去星巴克的路上。"他们认为星巴克是一种生活方式，那品牌也应该打造这样一种理想的生活方式，将产品嵌入其中，做垂直化表达。再次，要匹配短视频的内容风格，例如，利用短视频上的达人的内容表达特点去和品牌的调性相结合，与消费者进行深度对话。

短视频营销不是TVC（电视广告）的平移，也不是TVC重新组装后的微视频。短视频一定要具有原生性，适应短视频平台的内容调性。比如，在抖音上的短视频，一定要带有嘻哈快节奏、符合年轻人口味的内容；而在西瓜视频上做短视频，就要符合精致化、精品化的特征。

那如何做出一个好的原生短视频呢？

第一，短小精悍，未来的短视频一定是越短越贵，想在极短时间内表现出所有的内容是一件极不容易的事，也更考验内容创作者的创意；第二是逻辑要简练；第三要轻松娱乐；第四，节奏感要强，有煽动力；第五，画面感要精致，要让人看得舒服。品牌在原生视频中一定要讲好的品牌故事，讲得大家能够很轻松地去接受相关内容，明白一些道理，甚至向往品牌塑造的生活方式，从情怀层面运用年轻化的腔调，包括自嘲等方式，才可以与消费者玩成一片。

短视频正在建构一种新的媒介关系，这种新的媒介关系是从过去的单向传播转向了一种更深入的互动。这种互动让越来越多的用户都愿意去分享和转发短视频，看短视频的趣味互动，甚至在评论区寻找和建立新的社交关系等，短视频的社交时代正在来临。短视频营销也不是传统媒介时代的品牌的简单自我宣扬，而将会成为一种新的对话方式。

"张默闻营销36计"第31计就是短视频，就是要构建企业营销的新的媒介关系，符合这个时代，符合消费者和品牌的沟通快感，这样品牌传播才会生动起来，好玩起来。

张默闻营销第32计：做单品。

有人问我，超级品牌是什么？很简单，超级品牌就是超级单品。单品战略是定位的最好诠释，是冲突的最好应用，是重构的最高级表达。中国企业有一个可怕的毛病，就是手里抓太多的产品，却消化不了，无法做成一个明星单品。可口可乐是一个伟大的单品，加多宝是一个伟大的单品，营养快线也是一个伟大的单品。但是它们都是超级品牌的代名词。

在营销的战争里，张默闻并不排斥企业不断出新品，但是每一个新品都要成为吸睛率很高的超级单品，在市场营销中担负更多的业绩贡献。一个企业老板一定要是这个企业里最好的产品经理，一定要能用产品改变世界，配合全球智能产品的演出。我可以断言：伟大的单品一定可以成就伟大的品牌。所以品牌营销就是单品营销，这条路，每个企业都要做到有想法，有说法，有做法。

"张默闻营销36计"第32计就是做单品，就是把单品做大，把单品做伟大，把单品做强大，你的品牌，你的营销大路就会被鲜花铺满,芳香四溢。

张默闻营销第33计:新零售。

在企业营销使用新零售的问题上,我就说两句话:一定要用传统媒体做电商传播,一定要用电商思维做传统传播。新零售就是一个空间对另一个空间的作战,就是一个渠道对另一个渠道的统领。

"张默闻营销36计"第33计就是新零售,就是让零售通过更新的渠道整合和资源重构,为顾客提供最佳的购买和体验服务。张默闻要特别提示:所有的新零售都是建立在品牌强大和内容可喜的情况下。

张默闻营销第34计:年轻化。

品牌年轻化从来没有像今天这么重要。中国式品牌营销在营销上一直是跟着消费者的年龄走的,定位年轻的品牌就是送走一批年轻人再讨好新的一批年轻人的营销过程。定位老年的品牌就是送走一批老年人再迎来一批新的老年人的营销过程。但是今天的品牌已经发生变化,不管什么品牌,都要考虑品牌年轻化的战略。

品牌年轻化的意义已经发生改变,年轻化已经成为年轻品牌和成熟品牌共同需要的元素。年轻人需要年轻,老年人也需要年轻,所以,年轻化是品牌营销集体需要的心灵鸡汤。

"张默闻营销36计"第34计就是年轻化,就是让品牌充满年轻的声音、年轻的味道、年轻的色彩、年轻的语言、年轻的气质,从而唤醒大家的青春和身体里那份永不磨灭的激情。年轻化就是年轻品牌不老的秘密,年轻化就是老品牌的年轻秘籍。记住:年轻化,就是一副青春的画,就是一首青春的歌。

张默闻营销第35计:CCM。

我的老师,中国整合营销传播之父、北京大学新闻与传播学院副院长、党委书记陈刚教授在讲述他的伟大理论《创意传播管理》(CCM)课程时说,数字生活空间是品牌竞争的场所,并强调创意传播管理的核心是数据化,因为生活者就是数据,万物也都是数据。我们正生活在一个超级数据库里:生活者数据库+内容数据库+物品数据库,相互叠加构成了我们的超级数据库空间。

数字经济,数字中国,数据经济,数据中国正在向我们走来。这再次验证了CCM的前瞻性和实战性,因为我们的传播已从单纯的广而告之进入创意传播管理系统,这是新时代传播的最高境界和最高工具。从技术层面上说,是从企业开始,进入创意传播管理,通过内容管理平台(CMP)和数据管理平台(DMP),进入到生活者的领地,进行内容的生产和管理,数据的收集和管理。它的运行模式都是基于数据的分析,是从数据分析到策略假设到创意内容生产到发布执行到效果监测与分析,模式演变过程非常科学严谨,构成了完整的CCM。

这个研究告诉我们,简单的、传统的传播会遇到风险,我们的品牌传播的最后一根救命稻草就是创意传播管理(CCM)。所以我们必须利用大数据,构建可以程序化购买的全新传播空间。

中国的品牌,中国的传播,已经走入一个相对黑暗和相对混乱的时期,越来越多的企业在互联网时代的冲击下,已经把握不好传播的航向,但是,我相信,CCM是新时代传播的新工具。"张默闻营销36计"

第35计就是CCM，就是数据化管理传播的新武器，它将让你的品牌在传播的领域里实现内容、媒体、产品联合互动，获得超级销售转化率，使企业传播进入全新时代和全新空间。

张默闻营销第36计：国家牌。

品牌的最伟大的成就是你的品牌能够成为一个国家集体尊敬的品牌，一个民族集体尊敬的品牌。所以，企业的品牌营销的起点要高，首先要有三个做到：

第一个做到是：做到我们的品牌价值和品牌文化要和新时代特色社会主义的品牌文化相适应。

第二个做到是：做到我们的品牌营销和国家的品牌营销保持高度一致和高度共鸣并且相互发光。

第三个做到是：做到我们的品牌营销具有先进性和公益性成为这个国家和人民需要的刚需品牌。

"张默闻营销36计"第36计就是国家牌，就是要把品牌命运和国家命运，品牌营销主张和国家品牌营销主张密切结合起来，获得强大的品牌力量，借势国家品牌成为国家品牌，这才是真正的品牌营销之道。

中国的营销英雄们：

"张默闻营销36计"只是营销战争里的小小指南针，事实上伟大的营销远远不止营销36计，或者根本不需要营销36计。因为世界上所有的事情都在不断发生着变化，解决变化的过程就是解决矛盾的过程。张默闻的营销36计2017版会随着时间的变化而变化，未来的每一年我都会结合中国和全球营销趋势整理全新的"张默闻营销36计",为我们的营销英雄保驾护航。

最重要的是:世上的计谋千千万,世上的兵书堆如山,但是营销真正的功夫不在于计谋,而在于人性,营销最机密的概念是研究人性,唤醒人性,教育人性。营销36计就是把你带入性情大战,让你感受波澜壮阔的大美营销。

每月学三计,营销翻十倍——"张默闻营销36计"。

文案花开十条计,我用文字俘虏你

引言:世界上最美的花也美不过文案花开的瞬间。

　　初见文案花开,此刻正是青年。

　　写文案多年,觉得累,也觉得很美。文案的差事就像是给美人梳妆打扮,也像给美人脱衣换衫,有一种神圣感、自由感和美感。

　　有人问张默闻,如何才能把文案写得柔弱蚀骨?如何把文案写得干脆落泪?如何把文案写得万人传唱?想来,这是大家长期以来想要的答案,虽然我还没有回答,但是这些问题已经美得不能呼吸,我已神魂颠倒。初见文案花开,此刻正是青年,好美的千里江山,好美的一语一言。

　　文案花开第一计:滴水成冰的画面感。

　　文案者,不仅要将文字控制在掌心,还要将情感囚禁于自己的心间。情感文字,文字情感,恰如自己的两个翅膀,一起起舞尤为重要。

更重要的是要有滴水成冰的画面感。你微微闭上眼睛就会有画面跃然脑海，就如一幅画任你描绘，用什么情，着什么色，都由自己说了算。脑海有画面，万千文案就一遍。再也不用那么辛苦了。

文案花开第二计：化蛹成蝶的储词感。

你要慢慢地看书，满满地储词；慢慢地看书，轻轻地储词。你心间的储词量越多，你的文字就越自信。你的道理就更有力。作为一名文案师，我们的心间不是一片词语的荒漠，而是一条词语的江河。每逢要写一段文案，那些词语就会像士兵一样跑向你，叽叽喳喳，竞相献身。化蛹成蝶的储词感，会让你的文案轻盈飞舞，谁也禁锢不得。

文案花开第三计：精通需求的洞察感。

世间万物都摆在我们的面前。它们一点都没有躲避的意思，而是微笑地供我们选择。只要我们蹲下来，用发现爱的眼睛去洞察它们，它们感受到爱的力量就会慢慢向你靠拢，带着少女的羞涩，带着少男的热浪，带着中年的通透，带着老年的天真，会给你流露出蛛丝马迹，直到你找出前因后果。精通需求的洞察感，你要善待它的出现，你要找到它的快感。

文案花开第四计：发现冲突的对立感。

不管是谁，每天都活在冲突里。多雨的浪漫和潮湿的冲突，加班的辛苦和成就的冲突，醒脑的咖啡和健康的冲突，肥胖的陷阱和甜食的冲突。世间的事都是以冲突开始，都是以化解冲突而结束。文案者，你要知道生活就是冲突，爱情就是冲突，奋斗就是冲突，没有冲突人就不会痛苦，事就不会难缠，爱就不会受伤，发现冲突的对立点，破解它，你就成功了。

文案花开第五计：锣鼓喧天的带入感。

文案是情绪，文案是武器，文案是表演。我们的文案是写给大众看的，是写给看消费者看的，所以你要有锣鼓喧天的带入感。你的文案一出，他们的眼睛、他们的心就会被你吸引，就会慢慢依偎过来。此刻你就是佛，就是上帝，就是信仰，你只要带着他们来到你的领地，他们就会看见你的光辉，就会膜拜于你的光辉，跟着你的光辉慢慢走近你温暖的局。

文案花开第六计：一针一线的刺痛感。

每次写文案，我都会穿针引线，刺绣般的落笔，希望文字可以变成一副精美的刺绣。顾客的心就像一块绣布，你要一针一线地刺进去，缓缓地让血迹布满整块绣布，染成永不褪色的画面。我知道一针一线的刺痛感，会惊醒他们，但是谁又拒绝得了这美艳绝伦的画面呢？请把我们的每个文字都绣到别人的心上，不大不小，不粗不细，怎么看都好看得不忍放手，那就好。

文案花开第七计：情感齐鸣的仪式感。

任何文字都是一种仪式感，这就是文字的力量和美学。我敬畏每一个文字，敬畏每一个文字身上的仪式感。因为文字的仪式感强烈，所以文字组合断断不能没有规矩,但是又不能太过规矩,没有规矩文字就失去了活力,太过规矩文字就没有了灵性。情感齐鸣的仪式感是文案者的心中圣旨,你的文字一出,阅读者就会对文字躬身施礼,连声道谢,并参与到这个仪式里,该有多好。

文案花开第八计:历经岁月的庄重感。

文字即情感,情感即观点。真正的好文案一定是历经岁月而不褪色,历经沧桑而不扭曲。我们喜欢的唐诗宋词,我们喜欢的语录口号,都是文字庄重的最美体现。好文案就像一座丰碑,风雨只会让它更壮丽;好文案就像故事,传播只会让它更受宠。隔夜就坏的文案是文案者最大的失败,唯有经典文案才能不朽,才能历经岁月容颜依旧。

文案花开第九计:靠近烟火的独立感。

文案者要谨记,文案之美,贵在靠近烟火。我们来于子宫,落入凡间,就是要食人间烟火,就是要尝人间冷暖,就是要走人间崎岖的。所以文案里的文字要有靠近烟火的独立感,又要有超脱烟火的圣美感。我们的文字既要让达官贵人欢,也要让黎民百姓喜。我们靠近烟火,口号朗朗上口,我们略离烟火,创意独树一帜,文案者此生得一好句,这一辈子也就值得了。

文案花开第十计:大道至简的存在感。

文案还是简的好。作为一个文案者,无论我有多重的文字杀机,落在纸上我都是一片温柔,简单到阳春白雪,深刻到只见刀刃。文字的简是一种功夫，你看透你要写的事物，你就会知道越简的东西越重，越重的东西越简。文字在你手里就是一片羽毛，轻松拿起，轻松放下，都在微微一笑之间。文字有毒，此生黏上，便放不开了。

再见文案花开，虽然不是青年。

年龄越大，喜欢文案的味道就不一样了。不知不觉下手开始狠了起来，文字的可爱度就减少了，只剩下文字的可塑性。所以每天我都在闲时泡杯白茶，在微醉的状态下做回少年，让自己依然天真地和这个世界周旋，让朗朗笑声嘎嘎地飘荡在心间。

那时候江河温柔，月光如水，鲜花绽放，呼吸均匀，才能听见文案花开的声音，否则你是断断听不见那悦耳的声音流入心田的。闲时再见文案花开，我在那个你熟悉的茶馆等你，不见不散。那时间只谈文案，谁也不许打断，可好?

张默闻连续六年蝉联中央电视台广告策略顾问的思考
引言：每一次走进中央电视台我都能感受到祖国的强大、品牌的壮美。

一

这辈子我最自豪的事情就是成为中央电视台（CCTV）广告策略顾问。这对于我来说，虽然只是专业能力的一种奖励。但是对于我们家族来说，却是一件惊天动地的大事，整个家族都是欢欣鼓舞的。

二

作为中央电视台广告策略顾问的我也算是"三朝元老"了。"三朝元老"，尽职尽心地完成中央电视台广告顾问的角色。我对自己是满意的。未来是不是顾问，我不知道，但是六年蝉联CCTV广告策略顾问我已经非常感恩。我知道，中央电视台广告策略顾问的遴选是非常严格的，需要你的理论和实战水平都必须是你所在行业里的顶级水平。否则你的名字是无法进入到中央电视台广告策略顾问这个名单里来的。这一点，我是领教过的。

三

我要特别感恩我的贵人们。感恩第一次把我聘为中央电视台广告策略顾问的中国中央电视台广告管理中心主任夏洪波先生，感恩第二次把我聘为中央电视台广告策略顾问的中国中央电视台广告管理中心主任何海明先生，感恩第三次把我聘为中央电视台广告策略顾问的中国中央电视台广告管理中心主任任学安先生。他们都是中国广告界的顶级英雄，都是中国品牌的经营代言人，我尊敬他们。当然我还特别致谢中国中央电视台广告经营管理中心的佘贤君博士，他是中国中央电视台广告经营管理中心的常青树，为三届广告部主任所青睐、所倚重，每次我的出现都和他的坚持推荐有关系，这是一位潜伏在我生命里的贵人。

四

在这个顾问团里，有著名大学的教授、博导，有著名企业的品牌总裁，有著名数据机构的首席代表，有著名策划机构的创始人。他们都是德高望重的，不可替代的。中央电视台每年召开的顾问会，都是行业名流汇聚的大会，都是广告界顶级大咖的才华秀的大会，每一次参加这个大会，我都能感受到祖国的强大。我尊重这里的每一位专家和每一位教授，能来的，都是带着真功夫的，所以从某种意义上来说，这是中国广告界的规格最高的品牌武林大会。

五

张默闻连续六年蝉联中央电视台广告策略顾问，亲眼见证了从相信品牌的力量到国家品牌计划诞生的过程。岁月更替，草木枯荣，但是中央电视台广告的精神始终没有变，那就是打造真正的国家品牌。国家品牌胜则中国胜，这是所有顾问的共同心声。我聆听过夏洪波主任有关品牌的力量的讲话，我聆听过何海明主任的一台知天下的波澜壮阔的故事，我聆听过任学安主任的浩瀚恢宏的国家品牌计划。我觉得这就是中国广告的希望、中国品牌的希望、中国传播的希望、中国媒体的希望、中国国家品牌的希望。特别是第一次听到任学安主任的国家品牌计划时我竟热泪盈眶，我心里一直呼喊的、一直呼吁的国家品牌概念终于呱呱落地，这是所有的顾问之幸，所有的中国品牌之幸，所有的中国媒体之幸。

六

每次参会之前我都提醒自己不能只带着嘴去，更要带着脑子去。

所以每年我都会习惯性地准备一份PPT。虽然中央电视台没有做过这样的要求。我认为顾问的荣耀不在于你是顾问，到现场表达一下观点就好，我认为这是个非常严肃的、高端的、智慧的大会，虽然只有几十个人，却是中国品牌最高级别的智囊会。顾问的态度决定顾问的成果。中央电视台作为国家电视台，愿意和顾问们一起激活传播智慧，掌握媒体动向，为中国品牌的成长和发展献计献策，这本身就是一件大事，一件重大的事件营销。每年我都会阐述自己对央视广告运营的看法、想法和说法。每次当我把PPT拷贝给佘贤君博士的时候，我就像一个高考的学生离开考场,那种和央视同呼吸共命运的幸福感装满了整个央视大楼。

每次参会之前我都提醒自己不能只在会上唱赞歌,我要把央视的品牌重要性写入客户全案。

每一次参加央视的顾问会我都会理智地告诉自己,一定不要在会上只唱赞歌,要说实话,要说有用的话。所以每次参加完中央电视台广告策略顾问会后回到总部杭州,我就会和集团全体项目组的战友分享今年央视的品牌传播战略,让每个战士的心中树立起大国品牌的概念,树立国家品牌的概念。我会做出倡议和硬性要求,就是必须将中央电视台的广告资源写进我们为客户提供的全案策划里。这是政治任务,这是公司的使命性任务,这是张默闻策划重要思想的深度延伸的任务。这些年,我们始终坚持,始终在做,我们已经看见了成果,我们的客户在集体向央视靠近,这种幸福我感同身受。

每次参会之前,我都提醒自己不能只接受顾问聘书不做顾问研究,要深度思考明年的央视品牌如何传播。

在参加中央电视台广告策略会议后,我已经开始思考如果明年我还是顾问,我将会为央视做什么角度的解读和建议。作为中央电视台的广告策略顾问,我一直在做三个思考:一是央视品牌平台非常之大,它的卖点到底是什么?二是央视如何在党指挥媒体的大好形势下诠释好国家精神和国家品牌的关系?三是中国企业的痛点到底是什么?我们如何为中国品牌止痛?这些央视本身都有非常智慧的回答,但是,更深刻、更具有销售力的内容仍然需要我们的顾问们做出重要建议和重要贡献。

每次参会之前我都提醒自己不能只喊既定的口号,更要在客户脑袋里种下超级符号。

我一直在思考，符号是什么？央视在企业家的心里是个什么符号？我们要把央视打造成一个什么样的识别度非常高的符号。每次参会之前我都提醒自己不能只喊既定的口号，更要在客户的脑袋里种下超级符号。张默闻认为我们就种下一个符号就够——"国家品牌上央视，国民品牌在央视"的符号。如果我们能把这个符号深度地植入到客户的脑袋里，我们就真的成功了。国家平台，国民选择，我们做好这两个"国"字的文章，我想我们的营销就非常容易了。

七

非常想对中国中央电视台广告策略顾问们说几句：

作为中国中央电视台广告策略顾问，我们要有课题感、使命感，我们要紧紧团结在央视广告经营管理中心的周围，将央视品牌、国家品牌、国民品牌的发展和创意做好，我们不仅要做国家的企业品牌，我们更要做国家自身的品牌，这才是中国广告界真正要做的事情，是我们这些顾问真正要做的事情。企业品牌固然重要，国家形象品牌更加重要。我希望这能够成为2018年央视顾问会的新思想。

八

非常想对中国中央电视台广告经营管中心的领导们说几句：

作为一名普通的央视广告策略顾问，我想和广告经营管理中心的领导说几句心里话，国家品牌计划的提出一直激荡我心。我建议央视广告经营管理中心应该做三件事：第一件事就是继续深挖国家品牌的意义，将它与习近平总书记的新思想融为一体；第二件事就是启动"国家品牌企业家计划"，将它与国家品牌相提并论，放大企业家作用，推动中国梦的发展，发表《国家品牌企业家计划》纲要；第三件事就是启动"国家品牌一带一路计划"，组织中国国家品牌和一带一路全面衔接，对上呼应一带一路，对下帮扶企业一带一路，发表《国家品牌一带一路计划》纲要。这样就能三合一，形成巨大的力量，获得更大的社会价值。

九

最后非常想对中国的企业家们说几句：

作为企业家，成为国家品牌、国民品牌是企业家最高的理想。我们知道销量的重要，知道市场的重要，但是我们更要知道进入国家品牌阵营的重要。企业家的格局不是市场格局，而是政治化和经济化合体的市场格局。

老规矩，谢谢中国中央电视台广告经营管理中心。

2017年10月13日，央视召开策略会时，我在从芝加哥飞回上海的飞机上，没有能参加在北京召开的会议。很是遗憾。我想任学安主任会宽恕我，时间冲突，很多无奈，多多见谅。

我会是央视广告经营管理中心的一名永远的战士，站岗放哨，全力支持国家品牌计划，央视广告经营已经进入最佳时代，我很看好，我很热爱，喜欢这平台。

祝它健康。

魔镜魔镜在这里：我的六十条经受得住风吹雨打的高管经验

引言：只有做到高管才知道人性的伟大和卑微。

在中国企业里做高管难，在美国上市公司做高管更难。在通往高管的道路上，爬上去的路有10000条，下来的路往往只有1条，而且还是华容道。八年的高管工作需要消耗八十年的功力，才能完美谢幕，这是我高管生涯最痛的领悟。因为每一个经历过高管生涯并且取得成功的人都深深地明白：企业里的高管圈是战场，不是欢乐场。

如何做好董事局主席的特别助理？

第一条经验：一般的事情不会交给你做，交给你做的都是别人不应该知道或者只有你擅长的。最不好的结果是根本没有任何事情交给特别助理做，就是个闲职。但是你也不能有怨言，特别助理可能特别闲，但是你要沉住气，可能另有重用，此刻克制情绪很重要。

第二条经验：作为老板的助理，你要练好两个字：洞察。老板想到第一层，你要想到第二层或者第三层。老板想不到的，你更要想到并且提醒他。一般老板看全局，助理看细节，否则你的价值就会全面缩水。老板需要的助理不是一个只会点头哈腰的人，老板需要的助理是关键时候能扮演火眼金睛的孙悟空的人。

第三条经验：助理必须保持中立。你不能站错队，你只能站在董事长的身边。很多董事长助理被总裁和副总裁拉拢后成为特务，最后都"死"得很难看。助理的角色很特殊，要求贴身必须贴心，要求善始必须善终。做助理者要有为老板挡子弹的忠诚，否则很难成大事，心猿意马的助理永远上不了镀金的台阶。

第四条经验：做助理要深刻理解老板的价值观。老板的价值观决定他的战略方向和战术方向。只有在价值观上和老板保持高度一致，你才能做到和老板配合默契。如果你的价值观和老板的价值观并驾齐驱，你的位置就很危险。助理是协助老板管理，在老板的手下，你最需要的是执行。

第五条经验：作为助理，和老板出差最考验你鞍前马后的无微不至，更考验你瞬间消失的能力。每一个老板在工作的时候都像上手术台的主刀医生，他的眼神就是他的需要。下了手术台他就要放松休息，在确认你即将成为"第三者"的时候要懂得瞬间消失。但你还必须时刻是他的影子，他一声令下你就有能力出现。

第六条经验：助理先生和助理小姐有个外号叫"不知道"。如果一定要再加两个字就叫"真的不知道"。老板的事在助理这里就是终点。没有授权，助理永远就是不知道，因为助理没有任何权利向外界透露老板的一言一行和半句决策。在老板身边要成为哑巴而不是喇叭，一个会保密的助理前途是无可限量的。

第七条经验：助理在一定程度上是老板的临时新闻发言人。所以助理的水平要和老板的水平维持在同一条起跑线上，在关键时候能为老板唱一出。所以助理要默默地看老板如何说话，如何做事，如何摆平不平，如何打击对手。老板会的你不一定要全会，但是基本的要会，因为老板脆弱的时候需要你的帮助。

第八条经验：作为助理，你的文笔要像一条小毒蛇，毒性不大，但是可以防身。真正的助理要可以帮助老板起草一些文件，发表一些文章，阐明一些观点，要成为老板的保密性写手。关键时候出手，写上几笔，就可能改变你的命运，你不用看透全世界，看透老板就好，不用写遍全球，写好老板就行。

第九条经验：作为助理你是很多人糖衣炮弹攻击的对象，因为很多人要从你这里打开董事长的时间缺口和权力缺口。你要学会管理你的权力，捍卫老板的习惯，保证老板的安全，坚定地扮演半个保镖的角色。你要学会拒绝，学会周旋，把不用传递到老板那里的噪声关闭掉。记住你对老板的保护程度就是自己的成长速度。

第十条经验：助理也有家也有爱也有七情六欲。陪老板是一件枯燥的事情，所以你从做第一天助理开始就要提醒自己和家人，你的时间已经不属于你。原则上老板的灯亮着，你就不能离开，助理是老板的手和脚，有时候也会扮演大脑，如果你的节奏和老板的节奏持续保持同频，恭喜你，你即将毕业得到更大晋升。

如何做好企业的官方报纸的主编?

第十一条经验：在企业里出任报纸的主编，此事可是非同小可。主编的权力可以很大也可以很小，你的水平好坏，老板通过几期报纸就能看得清清楚楚。所以，主编的命运很诡异，要么快速提升，要么原地趴。升，说明你与时俱进；趴，说明你没有价值。

第十二条经验：老板看自己的报纸比看外界的报纸还认真。所以主编一定要小心。每一版的头条文章一定要是老大的，就是你代笔也不能有丝毫的流露。要记得：头版头条的水平就是你的命运，你要把老板想说的话说出来，想杀的人用笔杀掉。坚持下去，报纸的命运和你的命运就会发生变化，一般都是喜鹊登枝。

第十三条经验：企业报纸一定要做得像报纸，千万不要用铜版纸，锃光瓦亮的像皮鞋促销广告。更不要用A3的尺寸印刷，看起来特憋屈。企业报纸要用真正的新闻纸，和正经的大报放在一起也看不出谁是企业报纸才行。如果内容达不到要求，那就先把样子整容成大报的模样，长得好看也能抵挡一阵子。

第十四条经验：既然办企业报纸，主编就要特别清醒自己的弹药和人马，你需要做4个动作：第一，在所有核心部门里落实一个兼职报道员；第二，在每期报纸构思前确定一个主题让老大签发；第三，在自己的小部门里找一两个中文系毕业的写手；第四，在每个核心部门里找到榜样人物。做到这些，我保证你三年之内安然无恙。

第十五条经验：企业文化都是老板最喜欢、最得意，也最关注的内容。作为主编，你要牢牢地锁定企业的核心价值观，把这个价值观说够、说透、说深刻。你自己要说，老板要说，高管们要说，中层要说，基层要说，合作伙伴也要说。说多了就变成了思想，这年头思想最值钱。

第十六条经验：说白了，企业报纸是企业的管理工具。所以，报纸的能量作用、榜样作用、创新作用、警示作用还是要有。总唱赞歌不行，不唱赞歌也不行，总不批评不行，总是批评也不行。主编要把报纸变成一个企业管理的晴雨表，让所有的读者感受到爱，感受到差距，还要感受到企业的巨大进步。

第十七条经验：报纸是靠思想吃饭的。一份报纸如果没有思想阵地，这份报纸的生命就会受到挑战。思想只能有一种，那就是老板的思想。报纸的思想盛宴尽量不要变成一大碗鸡汤，不要变成百家争鸣闹革命的战场，那就完蛋了。在企业里，报纸传播一种思想和一个人的权威最好，因为企业报纸办得越大众化越短命。

第十八条经验：主编要能编。报纸是老板的一张脸，你要让报纸更好看。聪明的主编就会在报纸中隐藏性地教育老板，通过商业案例、通过国学课堂、通过管理分析引发老板思考，要把这张报纸变成和老板交心的书信，你的影响力就会在无形之中扶摇直上。记住，拿笔杆子的人比拿枪杆子的人更容易成功。

第十九条经验：企业报纸是高管们表演的舞台。那些企业的高管是不会放弃这片阵地的。他们会想办法把这里变成他们表演的舞台。作为主编你要坚守一样东西，就是坚守企业的核心价值观。

第二十条经验：报纸是什么？主编要清楚。报纸就是企业的管理日记，就是企业的历史，就是企业老板的思想史，就是企业信息的储备库。伟大的企业非常善于运营企业报纸，他们不会考虑成本，他们更加注重思想的统一，这样的企业才能长久。

如何做好企业的文化总监？

第二十一条经验：企业的文化总监就是企业的宣传部部长，是管意识形态的大员。一旦被企业封为文化总监说明你的水平、阅历、形象、道德都到了一定的程度。文化总监需要四种功夫：第一，能言善辩的演讲功夫；第二，能写能改的文字功夫；第三，能哭能笑的表演功夫；第四，能打能熬的加班功夫。这一切还得是童子功才行。

第二十二条经验：企业文化不是喊喊口号那么简单。企业文化是企业作风建设的精神源泉。华为的伟大在于企业文化的蓬勃，阿里巴巴的优秀在于企业文化的壮丽。一个优秀的企业最大的竞争力其实就是企业文化。

第二十三条经验：企业文化总监要会做企业文化建设、整合、营销、传播、策划和执行全案，企业文化如果不能转化为匠心精神和超级动力，企业文化总监就是严重的渎职。文化总监的作用就是让人拥护企业的文化理念。

第二十四条经验：企业文化总监的饭碗非常不好端，因为你不挣钱，总在花钱。所以你要把企业文化做成一道必答题，不能变成一道附加题。中国的企业家很可怕，不能挣钱的部门设置得快也砍得快，这是很危险的举动。作为总监，你要走在统治者的前面为他的想法摇旗呐喊，不是他叫你唱歌你才张嘴，那你就玩完了。

第二十五条经验：我告诉文化总监三个成功的诀窍：一定帮助企业完成一首企业歌曲；一定帮助企业挖掘和建立独立的信仰；一定帮助企

业找到核心价值。如果每一年你再能给出《企业文化年度发展纲要》，并在费用有限的情况下掀起文化高潮，你一定会成为风靡一时的年度明星。

第二十六条经验：我见过很多企业文化总监，不知道企业文化如何做，所在的部门最后沦为企业三线部门，就像三线明星一样，没有戏拍，没有银子，没有声望。我在主导企业文化并出任企业文化总监的时候，这个部门是最受欢迎的部门，花钱最爽的部门。自己不争气，不停地抱怨是没有用的，企业文化是核武器，就看你怎么启动它。

第二十七条经验：企业文化总监就是企业老板的影子。其实没有一个部门比企业文化部门的人更容易成功，因为这是企业的喉舌部门。

第二十八条经验：文化总监的工作是一个集思想阵地、行动阵地、口号阵地为一体的大阵地，你没有点军人作风，没有点文艺情怀，你还是挂冠逃跑吧，别在那里遭罪了。

第二十九条经验：我接手企业文化总监的时候，这个部门是一个烂摊子。里面关系复杂，大爷成群。笔生锈，纸落灰。我的主张很简单，学习老大的思想，全员出心得；盘活报纸，盘活杂志，盘活网站，盘活各级公司的文化通讯员，给钱给信心，举办大型主题文化运动，掀起文化新局面。短短10天，气象万千，非常刺激。

第三十条经验：中国的老板多聪明，在一个岗位上你要干好，但是也不要干得太好，一不小心就干到功高盖主，一不小心就干到好大喜功，老板如果是个昏君你也会死得很惨，到时候暴尸荒野可不要来找我。文化总监是企业的精神谋士，不管外面旌旗猎猎，你自从容就好。

如何做好企业的市场总监?

第三十一条经验：市场总监这个位置是最辛苦、最无趣的位置。这个岗位很难干，要让老板开心，要让销售开心，要让自己开心，太难了。先不诉苦，作为市场总监一定要记得你死也要死在战场上，我没有见过一个在办公室里坐着有好下场的市场总监。

第三十二条经验：很多企业把市场总监和它的成员归为销售部门管理，这本身就是一个荒谬的事情。销售部的门槛低，有手有脚有嘴就能做销售，但是市场部完全不一样，没有两把刷子想把市场部玩转很难。市场部才是企业的参谋部，必须和销售部门平行。很多老板昏庸无能，过度依赖销售部，最后经不起真正的战争。

第三十三条经验：市场总监承担的东西太多，既要做"东邪"还要做"西毒"，否则就会被莫须有地斩落马下。一般市场总监不是销售总监的对手。老板基本上眼里只有前线的意见，市场部都是炮灰。建议企业推广的竞争策略，就是市场部为王，销售冲锋就好。

第三十四条经验：根据我的经验，为了防止销售部恶人先告状，将很多销售没有尽职的责任都推给市场部，市场总监要把市场推广部单独管理起来，进入前线成为市场部的市场御林军。这样就更便于了解市场并和销售产生促进。在管理关系上可以交叉管理，推动营销真正落地，而不能陷入内耗成为相互扯皮的闹剧。

第三十五条经验：市场总监只有真的懂市场、在市场，才有资格坐在这个位置上。如果你被定位为一个广告师、设计师，那你就离被弄死不远了。市场总监是企业营销策略的总规划师和参谋长。你必须占据主动才能获得战绩。我见过的十个大企业七个市场总监都死于内耗而非死于硝烟弥漫的市场。

第三十六条经验：市场总监一定要防范销量不好时销售部会把责任全部推送到市场部，这是传统。什么广告创意不行，什么活动策划不行，什么媒体投放失误，全是上告的毒药。所以创意的测试、活动的深入、媒体的决策都要做好三个以上的备案，记住，市场部的敌人不是竞争品牌，是身边销售部的不良青年。

第三十七条经验：要想真正做好市场总监工作，请你做好这五步：第一步确立品牌目标；第二步确立传播目标；第三步确立创意目标；第四步确立推广目标；第五步确立活动目标。你要紧密地和销售互动，你要成为督军而不是总部的看门狗。你冒的枪林弹雨要比销售部多，你要听得见前线的隆隆炮声和敌人活动的身影。

第三十八条经验：考验市场总监的第一枪是新品上市。这一枪你打偏了，你在这个企业的职业生涯就基本完蛋了。所以新品上市成功与否和你的前途是紧密相连的。我的建议是你蹲在市场，找好样板，按照战役的打法配置资源，新品成功则营销成功，新品失败则营销失败。

第三十九条经验：市场总监大部分都是牺牲在广告投放上，虽然媒体形式碎片化，但是人心比媒体碎得还厉害。市场总监一旦经受不住糖衣炮弹的袭击，在广告上失了足就很难在市场上有大出息。不湿鞋的市场总监凤毛麟角。到处都是金钱的诱惑，我抵抗了那么多年，好在职业操守还在。

第四十条经验：市场总监另外一个最重要的工作就是提高品牌影响力，牢记我的"品牌就是品，品牌就是牌"这句话就行。品包括产品的品、老板的品、文化的品、视觉的品、创意的品、培训的品、团队的品、客户的品。牌包括营销的牌、传播的牌、科技的牌、渠道的牌、管理的牌、著作的牌、顾客的牌、舆论的牌。

如何做好企业公关总监？

第四十一条经验：有人说，企业的公关部门没有什么大用，基本上是扮演救火队员的角色。我可以肯定地告诉大家，公关部门非常重要，大到和国家合作，小到和顾客较量，没有公关是非常危险的。所以公关部门不是等事来，而是要经常举行演习，一旦敌人真的来了，我们是用长枪还是短炮？不演习你是不知道轻重的。

第四十二条经验：公关总监的脑袋里要牢记一个词语，这个词语就是速度。能快一秒坚决不能慢一秒。今天是互联网时代，一分钟就可能把企业的品牌置于死地。公关总监的脑神经要24小时高度紧张，听见风声就要想到雨点，坚决不能慢悠悠，等你醒悟过来时，事情已经无法收拾，就是你提头来见也无济于事。

第四十三条经验：作为公关总监，首先你要建立企业的公关理念。这个理念要上升到企业战略的高度，任何人都必须围绕这个高度去配合、去协调。企业里面无小事，千万不要以为钱能解决一切，公关的最高境界是变风险为保险，变负面为正面，让本来已经糟糕的事情变成品牌正能量，这才是公关总监的水平。

第四十四条经验：作为公关总监一定要有一个清醒的认识，那就是比钱更重要的是诚意。不管企业出现多大的风险、多大的问题，作为公关总监首先要做的就是让全世界、全中国、全行业和全部的消费者感受到你的诚意、你的改变和你的心。世界上所有的人只愿意原谅有诚意的人和品牌，这一点永远不会改变。

第四十五条经验：伟大的公关总监首先是伟大的新闻营销高手。在今天这个碎片化的媒体时代，掌握新闻营销的力量是非常重要的。世界上任何一件事都可以变成一件坏事或者一件好事，但是如果你会使用权威新闻的力量，你就会获得一定的先机，因为权威新闻依然是这个时代的话题风向标。

第四十六条经验：今天的公关比历史上任何时期的公关都困难。因为媒体的觉醒度、媒体的正义感和媒体的监督风会让企业的公关进入非常艰难的寒冬。但是再困难的公关都能成功，你要依靠媒体抵抗媒体，站成不同的阵营来形成抗衡，你要在这个过程里取悦大众，获得同情，帮助企业渡过难关。

第四十七条经验：当所有的方法都不再有效的时候，请你站出来宣战，在品牌生死的问题上我们必须旗帜鲜明。我们不招惹媒体，但是我们也绝不惧怕媒体，打倒那些没有公义的媒体也是企业品牌成长的必修课。作为公关总监，你可能防不胜防，但是你必须善于作战，品牌生存任重道远，我们没有第二种选择。

第四十八条经验：作为公关总监你有一种能力一定要使用好——你要在企业品牌安全的时期构建企业的权威媒体联盟群，至少五百家，用来阻击小媒体的恶意进攻。有时候我们的公关不是小媒体退却而是权威媒体没有落井下石而已。

第四十九条经验：做品牌也好，做公关也好，最安全的是首先要和国家级媒体站在一起。

第五十条经验：所有的公关都是一件事，就是收复民心。任何企业的风波都会对我们的顾客产生伤害，我们要最大限度地为顾客疗伤，让他们不再害怕，让他们重新热爱你，虽然这个时间有点长，没有关系，在安慰顾客这条道路上企业只要有耐心、有爱心，就一定能迎来品牌真正的春天。

如何做好企业的副总裁？

第五十一条经验：在企业里做高级副总裁或者全球副总裁，我认为只要野心小点，人品好点，基本上善终没有问题。副总裁的第一课就是要学会掩盖光芒，不要用自己的光芒去灼伤别人的眼睛和心。不管你是有意还是无意。你的位置开始提高，你的身段就要开始放低，高管圈里历来冷箭四射，越低越安全。

第五十二条经验：副总裁这个位置一般都不是一个，而是一群。要在这一群副总裁里脱颖而出，靠的就是匠心精神。匠心精神不是单指制造，还有你的工作态度以及你的专业能力。副总裁在某种程度上就是某个领域的领导者。只要你够匠心，你的世界就比别人宽阔十倍。

第五十三条经验：做到副总裁这个位置就要学会管住自己的嘴巴，让这张可爱的嘴不再刁蛮任性，不再信口开河，不再言多必失。作为副总裁，你要让自己的嘴巴更懂事、更热情、更性感，该说的说、不该说的不说，该问的问、不该问的不问，千万不要让你的嘴出卖你的灵魂，最后让你有口难辩。

第五十四条经验：很多人官当大了，尾巴自然也不知不觉地翘了起来。原来合身的衣服已经盖不住自己的屁股，那条性感的尾巴开始抖动起来，人也变得只看见天，却看不见地了。管住尾巴是一件艰苦的自我约束，毕竟从神做回人，没有几个人愿意承受那种折磨，但是尾巴翘得太高就会招来斩它的刀剑。

第五十五条经验：作为副总裁，你最需要研究的是你的老板。很多人以为自己很了解自己的身边人——老板，其实老板是非常难了解和难以阅读的。读懂老板，你才会真正热爱老板、支持老板。那些半途逃跑的人，我可以断定他从来不懂他的老板。

第五十六条经验：作为副总裁，你唯一能证明自己能量和自己价值的就是完成企业给你分配的目标。因为在目标面前人人都是运动员，不管你是部长、是总监，还是副总裁，目标使然，我们必须全力奔跑。位置越高的人越要有强烈的荣辱感和使命感，在奔向目标的道路上越快越好。

第五十七条经验：作为企业副总裁的着装，我建议服装应该以简朴示人才好。伟大的人都不会去以繁华高贵示人，而是以简约大方著称。得体的品牌，才能彰显出你与位置的平衡关系。很多中枪倒下的高管都是因为不简朴，奢华而被炮轰下权力的神坛的。你若不贪，你必简朴，这是道。

第五十八条经验：张默闻的祖上张泌被明朝开国皇帝朱元璋封为饮宴候，贵为三朝元老，三位皇帝都对他极其满意，去世之后尽享御赐荣耀，史书记载张泌一生唯公道，得到朝野上下一片赞赏。我哥哥在教育战线几十年口碑极佳，我在企业做副总裁奖获得不可替代人物大奖，大概得益于祖上一生公道的基因吧。

第五十九条经验：作为副总裁一定要忠心耿耿，不可三心二意，更不可卖主求荣。忠义仍然是现代企业的奇缺之物，不是太多而是太少。

心不诚，自然要做出贪腐之事，心无恩，自然要做出叛变之事，特别是拉拢旧部集体叛逃更是罪不可赦。虽然今天你风光无限，但终究会被另外的叛逆者消灭。

第六十条经验：没有关系，能上能下，上下不惊，是一个副总裁应该有的修为。能上说明你功力深厚，值得期待；能下说明你表现不佳，以备再战。万万不可因为上上下下而方寸大乱，那就没有办法可救，只能天要下雨娘要嫁人，由你去了。

多么痛的领悟：逼迫员工感恩是一件毫无意义的事
引言：感恩是自己的事，不应该是强迫别人去做的事。

　　放弃逼迫别人感恩的心态才是最应该有的状态。
　　这些年，我做了一件很不好的事情，而且做了很久。
　　就是要求自己每时每刻都要坚守感恩的同时，也要求张默闻策划集团所有的员工共同坚守感恩的思想。这样做，似乎很完美，很多人都不会说错，但是很多人却不知道为什么要这样做，最后的结果就是毫无效果。因为感恩是发自肺腑的，任何强求都会导致失败。
　　可以负责地说，坚守感恩教育多少年，我就痛苦了多少年；坚守感恩教育到什么深度，我就受伤到什么深度。我一直以为世界是美好的，人心是可以驯化的，人性是可以驯化的，世界会因为感恩而变得性感和感性，人心因为感恩会忽略经济收入而投到恩情的怀抱里睡着。但是，我错了，我输了，现在终于到了我开始认罪的时候。
　　我发现，别人没有因为我的感恩而感恩我，别人也没有因为我的感恩教育而一直留在我的身边。他们该走的走得干脆，他们该留的还是雷打不动，包括我在创业时期收留的寒门弟子，包括我公司里不可分割的至亲。创业以来，我做了一件非常傻的事情，就是不断地不听劝告地推销我的感恩精神，让它成为管理精神。我承认，全部失败。我发现，我竟然此刻才开始觉醒。这个发现，让我恐惧！

很多人和很多企业家都在说人性化这三个字，在人性化这三个字成为许多企业和企业家包括我在内追求的管理目标时，我的商业偶像任正非却认为：如果员工感恩，那一定是公司给的钱多了，员工值不了这个价。他说他不需要员工感恩，他认为感恩对于企业的管理来说几乎毫无意义。张默闻根据任正非的这些"毫无人性"的观点来梳理我的管理思想，我发现我错了，他对了。他的成功之处在于放弃了所谓的让员工感恩的迂腐思维而致力于建设并维护制度、吸引并激励人才的现实派、实用派的华为人才模式的建设。

我不否认感恩很重要，但是那是我的事，不是全员的事。我去寺庙里烧香拜佛时，不能要求别人和我一起下跪；我去教堂守礼拜时，不能要求别人都和我一样朗读圣经。有的人懂得感恩，天性温柔，有的人天性冷淡，强求的后果可想而知：感恩精神的推销没有成为公司向上的管理力量，反而成了公司管理的负担。我承认，逼迫员工感恩是一件毫无意义的事，这是多么痛的领悟。

第一：明明可以靠制度，却非要对员工用人情？

我发现，但凡强调感恩的公司，制度都形同虚设。因为这个公司自上而下都在讲人情。感恩是什么？说到底是人的情感。公司强调员工感恩，就是让员工付出感情，反过来员工也一定要求公司人性化，用情感换情感。而员工口中的人性化，就永远跟利益相关：别谈什么考勤制度，迟到了一两分钟就扣工资，要人性化！别谈什么绩效制度，这不是我一个人的责任，要人性化！别谈什么着装制度，今天这么热，要人性化！制度说到底是为了执行的，如果遇到人情的阻碍，制度就形同虚设。今天跟这个员工人性化一点，明天就会有另一个员工和你要求人性化，人情永远没有标准，人情也永远没有止境，只有道德上的绑架和利益上的纠纷。明明可以按照制度管理的公司，因为强调感恩，制度就变成了一个摆设，那么公司离破产就不远了。

很多年以来，我试图用感恩这个情感符号来打开我和员工之间的爱的大门，却以失败告终。那些口口声声大喊感恩的人却是第一个丢掉工作牌离去的人，那些口口声声把感恩歌唱得荡气回肠的人却是第一个向公司开枪的人。当我把制度的枷锁从他们身上移开，当我把感恩的袈裟披在他们身上的时候，他们的嘴角露出的是感动的笑容，内心却是轻浮的鄙视。

明明可以靠制度吃饭，却非要跟员工用人情就餐，这就是管理的悲剧。

第二：明明可以留人才，却要削尖脑袋留庸才？

创业以来，行走广告圈，身边不乏天天说感恩公司的人，他们的表情那么虔诚，就像佛家弟子；他们的语言那么动听，就像山水琴声。但我仔细观察了一下，发现绝大多数都属于这两种：能力不足，无法找到更好的平台的人，无法匹配更高的待遇的人。经常把感恩的大旗摇得呼啦啦的人，其实无关能力，他们只是说说客套话、拍拍马屁而已。你给他们灌感恩的迷魂汤，他们也给你灌忠诚的糖浆。毫无悬念，那些爱感恩的人，大多都是庸才。就像任正非所言："如果员工感恩，那一定是公司给的钱多了，员工值不了这个价。"

最为可怕的真相是：真正优秀的人，即使对公司忠诚也是出于伟大的契约精神，或者喜欢公司的文化和腔调，或者喜欢老板的所谓的人格魅力。他们从来不会把感恩挂在嘴上，对于他们而言，在哪里都是机会。无论是想要更高的待遇还是更大的发展平台。他们无须感恩，因为他对企业的作用远远大于企业给他的报酬。强调感恩的企业，往往大都是在本末倒置：给不了人才应有的待遇，却企图用虚无缥缈的道德绑架员工。

说的寒心点，企业花尽心思留下来的都是些庸才，而那些受不了而离开的大多都是真正的骨干。明明应该吸引人才，却偏偏致力于留下庸才，这是多么可笑的行为。感恩是我自己的最高信仰，我永不背叛。但是，我放弃了用感恩的思想管理公司的幻想，我不想再扮演下去，很累，却收效甚微。本来管理就是不断满足别人的成长不断留住他们那颗跳动的心的战争，别人感恩和不感恩你都是别人的自由，它对人才的稳定是一片过期的药。

放弃教育别人感恩的心态，彼此致谢才是最好的状态。

员工和企业是一种契约关系。员工付出劳动，企业给予报酬，可能存在不对等，但属于价值交换。企业管理不是行善，给有价值的人应有的待遇，激发他们工作的积极性，持续发挥他们的价值，天经地义。不用你感恩我，我感恩你，感恩来，感恩去，最后彼此感到难受，最后没有赢家。华为作为世界著名企业，作为中国企业的商业楷模，在华为奋斗者的协议下，员工放弃年休假和加班工资，而且每周都有强制加班，但即使华为员工这样辛苦，华为仍然备受推崇。真正的原因是华为的待遇——八万员工里上千人年入五百万，上万人年薪百万。所以明知华为工作累，却仍然心存向往。最后的结论是：员工不是怕工作苦，只是怕工作苦还钱少罢了。

　　公司和员工最好的关系应该是这样的：公司感谢员工创造的价值，员工感谢公司给予的培养和相对优越的报酬。员工不用对公司感激涕零，也不用叫嚣着公司不公。趁早放弃感恩文化的宣贯，因为它根本无法留住优秀的员工，将工作重点转移到更加能激发员工动力的事情上来：多一点价值肯定——给足钱，少一点形式主义——留住心。最后我说一句最关键的话：给足钱，给有真本事的人更多的钱。多一点价值肯定就是肯定那些有价值的人。对我们的父母感恩吧，感恩他们的养育之恩；对我们的妻子和先生感恩吧，感恩他们的相守之恩。感恩的伟大之处是：感恩是一个人最美的修为。如果人人自发感恩，公司再也不用宣传感恩，那世界就真的太美了。

第五部分
敢想,领悟也会发光

有人问我46句话我究竟要怎样回答？

引言：我们每个人每天都在回答别人充满挑战的问题。

001：交朋友的标准是什么？

我的答案是：拒绝结交甜言蜜语的人，拒绝结交满口仁义的人，拒绝结交孤独无援的人。

002：别让孩子输在起跑线上有道理吗？

我的答案是：到达终点的冠军基本上都不是一开始就跑得最快的。

003：做哪些事情可以提升生活品质？

我的答案是：定期扔东西，绝对不心疼。

004：结婚以后两个人在一起最重要的是什么？

我的答案是：就当这婚还没结，还在恋爱期。

005：把学费拿来念书还是环游世界更合适？为什么？

我的答案是：没有知识行万里路，你也就是个邮差而已。

006：是不是一个人越成熟，就越难爱上一个人？

我的答案是：越成熟，越能分辨那是不是爱。

007：你对自由的理解是什么？

我的答案是：对别人说"不"的能力，对别人说"不行"的力量。

008：张默闻你受那么多苦，你是如何走出人生的阴霾的？

我的答案是：没有退路，多走几步。

009：哪些技能，经较短时间的学习，就可以给人的生活带来巨大帮助？

我的答案是：真心实意，夸奖他人。

010：苦难有什么价值？

我的答案是：说感谢苦难都是扯淡，苦难不会带来成功，说苦难磨炼意志是因为苦难无法躲开。

011：要怎样努力才能成为很厉害的人？

我的答案是：你厉害不厉害，一半靠努力，一半靠运气。有时候努力了也未必厉害。

012：你在生活中得到过的最好的建议是什么？

我的答案是：觉得为时已晚，恰恰正好开始。

013：张默闻你为什么对早恋念念不忘？

我的答案是：你问问哪个人忘掉过。

014：同样是别人比自己强，为什么有时会产生嫉妒心理，而有时会产生崇拜？

我的答案是：远的崇拜，近的嫉妒；够不着的崇拜，够得着的嫉妒；没利益冲突的崇拜，有利益冲突的嫉妒。

015：如何让这个世界变得美好？

我的答案是：先把自己变得美好再说。

016：世界上有那么多好书好电影注定看不完，怎么办？

我的答案是：看多少是多少。

017：你听过最落寞的一句话是什么？

我的答案是：你死了，没有人会记得你。

018：人这一生为什么要努力？

我的答案是：努力就是活得更像个人。

019：怎么做到省钱？

我的答案是：没钱或者不带钱。

020：哪些行为是浪费时间？

我的答案是：狂想狂说，就是不做。

021：如果好人不一定得到好报，那我们为什么还要做好事？

我的答案是：做好事不一定有好报，做坏事一定有恶报。

022：如何看待年轻的时候需要的是朋友而不是人脉？

我的答案是：朋友就是人脉。

023：有哪些道理是你读了不信，听不进去，直到你亲身经历方笃信不疑的？

我的答案是：不要低估你的能力和欲望，更不要高估你的毅力和善良。

024：怎么看待励志的书籍？

我的答案是：看再多那都是别人的人生，张默闻的故事不是励志的故事，而是倒霉蛋的故事。

025：你心中的完美爱情是怎么样的？

我的答案是：彼此都是对方的信仰。

026：什么叫见过大世面？

我的答案是：能享受最好的，能承受最坏的。能说最好听的，也能听最好听的。

027：怎么适应这个社会？

我的答案是：变成这个社会需要的样子。

028：情商不高的例子有哪些？

我的答案是：对陌生人毕恭毕敬，对亲近的人随意发怒。把工作当珠宝，把家庭当稻草。

029：怎样在有效提出推荐或建议的同时，避免给人灌输和强迫的感觉？

我的答案是：告诉建议的时候也把可能出现的结果一起端给别人。

030：你遇到过哪些让你眼前一亮、醍醐灌顶的理念？

我的答案是：钱能解决的问题都不是问题。

031：你的策划方法没被其他人抄走？

我的答案是：张默闻根本就没有策划方法。

032：为什么大家都要上大学找工作，而不太喜欢开小店、摆街边小吃摊？

我的答案是：他们都不想被迫谋生。

033：美国到底好在哪里？

我的答案是：美国人从来不问中国好在哪里。

034：怎么样才能避免初恋的伤害？

我的答案是：没有伤害叫什么初恋。

035：员工辞职最主要的原因是什么？

我的答案是：钱少、事多、离家远、位低、权轻、责任重。

036：最能燃起你学习激情的一句话是什么？

我的答案是：不能把这个世界让给那些鄙视我的人。

037："北有叶茂中，南有张默闻"是一种什么感情？

我的答案是："北有叶茂中，'男友'张默闻"。

038：你做生意最大的感受是什么？

我的答案是：把按照合同约定一分不少、一分钟不耽误地给你钱的人一定服务好。

039：你的文章为什么写得那么快那么好？

我的答案是：真材实料，写完拉倒。

040：张默闻喜欢你的女人多吗？你是怎么处理的？

我的答案是：多，躲。

041：你为什么花那么多笔墨去写你的母亲？你在书上写你母亲说的话都是她说的吗？

我的答案是：我不了解其他女人，我只能写我的母亲。我母亲不识字，我是我母亲观点的翻译官。

042：你为什么不和《广告人》杂志社的社长穆虹大姐做生意？

我的答案是：我们的感情不需要钱。

043：你是广告界的孙悟空吗？

我的答案是：就是他。

044：你和叶茂中的排名怎么排的？

我的答案是：他是中国第一策划人，我是中国第二策划人。他一我二。

045：你怎么评价你自己？

我的答案是：穷孩子，倒霉蛋，城市混了二十年，吃饱饭，有事干，幕僚再干三万天。

046：你为什么那么喜欢吃面，甚至是一天三顿？

我的答案是：面对生活，当然吃面。

1997年我已经开始使用世界上最神秘的吸引力法则

引言：一个神秘的法则拯救了一个贫困潦倒的张默闻。

一

我的出生没有给父母带来应有的快乐。因为我前面的六个孩子已经让父母心力交瘁了。因为我是在国家实施计划生育前侥幸来到这个世界的，所以，我感谢国家、感谢人民、感谢政府、感谢母亲的不杀之恩。

母亲说我生下来十五天不会哭，瘦得没有人形。江湖郎中对母亲大人信誓旦旦：你这个儿子几乎可以判定为痴呆或者傻子。也许是我命大，我成功地欺骗了全家，我不仅会哭，而且还会笑，还会说，还会做策划，就连体重也一度达到一百八十斤，还娶了个漂亮的江南女子为妻。我很想找到那个郎中，一顿暴揍，他害得我差点被扔到乱坟岗喂狗。

二

母亲说，我三岁的时候就知道拽住她的衣襟和她说，娘，天黑，我害怕。母亲很惊讶，一个三岁的孩子竟然知道害怕。我没有被鬼吓到，母亲倒是被我吓到了。我从小很逗，不喜欢穿衣服。六岁以前的夏天几乎全部都是赤身裸体。一到夏天就一双脚丫在滚烫的土地上跑来跑去，脚底板走在细碎的石子上依然安然无恙。

母亲说，从小就觉得我和一般人不同。我问有什么不同，她说，反正就是不同。

三

我坦白，我书念得不好。特别是数学，简直是一塌糊涂，一窍不通。看见数学我就脑袋大。我经常祈祷，快让数学老师从这个地球上消失吧，免得让我学数学，受煎熬。但是我的语文却是出奇的好，就是大病一个月，我的语文成绩也不会滑坡。

哥哥相反，这个家伙的数学好极了，是当地的数学状元。本是同根生，数学就不行，母亲说我哥是上辈子状元转世，我呢，就是狗头军师，鬼点子特别多的人，但是，她没有办法，因为我是她的儿子，好的坏的她都得接受。况且，以后的岁月证明，我们母子的感情是最好的。看来，乖孩子不见得贴心，贴心的不见得乖。

四

从小我就特喜欢看书，什么书都看。但是我绝对不仔细地看，我一般是大致浏览一遍，找出几句最重要的内容，把它啃透并快速地加以应用。从小学开始我就是读书狂，从《三国演义》到《水浒传》，从《水浒传》到《红楼梦》，从《红楼梦》到《西游记》，从《人民日报》到《安徽日报》，从《故事会》到《知音》，看完就扔，抓到就看，到现在还是老毛病，买了很多书，一排排，一柜柜，有人怀疑我只买不看，我可以负责地说，看过，我基本是呼啦啦地翻阅一遍，完事。因为，大师的书籍那么多，看不过来。

五

由于看了很多稀奇古怪、黄绿搭配的书，脑袋也变得不正常。少年时的张默闻就能意气风发地和村里的老学究以及所谓的在外面混江湖的"大知识分子"谈天论地，说古道今，活活一个秀才模样。为此母亲没少操心，认为我太爱说、太乱说、太胡说，在母亲的粗暴干预下，我的名字改为了张默闻，就是默默无闻，夹起尾巴做人的意思。

好了，名字一改，气场发生了变化，张默闻就默默地、默默地、默默地、默默地沉寂了快三十年才冒点小尖。我一直对张默闻这个名字心存疑虑，可不，在四十多岁的中年大叔的人生阶段再度改名叫张凯均。这下好了，谁也不知道啥意思了。

六

算来我成熟的分水岭应该是在1997年。2017年，倒退二十年就是1997年，1997年，增加二十年就是2017年。1997年对我太重要了，就像我的成人礼。

不知道是谁在我的潜意识里种下了一粒奇怪的种子。这个种子就像一股带着香水味的春风轻轻地、轻轻地、轻轻地吹进我的口袋，吹进我的肌肤，吹进我的心脏。

因为在1997年之前我不知道自己的未来在哪里，不知道自己的信仰在哪里，不知道自己的爱情在哪里，不知道自己善写的笔在哪里，不知道最后我要去哪里。一切都是未知。

我一直说自己是个品牌倒霉蛋，谁和我接触都会被传染上倒霉的疾病,所以从1991年开始,在谋生的道路上我全部选择独自行走。

七

这粒种子的发芽应该是在南京。说实话我不喜欢南京,感觉这个城市冤魂太多。每逢下雨我仿佛能听见数十万人一起哭泣的声音。既有洪秀全这个好色之徒的枭首之音,也有日本侵略者面目狰狞的屠杀之音,更有所有遇难者的哭泣之音。所以,我选择离开南京。我不知道为什么我会把他们联系起来,我又不是侵略者,也不是太平天国,但是就感觉不适用,这个城市和我无缘。

八

1997年是香港回归祖国的好日子。我高兴得像自己娶媳妇一样和全世界的华人一起端起酒杯庆贺香港回家。也就在1997年这一年,我突然想明白了一件事,明白了种子为什么会发芽,就在南京。

为什么1997年前的那么多年我一直没有方向,一直没有定位,一直没有安全感,一直没有机会点?为什么我如此聪明却看不见曙光?为什么我如此努力却看不见战场?我想,一定是我的内心没有呼唤我想要的东西,一定是我自己没有坚持我想要的东西,一定是我自己没有祈祷我想要的东西。我告诉自己:我要改变,我要改变,我要改变。

于是我盘点了自己全部的理想,现实的、梦幻的、遥远的、眼前的、粗暴的、细密的、感性的、理性的、春天的、冬天的,最后我发现了一样对我最有吸引力的东西:那就是成为一个著名的谋略者,成为一个名噪一世的品牌军师,成为中国近代史上军师联盟的杰出人物。

于是,我开始对着山河喊,对着城市喊,对着中国喊,对着全球喊,对着人流喊,喊一天,喊一月,喊一年,喊十年,喊一辈子。于是每天我都在祈祷，都在呼唤，都在吸引我的理想向我身上聚集能量，我相信有一天一定可以实现我的美好人生。

九

我相信，世界上有很多优良的种子，但是我只信这粒种子。直到很多年之后我才看到一本书叫作《吸引力法则》。历经多年珍藏突然我豁然开朗，原来我在1997年就使用的种子竟然是吸引力法则。这个法则竟然以那么诡异的方式、那么诡异的时间、那么诡异的地点来点醒我，使我在地狱里走了很久终于看见了天堂的光芒。

吸引力法则就是告诉我们：请确定好你的理想，然后全心全意地热爱这个理想。在心里呼唤这个理想，在行动上支持这个理想，在仪式感上致敬这个理想。你的呼唤必须是全身心的，你的声音必须是全深情的，你的热爱必须是全频道的。你呼唤理想1厘米，你的理想就会向你移动1厘米，你每天呼唤，你的理想就会向你奔跑。等你找到理想的钥匙，你才会明白，你的呼唤多么重要，你的依恋多么感人，你的祈祷多么神奇。

十

我相信这世界上的每个人都有一次接受幸运种子的机会，但是很多人却不在意。

1997年，我就使用了神秘的吸引力法则。2017~2018年，我将会推出我新的理想，我依然会真切地呼唤我的种子，呼唤我的吸引力，让我靠得更近。

一个人的理想发芽的力量有多美好、多重要、多感动。谢谢1997年，谢谢在南京那7年。那时候，有人爱，有活干，我看见了长江大桥，看见了莫愁湖，看见了中山陵，看见了种子飘过的蔚蓝天空。

1997年，我喜欢你！

每天读一遍《寒窑赋》，就像每天吃一棵忘忧草

引言：这世界总有一篇文章让我心寒意凉却又掩卷深思。

　　1991年前后的我，曾经是个心理扭曲且充满愤恨的青年，觉得全世界都欠我的，我坚定地认为世界是万恶的。一次彻头彻尾失败的初恋就这样毁掉了我身上所有正义青年的善良，很多年我都对社会缺乏信任，缺乏温暖，直到慢慢长大后才逐渐回温。那时候好想有一个好老师，好想有一本好书和一篇好文章，好想有一个好知己，陪伴自己度过那段生死无味的年代。那时候，我觉得我是这个世界的私生子，我无法和这个色彩斑斓的世界说话，直到我发现《寒窑赋》这篇文章。

　　二十年过去了，这篇文章依然荡气回肠，依然安慰我心。这篇文章是北宋传奇状元宰相吕蒙正所写，流传了一千多年。如今读来，依然朗朗上口，堪称一代奇文。它将社会的各种人情冷暖，现实无奈，写得那么真实且入心。全文不过七百字左右，却点透世间的恩怨情仇，全文如下：

天有不测风云，人有旦夕祸福。蜈蚣百足，行不及蛇；雄鸡两翼，飞不过鸦。马有千里之程，无骑不能自往；人有冲天之志，非运不能自通。

盖闻：人生在世，富贵不能淫，贫贱不能移。文章盖世，孔子厄于陈邦；武略超群，太公钓于渭水。颜渊命短，殊非凶恶之徒；盗跖年长，岂是善良之辈。尧帝明圣，却生不肖之儿；瞽叟愚顽，反生大孝之子。张良原是布衣，萧何称谓县吏。晏子身无五尺，封作齐国宰相；孔明卧居草庐，能作蜀汉军师。楚霸虽雄，败于乌江自刎；汉王虽弱，竟有万里江山。李广有射虎之威，到老无封；冯唐有乘龙之才，一生不遇。韩信未遇之时，无一日三餐，及至遇行，腰悬三尺玉印，一旦时衰，死于阴人之手。

有先贫而后富，有老壮而少衰。满腹文章，白发竟然不中；才疏学浅，少年及第登科。深院宫娥，运退反为妓妾；风流妓女，时来配作夫人。青春美女，却招愚蠢之夫；俊秀郎君，反配粗丑之妇。蛟龙未遇，潜水于鱼鳖之间；君子失时，拱手于小人之下。衣服虽破，常存仪礼之容；面带忧愁，每抱怀安之量。时遭不遇，只宜安贫守份；心若不欺，必然扬眉吐气。初贫君子，天然骨骼生成；乍富小人，不脱贫寒肌体。

天不得时，日月无光；地不得时，草木不生；水不得时，风浪不平；人不得时，利运不通。注福注禄，命里已安排定，富贵谁不欲？人若不依根基八字，岂能为卿为相？

吾昔寓居洛阳，朝求僧餐，暮宿破窑，思衣不可遮其体，思食不可济其饥，上人憎，下人厌，人道我贱，非我不弃也。今居朝堂，官至极品，位置三公，身虽鞠躬于一人之下，而列职于千万人之上，有挞百僚之杖，有斩鄢吝之剑，思衣而有罗锦千箱，思食而有珍馐百味，出则壮士执鞭，入则佳人捧觞，上人宠，下人拥。人道我贵，非我之能也，此乃时也、运也、命也。

嗟呼！人生在世，富贵不可尽用，贫贱不可自欺，听由天地循环，周而复始焉。

有的人，一生读了很多书，全是不痛不痒的前人著作，最后也没有参透复杂人生，落得心力交瘁，无药可治。而这篇文章写得实在是刻骨铭心。我不知道读了多少遍，每次阅读都感到性情阔朗，仿佛生活困境烟消云散。每逢情到深处，每逢苦难袭来，每逢欲望冲天，每逢眼含热泪的时候，我都会躲在房间一隅，再读《寒窑赋》，让自己放下苦难，放下要强，走到山水之间，走到音律深处。如此美文不免想到自己，万般感慨，化作文字，潺潺而出。

每天读一遍《寒窑赋》，就像每一天吃一棵忘忧草，苦涩里藏着甜蜜，无情里藏着温柔。向命运鞠躬吧，感恩让自己立于世上，感恩让自己醒于此刻。

文字锤炼法:跟着毛主席写挽联

引言:锻炼文字的最好方法不是看文章而是写对联。

文字怎样写才惊世?挥笔纵横唯对联!

很多人问我,张默闻,你的文笔为什么下笔有神,速度极快?为什么你出口成章,广征博引,精准使用?为什么你特别善于使用排比句,气势恢宏,滚滚而来?归根到底就是,你的文字水平到底是从哪里偷来的?

说实话,文字功夫我没有师傅,如果一定要找个师傅,我的师傅就是毛主席他老人家。因为我花了半生的时间去拜读毛主席的对联。

我一直认为文字之功,非一日之寒,不经过岁月折磨,不经过多说多写,不经过对联练习,你的文字是断断无法"文字如龙,上天入地"的。毛主席的对联就是最好的文字范本,大到评价人物,小到祭奠友情,无不是句句经典,暗藏奔流情感。特别是挽联更为精彩、深沉、有爱,每一次朗读都觉得热血沸腾,恍如隔世,敲醒了我对文字的热情和感觉，就像一针扎在心上，战栗之后，快感来袭，美妙至极。

第一句：挽母两联：
1. 春风南岸留晖远；秋雨韶山洒泪多。
2. 疾革尚呼儿，无限关怀，万端遗恨皆须补；长生新学佛，不能往世，一掬慈容何处寻？

1919年10月，毛主席的母亲文七妹病逝，毛主席含泪写下这两副挽联，一短一长，短联借王安石的诗句，比喻母亲的德泽；长联叙述母亲病危时呼儿的情景，极见真切。联语写出了作者对伟大母亲的无比感激和无限哀思。

第二句：挽孙中山联：
国共合作的基础如何？孙先生云：共产主义是三民主义的好朋友；
抗日胜利的原因何在？中国人曰：侵略战线是和平战线的死对头。

1938年3月，延安各界集会纪念孙中山先生逝世十三周年，追悼阵亡抗日将士，毛泽东为此撰写挽联。联语巧妙运用问答形式，肯定了国共合作的基础，指出了抗战胜利的希望。

第三句：挽朱德母钟太夫人联：
为母当学民族英雄贤母；斯人无愧劳动阶级完人。

1944年2月，朱德同志的母亲钟太夫人以86岁高龄在家乡四川逝世，延安各界群众举行追悼会，毛泽东敬撰挽联，将母亲上升到伟大的劳动阶级的地位，颂其母，赞其子，是悼念也是号召。

挽联虽旧情不老，日月对照；岁月已去爱还在，山水相依。

我常常思考，我和伟人的文字差别在哪里？我发现伟人写字精在格局，妙在深情，巧在幽默，实在典故。

而我们读书虽多却不致用，文章虽长却少肝胆。所以，伟人几个字就是万里江山，我们几个字就是小河小溪，差距之大皆因重笔不重心所致。

其实多年来我一直坚持写对联，很多已经时过境迁，记忆泛黄，今日拿出来晒晒也好。采选5个联，秀秀旧时光。

第一句：挽父亲张文献大人联：

1. 贵为饮宴候张泌之后，荣耀；逝于张默闻成功之前，难过。

2. 一生肝胆天大地大独行侠；半世颠沛人恨人爱大丈夫。

3. 此生只爱钱，生意人一个；子嗣尤喜儿，老古董一枚。

2003年，父亲张文献大人去世。我在日记里写下三副挽联。第一副挽联表达父亲作为明朝饮宴候张泌之后是非常荣耀的事，但是却在我还没有成功的时候就驾鹤西去，让做儿子的我痛心不已。第二副是说父亲一辈子经商一个人漂流不定，独自行走，但是由于性格耿直，有人爱，有人恨，但是死后外界评价甚高，称为大丈夫。第三副是说父亲一生酷爱做生意非常爱钱，生养七个子女却最喜欢儿子，说明父亲封建思想还是很严重的。三副挽联表达了我对父亲的深情厚爱和公正评价。

第二句：挽母亲孙兰英大人联：

1. 离孙府，年方十七；入张家，已是三房。

2. 泉河奔流无声哭，花开花落，七十七；黄花铺地自然香，地老天荒，五二一。

3. 方圆几十里谁不知道您义薄云天；转眼近百年谁不赞赏您育子

有方。

2008年，母亲孙兰英去世。我又写了三副挽联。第一副挽联是说母亲的身世，离开娘家才17岁就嫁给我父亲，但是却是我父亲的第三任太太。第二副挽联是母亲去世时的情景描述，我家住在安徽界首泉河岸边，母亲去世正是泉河发大水的时间，漩涡湍急就像低声的哭泣，恰似为七十七岁去世的母亲哭泣，母亲去世的时候黄花铺满大地，墓地芳香扑鼻，岁月定格母亲离去，五二一，就是我爱您，表达我对母亲的眷恋之情。第三副挽联是说母亲大人几十年义薄云天照顾伯父，照顾公公婆婆，毫无怨言。但是大家最赞扬母亲的是她的教子有方，表扬我和哥哥的成就。

第三句：挽伯父张文会大人联：

十六岁娇妻去世无人入心独自抵抗岁月活到九十三；

七十载生龙活虎善于耕种一人春夏秋冬干到八十六。

这是2000年伯父去世，我写的挽联。第一句说伯父的妻子非常漂亮可惜早逝，伯父深情终身未娶，独自面对岁月活到93岁，第二句说伯父70年精于农耕，86岁还在田间劳作。伯父的一生对爱情问心无愧，对生活积极热情，是难得的世外高人。

第四句：挽张桂英大姐联：

在家一枝花，出嫁一枝花，管家一枝花，常开不败；

有病不流泪，有恨不流泪，有难不流泪，坚强不倒。

2005年，大姐张桂英不幸病故，母亲白发人送黑发人肝肠寸断。我特做一联怀念大姐。上联说大姐不管在家，出嫁，还是管家都是一把好手。第二句说大姐不管是面对有病，有恨，有难，不求人，不悲伤，坚强的让我们姐妹流泪让母亲伤心欲绝。

第五句：祭奠我的初恋联：

看似西厢记；原来红楼梦。

1991年，红留下一封信人间蒸发，我伤感之余曾写下十个字。

近年写的很多联，都是私藏的联，不便对外人看。但是从对联里汲取文字风骨却是我一直做的事。很多人问我文字经验，也只好如实相告，中国文字的最高境界就在联里，好好学问，必有大悟。

很多人喜欢看书，善于阅读，却不愿意深度解析中国对联的精妙。唐诗宋词元曲都是中华国宝，但是我独自喜爱毛主席的对联，他的对联不落俗套、不蒙灰尘、语言与时俱进、情感饱满大气，他的对联，句句都是经典文章、字字都是深藏大意。

最近突然有想法，想出一本《谁对我的联》，好好地把对联功夫发挥一下，也许这个愿望能实现。

特别纪念：哥哥的课堂

张家喜欢读书是传统，不然也不会留下那么多的传世豪宅和史书记载。至少，祖上是非常懂得"幸福是奋斗出来的"的道理的。如此成功，读书，自然是他们主要的发展工具之一。根据族谱以及《安徽省志/人物志》的记载，也对照爷爷墓碑上的碑文，可以精准确认祖上为明朝三朝元老张泌，距今已经六百多年。张泌，字淑清，安徽临泉杨桥集人。为明太祖朱元璋、皇太孙朱允炆、明成祖朱棣三朝元老。初为元末贡生（科举时代，挑选府、州、县生中成绩或资格优异者，升入京师的国子监读书，称为贡生）。

看来，祖上的资质还是不错的。服务三朝元老是绝对提着脑袋干活的滔天美差，需要情商和智商都很高才行。这事他干得漂亮。关键那时候全国选拔人才，祖先张泌那么年轻都能入选，看来也是杰出人才。这是我崇拜祖上张泌先生的重要原因之一。2013年张默闻就被批准为美国杰出人才。有时候我想，基因，这个东西没有办法借来借去，有借有还，只能继承。出了我这个"怪物"，也是合情合理合势。所以，我断定，张家是喜欢读书的，而且读的是生存的书。

可惜到了我爷爷这一辈，这个骨头硬得像变形金刚一样的老爷子，目睹了家产和图书被抄，传世的宅子被充公，就连明朝皇帝嘉奖我家祖上张泌的圣旨也被一股脑地消灭，全家被发配到一个偏远的小河湾里自生自灭后，就看破红尘，不允许自己的三个儿子读书，造成了伯父、父亲、叔叔三大文盲的诞生。这个决定在张家来说，文化断层，空前绝后。后来我的父亲母亲在全家吃了上顿没下顿的情况下，忍痛关闭了姐姐们的读书道路，只让哥哥和我读书，五个姐姐只有三姐、五姐识几个小字，其余的全部成了那个时代的牺牲品。张家，终于从文化大家沦落到文盲之家。所以这是我最不愿意也是父亲母亲最不愿意回忆的事情之一。

我是不太喜欢读书的，而且最讨厌数学，看见数学我都想拿鞭子抽它。但是我的语文却出奇的好，也掩盖了我数学成绩不好的丑陋。所以我的成绩被拉平，不好不坏，一副死也死不了、活也活不成的状态。最糟糕的是英语成绩，彻底败下阵来，导致我和优秀学生彻底分道扬镳。英语是我最想学好却怎么都学不好的学科。加上18岁以前那一场疯狂的早恋，使得我也只是半个小文盲。所以，我应该不算一个在读书这个问题上表现很好的孩子。

这方面哥哥张默计先生继承得就比较好。数理化，德智体，全面发展，是我们张家的骄傲，秀才，状元级的后代。母亲是以他为傲的，加上他娶了个如花似玉的老婆，他的人生，完胜。虽然我读书读得颠三倒四，但是今天我还是要百战归来再读书。我知道，读书，就是更好地做人,更好地做事,让自己活成一个有教养的人。虽然时间晚了点,但是刚刚好。关于今天还能安心读书这件事,我想我是要好好地谢谢哥哥的课堂和母亲的教堂的。这是我不敢堕落的主要原因之一。

张默计先生是一位在安徽界首一带比较有名气的老师。教过小学,教过初中,做过校长,一辈子就和学校打交道了。他从来没有离开过课堂,学生也是桃李满天下,比我对这个社会的贡献大。我是羡慕哥哥的,其实也羡慕所有做老师的人。哥哥第一个教学的学校叫安徽省界首县舒庄乡粉庄小学,也是我读的小学。学校离我家大概两公里,一条笔直的路从村子的西头一个叫机井的地方一直西去就能直达学校大门,小学我整整跑了五年。春夏秋冬,冷热交替,那条路上有什么树,有什么沟,有几根电线杆,有几个商店,我都记忆犹新。但是现在那些景物都像从地球上消失一样,再也找不到了。

三十年过去了,再走在那条路上,感觉它焕发了生机,就像被整容过,而我,却毫不客气地老了去。由于哥哥是这所小学的风云人物,我一直觉得我可以在学校横着走,但是哥哥似乎从没有给我开过绿灯。这是我们张家的传统,对外人极度客气,对自己人严于律己,所以,我感觉我比一般同学更规矩,因为不规矩也占不到什么便宜,还可能会遭到更严厉的惩罚。

后来哥哥调到全乡闻名的舒庄中心小学出任校长,我对那里不熟悉,去得也很少。后来我有一个身份证上面的地址就是那个学校,是哥哥为我漂流在外,无处安家而找的临时地址。那个身份证直到我获得杭州身份证的时候才放弃使用。这一点,我是感激哥哥的用心和同情心的。再后来,哥哥调到舒庄中学担任教导主任和校长,到达了他的职业生涯的巅峰。其实以他的本事、眼界以及资历，他是可以到县里、到市里、到省里工作的，但是他不愿意四处奔波，所以就一直待在老家的学校，换来换去，还是绕着故乡飞，直到最后退休落在那片学校的屋檐下。

他说，他很安心，一辈子睡觉不关门也不怕，他无愧于心，对得起好人二字。后面两所学校我都没去读过书，只是偶尔去探望哥哥时去校园看看而已。我对它们是陌生的，但那里是哥哥的心灵老家，没事他会去走走看看。他说，那里是他战斗一辈子的地方，还有硝烟味道，还能听到朗朗的读书声，到那里可以找到他的人生电影，一砖一瓦都能讲出它们的故事。他说，学校是他一辈子的家。

其实我很少上哥哥的课，所以，对他的教学方法也没有多少印象。他的学生都说他的课讲得好，是学校里一等一的高手。特别是数理化，这一点，我一点没有沾光，因为数理化不是我喜欢的。最让我觉得神奇的地方是哥哥结婚后在工资不加、职称不长的情况下主动跟着收音机自学英语，竟然一个人担负起整个学校的英语教学任务。因为那时候学校根本没有能力开设英语课，根本没有一个大学毕业生愿意到那里担任英语老师。现在好了，挤破脑袋来上班，因为待遇好了。他就是这样一个边学边教的摆渡人。哥哥身上写满了善良和大公无私，这一点，我远不及他。母亲说，哥哥是来拯救别人的。所以哥哥大半生，无病无债无灾，晚年活得也风生水起，活得漂亮，我就比他累很多，因为我放不下的东西很多，很多。

我要谢谢哥哥的课堂是谢谢哥哥为我做的榜样，使我今天依然愿意去读书。

我始终坚持一句话：伟大的榜样超越所有的管理，哥哥张默计先生就是我的榜样。在成熟的道路上他的榜样力量越来越大、越来越重要，就像人到中年需要泡枸杞一样。哥哥的榜样力量是很具体的，具体到就像一部下载到电脑里的电影，插上电随时可以播放，无论是音质还是画面都震撼得就像第一次观看《红海行动》。

对于兄弟，他的做法是，不管是不是同一个妈生的，只要是同宗同族的，都要安定团结，一致对外。不管这份亲情被摔得如何粉碎，他都会弯下腰一点点地把它粘好。他说，他不愿意看见我们兄弟感情破裂，更不愿意看见兄弟们因为不团结而受外人的欺负。他的想法很简单，却简单到很不简单。今天看来这不是软弱得那么可笑，而是和谐得那么高深。

对于弱者，他的做法永远都是同情心排在第一，同情别人进而帮助别人是张默计先生的最大特点。他可以为别人的孩子不读书而忧心忡忡，日夜难安，找上门劝员孩子的父母把孩子从工地上拉回课堂。他可以为了别人的幸福远赴云南边塞小山村帮助智障女子办理合法手续然后安心嫁到我们老家，一度成为公益的佳话。我发现，他身上有很多的主动、很多的热情、很多的公益，这些构成了他对弱者的态度。他的态度已经不是一个人的态度，是我们整个张家的门风和集体的态度，在他身上得到了集中性的爆发。对弱者富有同情心,这一点,他较好地遗传了我们的父亲和母亲的基因。这一点,他很努力,很多人因为他也变得很幸运。

对于爱情,他完成得非常好,老婆赵全兰女士是方圆几十里的一枝花,栽在他的洗脸盆里,一辈子没有红杏出墙也没有枯萎烂掉,而是百合般地绽放了岁岁年年,直到现在两鬓斑白依然恩爱无比。早些年,我一直认为他害怕老婆,但事实证明,让老婆温柔是一种能力,让自己温柔更是一种能力。其实那是他更懂得爱老婆的策略。

几十年他们恩爱下来,他既没有丧失家庭主导权,也没有飞扬跋扈的大男子主义,他就把老婆、把家、把邻里关系、把同事关系、把亲情关系都统统摆平了。他说,真心是最厉害的武器,这个药方最有效。所以对于世人眼中"一朵鲜花插在牛粪上"的爱情或者说是"才子佳人"的爱情来说,他,玩得真的漂亮,我服。他们的两个孩子长得比他帅很多,虽然孩子们读书不是很理想,但是现在一切都好,他也认了。他说,孩子们的事是他们自己的事,我只要把我的日子过好就行,管他们娶谁嫁谁,喜欢就好,自便。这话说得有点虚伪,因为他根本管不了。

对于姐妹,他则是很头痛的,但他是深爱兄弟姐妹的。父母去了天堂,就把兄弟姐妹一股脑地交给他这个名誉大家长了。他做得不是十全十美,但是十有六七是正确的。我的兄弟姐妹比一般的兄弟姐妹都更喜欢闹腾,鸡飞狗跳,争风吃醋,家长里短,恩怨情仇,几十年把这个一向标榜智慧的老男人也搞得晕头转向。好在,兄弟姐妹年纪都大了,也都收起了自己的性子，开始温柔起来。打斗变成了思念，抱怨变成了原谅，似乎亲情在走向衰老的过程里开始出现回暖的迹象，他也轻松了不少。由于他几十年来每次都是无条件地站在老婆那一边，姐妹们对他的软弱是颇有微词的。但是，有一点我可以确认，对于兄弟姐妹，他尽力了，他做到了他应该做的。他对兄弟姐妹的好坏我评价不了，这个分数需要由他自己填写。当校长的，最会的就是批改作业和评价自己，打分是他的专业。

　　对于工作，他是个拼命三郎，这个绝对是张家的遗传。外界有段关于他的段子，说他把学校当家，把课堂当客厅，把学生当儿女，把自己当救世主。我倒是见过几次他在不同学校的宿舍，简陋得和防空洞差不多。房间里没有空调，冬天冷，夏天热，堂堂的校长大人和一般同学的待遇竟然相差无几。多年来，他在学校都是自己烧煤球做饭，永远的馒头面条和咸菜，季节到了外加一年四季不变的大白菜。偶尔买点卤肉回来犒劳下自己，那一辈子长不大的小眼睛里流露出极度的满足。在学校，他是我见到的最苦的校长和老师，任何人的事情都是他的工作，一辈子认认真真，清汤寡水，多年还是瘦巴巴的一个中年大叔，一看就是奋斗者的造型。他最近有点发福，就吓得屁滚尿流，在闺女的恐吓下开始跑步健身，再次回归到身材瘦巴巴的状态。

　　在对待工作这件事上他是有求必应，来者不拒的。校长干着班主任的活，一干就是将近40年。他对待工作的热血并没有遗传到儿子身上，好习惯中断。他的儿子不像他，没有他对待工作的肝胆相照。匪里匪气，油头粉面，搞不清基因出现什么差错。他苦笑着说，我身上的优点都被继承错了，维修不好了，认命吧。我曾劝过他，孩子，是世界的，你生了他，你就已经失去他们了。孩子的路，孩子的造型，孩子的工作，你有建议权，但是你却没有决定权。哥哥现在虽然放弃了自己的想法，但还是贼心不死，蠢蠢欲动，想粗暴干涉，却收效甚微。但可以肯定的是，他的工作作风影响了我，这一点是我们兄弟最有默契的地方。谈起工作，我们会不由自主地集体骄傲，那德行，一点谦虚感都没有。

对于子女，他的教育是不成功的，他走了许多优秀者的老路，把自己的肉体和精神完全地交给工作，对待工作有种愚忠的思想。对孩子就保留两样东西，一是温饱，二是读书的权力，没有第三。所以他对孩子的教育和引导是非常不够的，这应该是他心中无法公布的痛苦和遗憾。这一点，我也一样，作为父亲我们基本上都不合格。但是我们都尽自己最大的力量为孩子的青春铺路，也算弥补教育时间上的缺失和教育方法上的偏离。对待孩子，他是慈父，但是他没有在孩子心里建立起精神的灯塔，只在孩子的头顶上打了一把雨伞，陪孩子走了一段很长的道路，直到孩子自己打伞离开了他的怀抱。我比他好一点，我不断给孩子设立目标，我觉得孩子的目标高于一切。

对于读书，他是有天赋的，而且在天赋的身上还要加上勤奋二字。书，他念得不错。虽然他在推荐上大学的时代被村党支部书记的儿子冒名顶替，但是他在火红年代结束后能鲤鱼打滚般地考出来，考出农门，也算是张家的一个大英雄。张家在经历了三大文盲时代之后终于有了有学问的儿郎，的确让家族兴奋，让父母欢腾。他是那个时候我们家的读书人代表，整个家族都觉得脸上抹了玉兰油，油光光的。他读书读得好，各科都是班上的第一名，数理化成绩年年扶摇直上，老师预言他前途不可限量，最后全部应验，果然成了有名的数理化老师。后来经过我的考证和母亲的爆料，他上学的时候没有早恋，没有看过那些乱七八糟的书，没有很多读书孩子的陋习，是个心里很干净的学生，就像田野里跑来的一只野兔子，健壮、健康，充满活力。作为读书人，他最像人类历史中、人们理想中的读书人。

对于生活，哥哥的数学很好，所以算账特别快，毛笔字也写得闻名乡里，歌曲唱得也在可控范围内跑调不严重，篮球也玩得身姿矫健不断进球，耕田犁地也能整个七荤八素，喝酒喝个半斤八两什么事也没有，饭量荤素都行，敢吃不胖，他说，他很满足。他说，生活，要落地，要接地气，要有烟火味道，不要去不是你的地方生活。

他满意于自己老婆的贤惠和美，他满意于两个长得不错的一子一女现在生活的安稳，他满意于自己一辈子教书有工资、受尊敬、退休有保障，他满意于我和倒霉的命运较量终于见到曙光，活成了家族期待的样子，他满意于兄弟姐妹都是子孙满堂，他觉得世界就这么事事美好，人人善良，国家强大，人民幸福，满意超乎想象。所以每天他坚持看《新闻联播》，每次和我电话都要问我对世界的看法，对中国的看法，对中美关系的看法。他反复地和我说，默闻，中国共产党是伟大的党，中国人的好日子来啦。我说，是的，我同意。

有时候，我觉得，这世上的好事都被他占全了。母亲说他必对家族有大用，六十年考核下来，娘，说对了，她没有说假话。他的生活就是那样，按部就班，安安稳稳，他的性格就是那样，没心没肺，嘻嘻哈哈，六十岁的老男人经常爆发孩子般的天真和可爱。他，是幸福的。从他身上看，有句话是对的，如果你在婚姻里能做到坐怀不乱，他的生活一定也是会坐怀不乱。他，做到了。

我要谢谢哥哥的课堂是谢谢哥哥为了我做的事情，使我今天依然愿意去善良。

哥哥和我之间有一种感情叫嫂子饭，每次回家，哥哥都会习惯性地问我，想吃什么，我去买，你嫂子做。嫂子作为村里的厨神，是家庭主妇军团里的做菜第一块招牌，做的饭是非常受欢迎的。这是哥哥最引以为自豪的事情。老婆人美厨艺高，他，很是得意。所以我每次回去，总是点嫂子凉拌的牛肉和凉拌的白菜、爽滑的滑鸡、弹性十足的皮丝、现炸的鱼块、雪白的馒头和性感的面条。配上哥哥每年过年准备的53度的文王贡酒，每次都吃完，每次都怀念。哥哥每次都说，我们不下馆子，就在家，吃你嫂子做的饭，这才叫回家。后来我把这种乡愁叫嫂子饭。回忆起来，很多年没吃了。

哥哥和我之间有一种感情叫自行车，不管我是流浪者，还是上市公司副总裁；不管我是创业者，还是中国广告杰出人物，每次回老家，我都坚持30年前的做法，买一张火车票回老家，然后从安徽阜阳再坐汽车到临泉杨桥镇，哥哥都会风雨无阻地站在路边用他的自行车接我回家。每次坐在自行车后面我都觉得带我的不是哥哥，而是父亲。但是，每次都是哥哥，他代替父亲照顾我。后来，他有了一辆摩托车，速度快了些。2018年，听说他买车了，是电动汽车，我回家的交通工具终于得到改善。

我很想念每次回家的时候他那辆接我的自行车，稳当，舒服，现在它和哥哥一起正在慢慢变老。我想，有机会回家就收藏它，好给后代们讲那回家的故事，讲那自行车兄弟的故事。

哥哥和我之间有一种感情叫清明节，终于，我的父亲母亲没有按照相濡以沫坚持到最后一起离开这个世界的约定，父亲先走了，母亲在父亲去世后以惊人的速度衰老着，几年之后也因病去世。这一对"苦大仇深、相爱相杀"的夫妻终于完成了他们世间的一切活动和使命，挥挥手和我们做了告别。从此，他们坟前每年清明就剩下我和哥哥两个兄弟。清明节回老家，哥哥都会亲自陪着我给父亲母亲添土圆坟，按照最传统的仪式为父亲母亲磕头、焚香、烧纸，我们会把各自取得的成绩和姐妹们生活的现状都向他们汇报，就像他们就坐在我们面前。有时候，因为很忙，无法回去祭奠，就会变成哥哥一个人去完成这个使命，我想，他是孤独的。空旷田野，幽幽泉河，一个六十岁的儿子为父亲母亲上坟，长空之下，沃土之上，一人身影，纸钱飞舞，这也许就是孝道的最美景色。哥哥常常会和我说，默闻，你忙吧，有我在。所以，不是每个清明我们都能相见，但是，对父亲母亲的那份爱却从未在我们的心里消失，相反，愈浓。有次我和哥哥开玩笑，你老去，将葬在哪里？他笑着说，我要跟咱爹娘在一起。

哥哥和我之间有一种感情叫电话费，哥哥是那种小气起来就节俭过度的人，但也是那种大方起来出手阔绰的人。在刚有手机且电话费贵的让人心惊肉跳的时候，我就喜欢在夜深人静的时候用公司的长途电话给哥哥的手机打电话，一聊就是一小时。第二天我就主动向公司坦白，补缴话费。鉴于我的诚实二字，还获得了公司领导的赞誉。每次电话，哥哥都坚持到最后，不管我说什么，说的是否有道理。多年以后，他和我说，每次通电话他都像割肉，拿手机就像拿手榴弹，一个字一块钱。但是，他说，你的电话我一定要接，因为亲情是排位第一的。

后来，他给我一个建议，让我给他的宅子上的座机打电话，每次只能听见嫂子的应答，大部分时间都找不到他，因为，他不是在学校就是在去学校的路上。现在好了，手机随便打，但是打电话的次数少了，通话的时间也短了，就连方便的可以"大变活人"的微信也经常被荒废。我知道，忙是一个原因，更加重要的是不知道说什么了，那些东家生、西家死的新闻发生得没有那么快。现在我们在电话里要么谈中美关系，要么谈伟大的国家复兴，要么谈十九大，反正一谈这个问题，他就兴奋，就像他是人大代表。我常常不是感动于现在，而是感动于以前，那个电话费很贵的年代，打电话像偷情，兄弟之间，多珍贵，多美好，我想那时光。

我和哥哥之间有一种感情叫出版物，张默闻从1993到2013年用了二十年的时间流浪，让自己的命运改朝换代，从2010年到2018年用了八年的时间出书，让自己的观点风靡中国，用了别人十年的时间干了别人三十年做的事情，累计出版三十多本策划专著，本本畅销书，条条俱好评，专著里不乏娃哈哈、恒大、天能、通威、盼盼等超级品牌和超级客户。哥哥说，他很自豪，因为张家从来没有人出过书，没有人出过这么多书，立言立德是人生大事，这才是我身上闪光所在。所以，我的每本书他都会仔细阅读，并时常回信给我，说，我已经看到多少页，有什么感悟等。虽然哥哥未必完全明白书里那些营销理论以及品牌战争之法，但是，我能看得出来他的光荣感，三十本书，读，本身就是难题，认真地读，更是一种精神。哥哥，就在认真地读，他读的不是我的专业，是他心里由衷长出来的希望，他，就是张家长子应该有的样子。

我和哥哥之间有一种感情叫两斤半，哥哥的酒量上等水平，"酒精沙场"，经验丰富，基本上他要喝倒，别人也无法站着。我的酒量一般，酒胆可以，喝酒方面要比哥哥略狡猾些。我们兄弟都喜欢劝酒，但是自己绝对不少喝。就是这样，平均每年都要喝醉个一两次，但是都是事先决定好要醉的，所以也无懊恼。我和哥哥相聚千里之外，我在杭州，他在安徽，所以每次相见，必须豪饮。有句口头禅：每年回家去过年，两人要喝二斤半，嫂子剩菜热几回，老兄小弟相抱眠。我们那时决定要醉的，所以光喝酒，不吃菜，说着说着，哭了，说着说着，笑了，说着说着，睡着了。如果母亲活着，她该如何评价她的两个酒鬼儿子。她一定会摇摇头，说，一个没大没小，一个没小没大。哥哥，就是这样一个人。

我的笔墨无法写完哥哥全部的光辉，是他自己自带流量的优秀。我见过很多读书人，却是书越读越好，人越读越坏。哥哥不一样，他每天都在学习，都在打扫自己身上的灰尘。他就像一个救世的小佛活跃在他的世界，与人为善，与己为善，让世界变得更美好。哥哥的身上也有很多缺点,和父亲的关系一直是冰天雪地,虽然更多时间是父亲的无理。哥哥过度宠溺和信任妻子,很多事情的处理是缺乏公道的,但是这些丝毫不影响他的光辉,人无完人,怎能过分强求?

哥哥的一生的亮点就是他有他的课堂,他的课堂不仅仅教学数理化,还教做人和做事;不仅在教学生,也在教老师;不仅在教我,也在教他自己。哥哥是我们家族美德的传人,家族之美,在于和,更在于合。哥哥每时每刻都在做这样的事情,让整个破碎的家族在愈合,哥哥的力量是有效果的,现在家族,平凡宁静,水深无音,一片青山绿水。

所以,我要重新读书,所以我从南开大学毕业再度就读长江商学院,希望未来也和哥哥一样有一个不大的课堂,可以有点影响。更大的愿望是希望做一个哥哥那样的人,肚里有料,嘴里无毒,眼里有暖,关键是做一个真正的读书人。这是我继南开大学读书之后再去读长江商学院的理由之一。因为,只有读书,才能不让自己面目狰狞。

哥哥已经退休了,但是他更忙了。现在他顺理成章地成了村子上的没有任何工资的纯公益人士,义务地照顾着留守的老人、妇女和儿童。谁家的电视没有频道了,谁家的水管有问题了,谁家的灯泡不会换了,谁家的手机打不通了,都习惯性地来找他,他总是完全照办。现在他已经成为这个村里口碑最好、人品最佳、办事最牢靠的村庄代言人。我很自豪,自豪于他的善良和温暖,自豪于他是我们这个家族家风的继承者。他把我们家族的贵族精神很好地保留和推广了,真是了不起的张默计。

后记：哥哥已经不在课堂

开篇我就交代了，我是明朝饮宴候的后代。至于多少代，什么体系，都被愤怒的仇富的火焰烧掉了，无从考证，只有结果，没有了过程。如果按照祖上的功绩和成就，我们百分之百算是贵族，但是看看自己现在的样子，身上早就没有了贵族气息，似乎我离贵族越来越远了。

我一直把自己想象成贵族，也尽量按照贵族精神包装自己，后来发现，真正的贵族是无法包装的。其实我根本不懂什么是贵族精神，就开始东施效颦，努力30年也没有人认为我是贵族，想起来就是个笑话。到贵族的距离其实不远不近，就看我们愿不愿意做贵族。愿不愿意用贵族精神要求我们。我们每个人的心里都住着三个角色：贵族，平民和流氓，就看你愿意成为谁。

导师是用来超越的

引言：真正的导师是被超越的，更是被隆重纪念和隆重感恩的。

我一直在问自己一个问题：谁是我的导师？我是谁的导师？谁是我们的导师？我们是谁的导师？这个问题在我身上似乎没有答案。因为我不敢成为别人的导师，也没有别人正式成为我的导师。清算起来，我真的没有拜师过，或者说真的没有机会拜师。

年轻的时候想拜师，可是，拜师无门。中年的时候想拜师，别人却不敢收。本来想拜师学艺，弥补身上的天然匪气，但是那些身份显赫的教授总是笑着给我一句话："默闻，你已经是著名大学里的客座教授了，名人大腕了，我们怎么能敢收你做学生啊！要不来我们这里任教吧。"

这话听起来不仅谦虚还很有美德，拒绝你于千里之外还合情合理。既然这样，也断了我拜师的念头。后来我想，既然无师可学，就和社会学吧，我坚信里面能学到很多东西。后来事实证明，社会才是最好的老师和最好的导师。

我很羡慕那些生命中有导师的人，他们都成长得很好，不歪不斜，不偏不倚，一副让人羡慕、嫉妒、恨的华丽气质。我羡慕他们生活得那么底气十足，生活得那么温文尔雅，可以获得很多掌声。而我，第一不能靠脸，第二不能靠爹，第三不能靠师，最后只能靠才华，所以我辛苦。

一、原来我是大闹天宫的孙悟空

著名广告人、广告人文化集团总裁穆虹老师曾经这样评价我，说我就是孙悟空：有本事，有脾气，有侠义心肠，不守规矩，不怕权威，不背叛师门，拿根金箍棒大闹天宫。言下之意就是我比较不服管教，没有受过良好的教育，没有导师苦口婆心的修正，看问题特别偏激，导致在广告界不懂得从善如流，在大师云集、大腕林立、教授如山的广告界横冲直撞，弄得褒贬不一，让人对我爱恨交加。孙悟空这个标签就这样贴在我身上，我不知道这算幸运，还是算悲剧。

穆虹大姐对我的评价让我特别感动，超现实，超准确，超形象。我从心里是认可我是孙悟空的，天不怕地不怕就怕师傅伤心。从那时候起，我就特别渴望有一个导师能够出现在我的生命里，用哲学思维把我武装一下，用理论思维把我沸腾一下，让我能师出有名，不再受天下人的耻笑，说我无门无派，天生野路子。可是，我一直没有等到，准确地说，没有人愿意收我做他的弟子，这是命。

二、我删了那个虚伪的微信

有人曾在微信上请教我一个问题。准确地说,这个问题我是没有资格回答的,因为这个问题是关于他和他的导师的,而我又不是导师。他问,在今天这个社会如何对待自己的导师,特别是自己和导师开始抢饭碗的时候。仔细一问,我才知道:他的导师是一个大学教授,教广告传播学,是他毕业的这所大学的广告系主任,这位导师既是老师又身兼某管理咨询公司顾问。问题来了,学生毕业之后,开设了和老师一样的公司。由于竞争激烈、客户太有限,发生了令人不愿看见的客户抢夺战。有时候给客户提案时会出现一个尴尬的场景:前面是老师的提案,后面是学生的提案。学生和老师,老师和学生,谁对谁开枪都很痛苦,谁把谁消灭都无限尴尬。他,不知道怎么办。

这个问题摆在我面前,我竟然不知道如何作答。思考很久,通过微信,我告诉了这个学生一句话:导师就是用来超越的。后来这位学生发给我一脸懵圈的时尚表情。我用微软雅黑字体加粗后又给他留了一段话:超越是本事,没人干涉你。

后来他给我写了一段很长的微信文字,他说,还是没有想明白。我竟无语,只能如此回复:"鉴于你到现在还没有想明白,那就不用想明白了。你把超越这件事做好就行了。"也许这正是他需要的鼓励。我明白,他就是一条狼而已,超越,他干得很好了。

立即,我删掉了他的微信。

三、其实冠军都可以干掉导师

按道理,按成就,按品牌影响力理论,李小龙的成就毫无疑问是超越恩师叶问的。但是叶问是一代宗师,而李小龙只能是一代功夫巨星。这里面的温度、风度、湿度、适度,每一度都非常微妙。功夫巨星和一代宗师却不是一般的距离。

叶问的民族气节,叶问的咏春精神,每一度都将他推到一代宗师的位置上,是全球华人共同的选择。李小龙虽然拳脚厉害,但总是差那么一点火候。

试想,如果安排李小龙和叶问大战一场,叶问未必能够取胜于徒。但是李小龙就非常智慧,他在声望极高的情况下更加致敬叶问,永远不在师傅的地盘上和师傅抢食,所以李小龙成就了他自己,也成就了一代宗师叶问。所以,叶问的电影一定要用他的徒弟李小龙来点缀一笔,李小龙的截拳道一定是来自咏春的精髓。天道,地道,人道,商道,关键是道。你站在道上,你就名垂千古,你不在道上,你一定灰飞烟灭。

我相信,每一个世界冠军都可以干掉自己的导师。因为没有人可以是永远的冠军。导师也是一样。今天你能在台上授课,改天你就可以在台下听课。"长江后浪推前浪,导师老在沙滩上"的事实我们必须学会接受。导师要学着接受被超越的现实,把它作为一种幸福,也许这是最好的归宿。

如果我有徒弟和我争食,我立即就会退出,不向弟子开枪、不和弟子抢食是我的基本为师之道,也是我的基本原则。如果身边的人劝我和弟子开战,此人必是害我的人,必须尽早辞退。为导师者,就是梯子而已,无须高高在上,更无须摆弄老资格。

四、请向超越者送上一句：干得漂亮

导师之美在于成人之美和承认之美，两者缺一不可。

这个世界有时候很大有时候很小。大到一辈子都在擦肩而过，小到转角就会狭路相逢。导师和学生也是如此，历史上师徒大战的案例数不胜数。导师靠尊，学生靠勇，也能大战三百回合。最后导师被学生战败的在大多数。

战场是论输赢不论生死的，只要上了战场就要对胜负负责，正是这种看起来合理的东西却把人间的情义二字悄然毁灭，一句"各为其主"就把刀棍高举，大开杀戮，没有愧疚之心。所以战争的残忍之处在这里。

中国广告界的名师名徒多如牛毛。中国广告界的后起之秀更是漫山遍野。老家伙还在疆场，少年郎已经领兵带队，师徒相见，决战创意，生死交割，各种滋味只有当事人心里明白。张默闻认为，人活着的意义就是要被人不断超越，超越别人是一种美，善待超越我们的人更是一种美。

我坚信，世界上每一个导师都在培养能够超越他的人。这是自然规律，无法回避，无法抗争。特别在导师和学生之间，更要看透胜利和失败的交替，更要明白前浪和后浪的劫数。导师要有一人坐在海岸上，看潮起潮落的日常之美，更有看海啸光临的气势之美。后辈往往展示给你的不是潮起潮落，而是你没有想到的狂野海啸。导师要有父亲母亲的情怀，就像看见自己的孩子出人头地便乐不可支，宁愿自己失败低到尘埃，也要开出满意的花来。所以导师就是父母，境界要高人一等。

如果自己教授的学生超越自己，如果自己鼓励的后辈超越自己，如果被行业英雄超越自己，我们都应该送上漂亮二字，而不是漫天痛骂，不可理喻。中国之大，全球之广，行业之大，品类之广，彼此都完全可以有口饭吃。纵然狭路相逢，为导师者也应及时撤出，一是彰显风度，二是成全后辈。这才是真正的广告界。真正的广告界就是老让幼，纵然你依然是英雄豪杰，老当益壮。

被人超越很正常，被学生超越更正常。为导师者要开怀大笑，为自己挣得最后一次的尊严和光荣，最好。

五、请为恩重如山的导师立传

超越师傅，超越导师，除了运气、环境、刻苦、天赋，还有年轻二字。很多师傅不是输给了技艺而是输给了年纪，输给了力量。导师之幸运在于有学生可以超越你，如果作为导师没有学生为你扬名立万，你便是这个世界上最失败的人。

好学生，好后辈，好员工，都不会以干掉师傅或者干掉导师为使命，而是以超越导师为使命，以为导师树碑立传为使命。南京有个户外传媒集团，公司号称为户外传媒的黄埔军校，老板自然成了校长，成了导师。后来，学生们纷纷起义，自立门户，抢夺客户，相互攻击，成为广告界的最大笑话。学生说导师为师不尊，导师说学生忘恩负义，人生再无交集，厮杀从未停止。学生成为导师最大的竞争对手，客户在他们师徒之间看戏般地弹来弹去，谈来谈去，令人忍不住掉下眼泪。

看着无限嚣张的学生，看着老当益壮的导师，我不禁感叹：导师不让，学生疯狂，这样的状况就是中国广告界的真实现状，波澜壮阔，杀机重重。

打得太久了,请你们都住手吧!做学生的,要跪下,听听自己内心的声音。如果没有导师的引导,把你带上这条路,你怎能今天骏马任骑,上阵杀敌?你怎能意气风发?纵然导师不够完美,你也要帮助导师完美,不是撕裂师徒关系,而是修复师徒关系。这样,比你自己打造品牌高明很多倍。

学生之美在于知道感恩。感恩于导师的提携和教诲。感恩于很多在导师身上犯下的错为你的成长减少了犯错的成本,不能去耻笑导师的失败,要感恩导师的失败,唯有如此,你才能成为未来的一代宗师。作为学生,一定要为导师树碑立传。在所有的社交环境里,在所有的著作里,在所有的演讲里都要赞美导师、致敬导师,让导师的光辉成为你的光辉。虽然你不用花费一分钱的广告费。但是,结局很美。你如何爱戴你的导师,你的学生就会怎么爱戴你。

六、我的导师名字叫苦难生活

严格地说,我没有真正的导师。如果一定要给自己找个导师,那我导师的名字就叫苦难生活。我不知道到底是我导演了苦难生活还是苦难生活导演了我,我感谢我的苦难生活,用苦难化作教鞭完成对我的教导,让我与这世界周旋。

我不是暴露狂,我并不喜欢暴露我苦难的童年,苦难的少年和苦难的青年,但是那时候的生活就像一座被挖掘的古墓严肃地摆在那里,活活的一份苦难纪录片。我无法粉饰它,也无法包装它。我认为任何对它的美化都是一种犯罪。

其实比苦难生活更苦难的是我的内心，它，受了很多苦，那情景和把鲜活的鱼扔进沸腾的水里的感受是完全一样的。我试图用现在的小有成就去覆盖它，却越来越困难，越来越清晰。原来苦难的生活是不能被掩埋的，它像一个座右铭，悬挂在我的眼前，不断发着警醒的光。

我的苦难是什么？

在上海，我知道了十六铺码头搬运工的苦难，我知道了洗碗工一天16小时多吃几块大排还被投诉的苦难；在南京，我知道了转身碰到墙的蜗居生活的苦难，知道了准备起步被亲密同事放倒的苦难；在合肥，我知道了吃不饱被解雇的苦难，知道了推销广告被人轰出办公室的苦难；在老家，我知道了无法借到钱的苦难，知道了父母被批斗和我们被歧视的苦难；在学校，我知道了早恋带来的苦难，知道了被退学难返的苦难。张默闻把所有男人一生该遇见的悲剧全部主演完毕，背到家了。

那时候似乎所有苦难都习惯性地向我示好，向我靠拢，非要把我碾成粉末。

也许因为我骨头里的不服输的豪迈，我没有被苦难生活所击倒，我扶着墙、忍着悲伤站了起来，擦干眼角的泪，一步步、一步步地走过死亡的幻想和敌人的嘲笑，背着我所有的苦难生活的经历，开始自己的壮美前行。

知我经历的人会说我很不容易，不懂我的人会说我编造故事，是无病呻吟。其实我们每个人都是表演者，都毕业于没有毕业证的表演系。只是别人用的是华丽的舞台，而我用的是苦难篱笆；别人的台词都是莎士比亚，我的台词只是民间小调而已。

我特别特别特别感谢我的苦难生活——它才是我真正的导师。虽然它不言不语，虽然它沉默如金，虽然它渐渐老去，虽然它慢慢被忘记，但是我依然可以看见我的导师眼含泪花站在我生命的前端，为我护航，为我掌灯，为我祝福。

谢谢我的苦难生活，谢谢我真正的导师。

请允许我充满感情地结尾：

我始终坚信导师是用来超越的。

超越导师，是自然规律。那些在我们成长的重要过程中帮助过我们的人都是我们的导师。我们要感恩他们为我们所做的一切，承认他们的恩德，确认他们的贡献，致敬他们的专业，感恩他们教育，尊重他们的成就。每一位导师都应该为自己的学生送上一句：干得漂亮，每一个学生都要让导师得到奖励，这个世界就会美不胜收。

放下商业上的恩恩怨怨，踢开生意上的是是非非，师生之间，理应经常坐在一起，谈谈学生时期的往事，说说导师现在的学术思想，吃一场，喝一场，醉一场，唱一场，该多好。

羡慕你们有导师照顾，为你们掌灯看路；羡慕你们有弟子拥戴，为你们树碑立传。生活本来就这样美好，就这样一直美，一直美，一直美下去吧。

如果把钱这个东西看透，世界就简单多了

引言：看不透钱，你就看不透这世界。

说实话，我一直没有看透钱。我对钱的感情很复杂，一方面想大肆挥霍它，一方面又想尽力保护它，还想远离它。钱，害得我不轻。曾经有个媒体的记者问我，你最喜欢的事情是什么？最讨厌的事情是什么？我的回答是：最喜欢的事情是挣钱，最讨厌的事情还是挣钱。我患得患失，在钱眼里始终没有走出去。

我的初恋因为我不能挣钱就选择了能挣钱的人。我的夫人也因为我全心全意的变态式的奋斗，没有处理好事业和家庭的关系没少埋怨我掉在钱眼里。有人说我的性格因为钱变得面目狰狞，其实，这都不是真相，钱，永远没有绑架我，我对待这个世界的和颜悦色从来没有改变过。因为贫穷的后遗症始终没有从我的脑海里排除干净，就像血管里的斑块，定时炸弹般地潜伏在那里。似乎，我所有的幸福和所有的苦难都是由钱决定的，而不是由我决定的。所以从某种程度上来说，我是很害

怕谈钱、分钱和管理钱的。

好在钱不多，也没有那么多的是非。

当我读到唐代文学家张说这个经历四朝、三秉大政，统领文坛三十年，而且著作很多的历史人物的故事时，我似乎突然醒悟。张说文笔锋健、才思敏捷，堪称叱咤风云的一代英豪。但是他仕途坎坷，曾经因为得罪武则天的面首而被流放和贬谪，三起三落的坎坷经历，使得张说的诗文中充满着看破红尘的沧桑感。他的散文《钱本草》，文章不长，通俗易懂，可谓把钱看得通体清晰，缓解了我的痛苦。

全篇于下：

"钱，味甘，大热，有毒。偏能驻颜，采泽流润，善疗饥，解困厄之患立验。能利邦国，污贤达，畏清廉。贪者服之，以均平为良；如不均平，则冷热相激，令人霍乱。其药采无时，采之非理则伤神。此既流行，能召神灵，通鬼气。如积而不散，则有水火盗贼之灾生；如散而不积，则有饥寒困厄之患至。一积一散谓之道，不以为珍谓之德，取与合宜谓之义，无求非分谓之礼，博施济众谓之仁，出不失期谓之信，入不妨己谓之智。以此七术精炼，方可久而服之，令人长寿。若服之非理，则弱志伤神，切须忌之。"

全文两百多字，却把钱写活了，说透了。唐朝离现在已经千年，可惜我们这些自誉为现代精英的人却没有看透。味甘、大热、有毒，寥寥几字，就给钱这味特殊草药的药性定了位，真可谓言简意赅，字字千钧，准确生动，入木三分。

它是盘中餐，身上衣，遮风挡雨的房子，随心所欲的日子，所以"味甘"，人人都喜欢它、亲近它，追求它。但是它的性子"大热"，容易让人上瘾，痴迷，一心只钻钱眼，更无世间其他，为它疯，为它狂。热的结果就是"中毒"，严重者还会被它带进坟墓。它的药效很神奇，只要吃了它，往往就能立竿见影。双目炯炯，脸上有光，昂首挺胸，声若洪钟。解人于倒悬，救人于水火，一如雨中伞，雪中炭般神奇。

国家有了它，能利民，能强国，让外邦敬服。但它也能使聪明、干练的贤达受到玷污、拖累，甚至万劫不复。不过，它也有克星，那就是对于清廉之人它是无可奈何的。

我们姓张的这位张说，虽在官场，不在商场，却把钱的去处说得章法整齐，一丝不苟。张说谆谆告诫拥有巨量钱财的富豪们，最好能将多余的部分舍出去，以之回馈给嗷嗷待哺的贫者、弱者，造福社会。否则，不仅不会有恒久的发展，真正的快乐，甚至还会祸患无穷。如不均平，则冷热相激，令人霍乱。另外，钱财要取之有道，不谋非分，不巧取豪夺。

攒钱是没有过失的但也要在该花的时候花出去，钱本身的职能就是流通，都捂住不动，社会还怎么运转？

因此，早晚必有水、火、盗贼等灾难发生。而如果只花钱不挣钱，那又走向另一个极端，饥寒交迫必定找上门来。

看来，要驾驭好金钱这个怪兽，并不是轻而易举的事情，而是要费些心神的。张说先生给了我们七条法宝：

第一是道：用钱有度，不要浪费；第二是德：不把钱当宝贝，压在库房；第三是义：付出与所得相应；第四是礼：不贪非分之财；第五是仁：乐善好施，有扶危济困之心；第六是信：一诺千金，绝不违约；第七是智：不让钱伤害自己。只要牢记这七条宝典，钱，这味特殊的草药就会成为人的忠实奴仆，大可放心使用，久而服之，令人长寿，反之，则会伤痕累累，身败名裂，定要引起注意。

古今中外，钱似乎是个永恒的话题。关于它的说法也是五花八门：

有人说钱是：无翼而飞，无足而走；无远不往，无幽不至；无德而尊，无势而热；危可使安，死可使活；贵可使贱，生可使杀。有人说钱是：骨肉缘之启衅，缙绅因以败名，商贾为此损躯，市井乘而斗戮；其笼络一世者，大抵福于人少，而祸于人多。真杀人之物，而人不悟。有人说钱是：狗畜生！纲常伦理被你坏，朝廷王法被你弄，杀人仗你不偿命，贤才没你不得用。思想起，把钱财刀剁、斧砍、油煎、笼蒸。

纵观这么多年只有张说一人以药喻之，以之为药，深邃精警。张说用人生数十年之阅历，苦心孤诣而成，区区200多字便把钱的性质、利弊、积散之道描写得淋漓尽致，以钱喻药，诊治时弊，利害之论，颇富哲理，寓教深刻，堪称奇文。

张默闻挣点小钱，养家糊口而已，显然不用上纲上线，但是这道理却是起警示作用的。人生的事业能做多大和你对待金钱的态度是有直接关系的。我们既不能沉迷其中，也不能抽身事外。我们要将挣钱作为一种乐趣，作为自己热爱的事情的配菜即可。钱多，学会分享，钱少，学会简朴，我们要做钱的朋友，不沉迷，不沉醉，不深交，不绝交，淡淡一笑，多少都好。原来以为贫穷百事悲哀，其实富有更是千般烦恼，钱并不能解决生活的任何烦恼，只有心平气和，才是解决之道。

疯狂追钱者终究被钱遗弃，不挣钱者终究被生活遗弃，这世界面目很清晰。但愿每人都能读一读这200多字的《钱本草》，这才是活明白的奥秘。张默闻撰写此文，算是流浪路上的肤浅感受。

后记：
感谢所有为本书作序的人

这本书写完了。这不是我的自传，因为它只有自传的1%的内容而已。

这本书又是我一个字一个字敲出来的。数十多万字，写了十个月。我想，我完成了我最想完成的任务，我想我完成了我对往事和奋斗的一次思念，一次该有的仪式。

脱稿的感觉就像脱掉了多年的战袍，虽然新伤旧伤一起被撕开，但是剧痛之后终究会长出新肉，还会很有弹性。我很佩服自己有勇气写这本书，有勇气面对自己发生过的故事，就像是一部电影就是没有一点票房我也要让它上映一样。

这本书写完了，但是请谁来作序却是个难题。我用最独特的当事人思维解决了这个难题。这次作序的阵容非常强大，前后有六个人为本书作序。这六个人都是我尊敬的人,都是见证我成长的人,都是口碑和才华俱佳的人。他们都是在我的生命里最重要的时刻出现过、参与过、辅导过我的人,是我的贵人、是我的恩人、是温暖我的人。

请李艳春女士作序,是因为她是张默闻的发现者,她把我从南京那个凄风苦雨的城市里接到了北京,开启了我在美国上市公司的锻造之旅。她是我的战友,我的直接领导,我的引荐人,我的姐姐,我的偶像。她能证明张默闻在美国上市公司AOBO的一切。李艳春女士的英文名字叫LILY,是美国华尔街的中国名片,是哈佛大学的校长战略顾问,是AOBO美国的全权代言人,是美国资本市场的中国玫瑰。她为本书作序,是对我最大的激励和最客观的评价,非常珍贵。

请穆虹老师作序,是因为穆虹老师陪我走了十年的创业之路。从2008年的天津一跪到2018年的钟声一响,穆虹老师在我创业道路上整整护航十年,3650个日夜,直到我不再风雨飘摇,直到我不再险象环生,才慢慢放下心来。穆虹是我的大姐,是我的朋友,是我的偶像,更是张默闻风雨路上的守望者和点灯人。她清楚地知道在我身上发生的每一件事,她清楚地知道我奋斗的每一个脚步,她可以证明,这本书的含金量和故事的可信度。她为本书作序,是本书的至高荣誉,非常珍贵。

请陈刚教授作序,是因为陈刚教授是第一个提出"张默闻就是中国梦的代表"的导师。他的鼓励加速了张默闻的成长,他的保护历练了张默闻的深度,是张默闻的重要恩师。他是最了解叶茂中和张默闻的人。他是我创意传播管理的导师,也是我心中真正的中国广告导师。陈刚教授是北京大学新闻与传播学院的院长，也是北京大学现代广告研究所所长、教授、博士生导师、中国广告先生，在中国广告界是殿堂级人物，更是张默闻连续六年蝉联中国中央电视台广告策略顾问的见证者。他为本书作序，是本书的极大荣耀，非常珍贵。

请张默计哥哥作序，是因为我们是一母同胞、心心相印的兄弟。我的童年、我的少年、我的青年，都没有逃过他的眼睛。他见证了我们家族的故事，也见证了我和家族的故事。哥哥是个保守而温暖的人，他说，出书是一件严肃的事情，也是一件严重的事情，最重要的是不能作假，说假话、说大话、说错话都是他不允许的。所以，本书的稿件内容我都让哥哥阅读和审查，我害怕因为内容不翔实而遭受他的批评和惹他愤怒。好在哥哥全部看完，表示同意，他说，他知道的内容都是客观的。我说，您不知道的内容，其他推荐人会帮助您把关。哥哥满意了，他说，可以出版了。他为本书作序，是对我最好的奖励，非常珍贵。

请战友赵青作序，是因为她是张默闻的合伙人，不仅因为她是北京大学的高才生，还因为她非常客观，她是从来不说一句假话的人。她说，让我写序，我有三不：不吹捧、不准修改、不夸大。答应之后才能写。就这样写成了大家所能看见的推荐序。赵青女士身上有很多优点，最大的优点是能够对我整体的策划方向进行准确的把关，是个战略思维很强大的总裁。几乎张默闻全案策划集团的重大案子她全部参战，对我的全案策划能力了解得非常清楚，是最能证明我专业程度的最佳评论员。她愿意为这本书作序，是个非常意外的惊喜，因为她最不愿意出名，非常珍贵。

请陈晓庆老师作序，是因为陈晓庆老师是张默闻所有著作的开发者和洽谈者，对于张默闻的著作体系的形成起到非常重要的作用。陈晓庆老师也是张默闻全案策划集团大客户媒体公关的御用专家，是我和客户之间发生的故事的亲历者和见证者，具有不可替代的权威性。她见证了张默闻策划从创业以来的发展，她愿意为本书作序，对于本书的影响力具有重要作用，非常珍贵。

这本书是张默闻的成长集和观点集。我已经找到了最理想的作序阵容，他们是我各个时期的发展故事和发展过程的见证者、亲历者、讲述者。这本书就像我的成长电影，他们就像这部电影的导演、制片人、化妆师和配音师。有了你们的序这本书才有了生命，才有了这本书的魂，才有了这本书的深度和广度。

我不止一次地问过自己，为什么要写这本书？其实很简单，就是给往事、给离去的亲人一个仪式感。有人说仪式感是为每一个普通的日子和动作标定背后的精神内涵。有人说仪式感就是使某一天与其他日子不同，使某一个时刻与其他时刻不同。在美剧《绝望的主妇》里有这样一段话：很多人的生活之所以平淡无趣，正是缺乏了仪式感。回首往事，我发现我欠父母一个仪式感，我欠家人一个仪式感，我欠自己一个仪式感。

在电影《蒂凡尼的早餐》里，赫本穿着黑色的礼服，打扮优雅精致，在蒂凡尼的橱窗前，温柔从容地将早餐吃完。她享受每一天、每个清晨、每个瞬间，她让手中的可颂面包与热咖啡，如同盛宴一般。也有人说仪式感不但表示了对彼此的重视还有用心程度，对于爱来说，仪式感更是尊重。村上春树说：如果没有这种小确幸，人生只不过是干巴巴的沙漠而已。仪式感的目的，就是让自己感觉是在生活，而那些给你带来仪式感的人，往往都是爱你的人。

前段时间看到一段话，不觉落泪：至亲离去的那一瞬间通常不会使人感到悲伤，真正会让你感到悲痛的是打开冰箱时的那半盒牛奶、那窗台上随风微曳的绿萝、那安静折叠在床上的绒被，还有那深夜里洗衣机传来的阵阵喧哗。我们很多时候都没有意识到自己对一个人的思念有多深，直到某个瞬间。在那特别的场景，或者某种仪式感强烈的环境下，我们每个人的内心都变得柔软起来，我对母亲就是如此。

我开始意识到，仪式感可以让我对在意的事情怀有敬畏心理，它能唤醒我对生活的尊重。生活里要是没有仪式感，就会弱化彼此的想念。只要仪式不断，就永远不会忘记。延续我的梦想，就是思念最好的仪式感。因为每一个仪式感被需求的背后，都藏着一份爱的表达。思念，就是爱里最好的仪式，它让所到之处皆有温度。正如张小娴在《思念往昔》中说的那样：我只是在很多很多的小瞬间，想起你们，比如一部电影、一首歌、一句歌词、一条马路和无数个闭上眼睛的瞬间。我想给远远离开我的父亲母亲一个仪式感，紧紧地抱着父亲母亲，告诉他们：我想你们了，我的父亲母亲，我想抱抱你们，我就不再害怕这个世界了。本书所有的仪式感都已经无关爱情，只关亲情。

这本书是一本仪式感很强的书，它不是我的自传，只是我欠生命的一次次没有兑现的仪式感。今天，完成它，就是弥补对前半生亏欠的仪式感，希望以后能不带伤痛地走进明天。

上辈子是什么样子，我不知道，我想，应该是温暖的、优雅的、善良的、艺术的，因为你们都是具有仪式感的人。是为后记，再敬为我作序者，再敬我从未谋面的读者。

2018年10月1日于中国张默闻策划集团

亲爱的读者：读完整本书，有泪的请流下来，有恨的请放下来，有爱的请记下来。现在，请和作者一起扫扫以下五个二维码，听听张默闻写的歌吧！我保证，每首歌的旋律都会像一条迷人的小蛇爬到你心里，从此以后，你就成了歌，歌就成了你。

情歌
《天上的星星是爱情的灯》

情歌
《桃花珺珺杨柳依》

情歌
《我的远方我的诗》

情歌
《人间最美是小秋》

城市歌曲
《中国最美是安吉》

企业歌曲
《闻名》

企业歌曲
《每一步都是起步》

企业歌曲
《谢天谢地谢谢您》

企业歌曲
《永不变芯》

企业歌曲
《同一个世界同一个浪鲸》

企业歌曲
《我们一起朝东走》

企业歌曲
《我爱太阳升》

www.zhangmowen.com